中国气象发展报告

（2022）

《中国气象发展报告 2022》编委会　编著

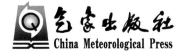

气象出版社
China Meteorological Press

内容简介

本书由中国气象局气象发展与规划院组织编研,全书分为特载、综述篇、气象保障篇、基础能力篇、科技创新篇和改革发展篇,主要内容包括 2021 年气象现代化建设进展、气象保障生命安全、气象保障生产生活、气象保障生态良好、应对气候变化、精密气象监测、精准气象预报、精细气象服务、气象信息化建设、气象科技创新、气象人才队伍建设、气象改革、法治与党建、气象开放与合作等。

本书对 2021 年中国气象事业发展进行了分析研究,并展望了未来气象事业高质量发展。适合气象及相关行业、部门的研究者、管理者和其他社会各界人士参阅。

图书在版编目（CIP）数据

中国气象发展报告. 2022 / 《中国气象发展报告 2022》编委会编著. -- 北京 ：气象出版社，2022.12
ISBN 978-7-5029-7850-1

Ⅰ．①中… Ⅱ．①中… Ⅲ．①气象－工作－研究报告－中国－2022 Ⅳ．①P4

中国版本图书馆CIP数据核字(2022)第205569号

中国气象发展报告 2022

Zhongguo Qixiang Fazhan Baogao 2022

出版发行：气象出版社
地　　址：北京市海淀区中关村南大街 46 号　　　邮政编码：100081
电　　话：010-68407112(总编室)　010-68408042(发行部)
网　　址：http://www.qxcbs.com　　　**E-mail：**　qxcbs@cma.gov.cn
责任编辑：林雨晨　　　　　　　　　　　　　　　终　审：吴晓鹏
责任校对：张硕杰　　　　　　　　　　　　　　　责任技编：赵相宁
封面设计：时源钊
印　　刷：北京地大彩印有限公司
开　　本：710 mm×1000 mm　1/16　　　　　　　印　张：26
字　　数：398 千字
版　　次：2022 年 12 月第 1 版　　　　　　　　　印　次：2022 年 12 月第 1 次印刷
定　　价：220.00 元

本书如存在文字不清、漏印以及缺页、倒页、脱页等,请与本社发行部联系调换

扎实推动气象事业高质量发展
加快建设气象强国（序）[*]

　　2021 年是党和国家历史上具有里程碑意义的一年，中国共产党迎来百年华诞，第一个百年奋斗目标成为现实，向第二个百年奋斗目标进军新征程开启。我们面对极端天气多、重大活动多、疫情波动频、公众关注高等特殊形势，以深入贯彻习近平总书记关于气象工作重要指示精神为统领，牢牢把握新时代气象事业发展的根本方向、战略定位、战略目标、战略重点、战略任务，谋全局、抓重点、强督查、促落实，统筹推进气象事业高质量发展，实现了"十四五"良好开局。

一、全国气象重点工作成就显著

　　庆祝建党百年系列活动等气象保障任务圆满完成。庆祝建党百年是我们党和国家政治生活当中的一件大事，我们提高政治站位，压实政治责任，超前谋划部署，组建了最强阵容的预报服务工作专班，开展了历史上最大规模的人工影响天气作业，精准预报了庆祝大会、文艺活动、授勋仪式等关键时间节点复杂天气情况，为党中央作出重大决策提供了科学依据。在北京、天津、河北、山西、内蒙古、辽宁和陕西及相关地区、部门与军队的共同努力下，圆满完成庆祝建党百年系列活动、十四运会、冬奥测试赛等重大活动气象保障任务。

　　气象防灾减灾第一道防线作用得到有力体现。2021 年我国极端天气气候事件广发、频发、强发、并发，特别是 7 月后，河南、湖北、陕西、山西等地暴雨洪涝给人民生命财产安全造成严重损害，11 月后，东北暴雪和湖南、贵州大雪给城市运行管理等带来严峻挑战。我们深入贯彻习近平总书记关于气象工作和

---

　　* 节选自《2022 年全国气象工作会议报告》。

防汛救灾重要指示精神，坚持人民至上、生命至上，广大气象工作者 365 天、24 小时在线，在 2 月份就对汛期气候趋势作出较为准确的预测，全年准确预报了 39 次重大天气过程，及时发布气象预警信息，开展"一过程一策"伴随式气象科普宣传，启动国家级应急响应和特别工作状态 26 次、151 天。不断健全部门预警联动机制，为各级党委、政府防灾减灾救灾工作提供了有力支撑，有效减少了人员伤亡和经济损失，公众气象服务满意度达到 92.8 分，再创新高。

服务保障经济社会高质量发展取得明显成效。推进"气象＋"融入式发展，为 25 个部门制定"一部一策"气象服务台账，任务已完成 98％。围绕粮食安全，河南、黑龙江等省开展精细化关键农时气象服务，湖南、福建、海南、甘肃等省试点开展种业服务。全年粮食产量预报准确率达 99.7％，为夺取粮食丰收作出贡献，获得胡春华副总理批示肯定。强化农业农村气象防灾减灾，为巩固拓展脱贫攻坚成果与乡村振兴有效衔接提供有力气象保障。完成内蒙古突泉等定点帮扶年度工作任务。强化重点生态区气象服务，开展细颗粒物和臭氧协同防治气象服务，生态环境气象服务及时有效。完成政府间气候变化专门委员会（IPCC）第一工作组评估报告政府评审，47 份应对气候变化有关决策报告获得中央和地方政府领导批示。发布《2019 年中国温室气体公报》《中国气候变化蓝皮书（2021）》《应对气候变化绿皮书》等权威产品。省级能源气象服务常态化会商和应急联动机制全面建立，为能源保供和冬季供暖作出积极贡献。召开大城市气象服务保障研讨会，着力提升 36 个大城市气象服务保障质量和水平。川藏铁路建设、南水北调后续工程、国产大飞机试飞等国家重大工程气象保障取得新成效。风云气象卫星服务"一带一路"建设取得新突破，国际用户增至 121 个。

气象基础业务能力持续提升。围绕"新发展阶段、新发展理念、新发展格局"开展专题学习"大讨论"和应对极端天气等专题研讨，聚焦高质量发展逐项梳理分析业务发展重点难点堵点，分灾种、分区域、分流域、分行业制定和实施 22 个专项能力提升工作方案。成功发射新一代静止轨道卫星风云四号 B 星和全球首颗民用晨昏轨道卫星风云三号 E 星，实施风云气象卫星应用先行计划。构建了国家温室气体观测网。完善天气、气候观测及全国重点区域、各省级观测站网设计，加强观测与预报服务互动。着力提升西南地区气象观测能力，启动新建和升级天气雷达 66 部、垂直观测系统 20 套、自动气象站 2000 个。完成全国 122 个县级气象灾害风险普查试点工作,普查数据成果汇交率位列各部门前茅。向社会公众发布了中国第一代全球大气/陆面再分析产品,建成了 1991—2020 年中国地面标准气候值数据集。完善国省气候变化公报编制业务体系。建立了我国完整的数值预报业务体系,形成统一的中国气象局数值预报模式品牌,首次实现全球范围台风预报。暴雨预警准确率达到 90%,强对流预警时间提前至 40 分钟。正式向社会公众发布气候预测信息,社会反响良好。

气象事业高质量发展蓝图绘就。全面评估《国务院关于加快气象事业发展的若干意见》贯彻落实情况,组织编制《气象高质量发展纲要》,提出到 2035 年和 2050 年分阶段目标、任务和举措,谋篇布局新征程气象事业高质量发展和气象强国建设。联合国家发展改革委制发《全国气象发展"十四五"规划》,明确 2025 年气象高质量发展的目标任务;联合四部委制发《"十四五"交通气象保障规划》;国家发展改革委等八部委联合中国气象局制发《生态保护和修复支撑体系重大工程建设规划(2021—2035 年)》和《"十四五"可再生能源发展规划》。联合地方政府积极推动粤港澳大湾区、长三角、雄安新区区域气象规划实施,编制《"十四五"黄河流域生态保护和高质量发展气象保障规划》。编制实施 8 个专项规划和 31 个省(区、市)气象发展"十四五"规划,86 项省级规划重点工程纳入国家级规划工程清单。启动气候变化监测评估与生态气象保障工程等重点工程设计。修订气象现代化指标与评估方法,江苏、浙江、湖北、广东等省率先开展各级各类高质量现代化建设试点示范。

党史学习教育促进办实事开新局。按照党中央统一部署,强化"责任、组织、力量、学习、宣传、督导"六个到位,推动气象系统党史学习教育有力有序有效开展,获得中央第 23 指导组充分肯定。及时跟进、深入学习习近平总书记在党史学习教育动员大会、庆祝中国共产党成立 100 周年大会、党的十九届六中全会上的重要讲话精神以及关于党史系列重要论述,与习近平总书记关于气象工作重要指示精神贯通领会。成立 10 个巡回指导组对气象系统全覆盖式指导督查。立足办实事开新局,制定气象系统"我为群众办实事"项目清单,国省市县四级共完成 1.9 万项任务 3.5 万项举措。在全国预报员队伍中开展

"人民至上、生命至上"主题实践活动，激励广大预报员心系人民、精准预报、开拓创新、为民服务。讲好气象红色故事、用好气象红色资源，"延安——人民气象事业发祥地"主题展受到中央领导同志肯定。

二、全国气象创新改革法治取得新成效

一年来，在抓好以上重点工作的同时，全国气象部门坚持统筹兼顾、系统推进，气象发展环境、科技创新、改革法治、科学管理、干部人才队伍建设、党的建设等各方面工作都取得了新成效。

气象事业发展得到广泛重视。党中央、国务院领导同志十分重视气象工作，全年对气象相关工作批示98次。汪洋同志亲临中国气象局督办"加强青藏高原生态环境保护与气候变化适应"重点提案办理，胡春华同志深入中国气象局考察指导冬奥气象服务保障准备工作。中办、国办、中组部、发展改革委、财政部等多部委给予了我们很多关心、支持和帮助。中央和地方两个积极性得到充分发挥，吉林、安徽、江西、广西、重庆、云南、西藏、青海、宁夏等省（区、市）人民政府出台气象事业高质量发展、人工影响天气高质量发展等文件30个，与四川、山东等7个省以及有关部门、战区、高校签署合作协议。年度中央预算内建设投资同比增长124.7%，重点工程投资规模创43亿元新高。积极营造事业发展环境，中办、国办采用气象信息176篇，位列副部级单位第二名；在主流媒体密集发声，《求是》《人民日报》等刊发党组和主要负责人署名文章6篇，央视新闻联播播出气象新闻100余条，均创历史新高。

气象科技创新动能加快集聚。加强气象科技创新平台建设，组建青岛海洋气象研究院、上海亚太台风研究中心等新型研发机构，推动气候变化中心、温室气体及碳中和监测评估中心、风能太阳能中心、许健民气象卫星创新中心建设。积极承担国家重点研发任务，启动实施气象联合基金强化基础研究，获批中央财政科技研发经费2.2亿元。数值预报核心技术基本实现自主可控，"区域/全球一体化数值天气预报业务系统"获得国家科学技术进步二等奖。气象系统共获得省部级科技奖励42项，其中上海台风所获海洋科学技术奖特等奖、新疆阿克苏气象局获自治区科学技术进步一等奖。气象科技成果评价和转化机制以及业务单位、科研院所、高校协同创新机制更加完善。

　　高水平气象人才高地加快建设。新增领军人才 19 名、优秀人才 90 名、专技二级岗专家 39 名、正高级专家 298 名。1 人获全国百名杰出专业技术人才称号、1 集体获全国百个专业技术人才先进集体，4 人入选国家人才计划青年项目，新增青年英才 43 名。全职引进 1 名欧亚科学院院士。选配重大工程负责人员 107 名，其中 45 岁以下超过 70％。南疆四地州基层台站人才"定向评价、定向使用"试点进展顺利。8 人成功竞聘世界气象组织正式职位。

　　气象重点领域改革积极稳妥。持续深化气象"放管服"改革，夯实巩固防雷减灾体制改革成果。中央专项部署的中国气象局权责清单编制工作取得重大进展，机构编制评估试点得到相关部门充分肯定。推进事业单位改革试点，组建中国气象局地球系统数值预报中心、人工影响天气中心，优化调整中国气象局和试点省局事业单位设置。气象部门国有企业公司制改制稳步推进。深化气象业务技术体制改革，启动业务布局分工调整，完成业务系统集约整合和"云化"改造年度计划，气象大数据云平台正式业务运行。启动雷达气象业务改革，组建了中国气象局雷达气象中心，明确了思路目标和主要任务。

　　气象法治建设和科学管理不断加强。修订《气象行政处罚办法》《雷电防护装置检测资质管理办法》，制修订地方性法规和地方政府规章 16 部，制定实施气象部门"八五"普法规划。制定实施《气象数据服务接口规范》等关键急需标准，发布气象国家标准 10 项、行业标准 49 项、地方标准 70 项、团体标准 4 项。深度参与世界气象组织重要改革和发展事务，中俄联合体全球空间天气中心和全球综合观测系统区域中心（北京）正式业务运行。12 期气象国际培训班培训境外学员超 2200 人次。强化制度建设，制修订《中国气象局工作规则》及督查检查、安全生产、管理信息化、综合考评等管理制度。顺利完成信创工程建设任务。抓好疫情防控，实现全部门零感染。安全生产平稳有序，信访、保密、档案、出版、后勤等各项工作取得新进展。

　　气象干部队伍建设进一步加强。优化调整 31 个司局级领导班子。着力培养选拔优秀年轻干部，新提任司局级领导干部中"70 后"近 70％，其中 45 岁左右 11 名，一批"80 后"开始走上司局级领导岗位。加强干部政治素质培训，培训司处级领导干部 7100 人次，不断提高干部政治判断力、政治领悟力、政治执行力。制定进一步激励气象干部担当作为八条措施和进一步加强干部政治素质考察意见。

气象系统党建质量进一步提升。首次开展省（区、市）气象局党组履行全面从严治党主体责任考核评议和结果运用，列席指导司局级党组（党委）理论中心组学习 23 次，开展党的政治建设督查，不断提高系统党建质量。继续深化中央巡视整改工作，做深做实巡视"后半篇文章"，完成对 12 个单位巡视和 896 个单位巡察。大力开展警示教育，深化以案为鉴、以案促改，持之以恒正风肃纪反腐，推动巡视、审计、纪检监督形成合力。强化纪检、巡视干部队伍建设。突出政治性、先进性、群众性，做好群团、统战和老干部工作。选树宣传先进典型，中国气象局、中国天气官方微博账号入选"走好网上群众路线百个成绩突出账号"，21 人次、8 集体荣获中央和中工委表彰奖励。

三、2022 年气象发展展望

党中央、国务院高度重视气象工作。习近平总书记在新中国气象事业 70 周年之际专门作出重要指示，为推动气象事业高质量发展、建设气象强国提供了根本遵循。我们一定要认真贯彻落实，全力以赴推动气象事业高质量发展、加快建设气象强国。

2022 年将召开党的二十大，是我国踏上全面建设社会主义现代化国家、向第二个百年奋斗目标进军新征程的重要一年，也是气象事业高质量发展的关键之年。做好 2022 年气象工作的总要求是：以习近平新时代中国特色社会主义思想为指导，深入贯彻落实习近平总书记关于气象工作重要指示精神，全面贯彻党的十九大和十九届历次全会精神，认真落实中央经济工作会议、中央农村工作会议部署，立足新发展阶段、贯彻新发展理念、服务和融入新发展格局，巩固拓展党史学习教育成果，开展"质量提升年"行动，扎实推动气象高质量发展纲要和"十四五"规划实施，加快气象强国建设，全方位服务保障生命安全、生产发展、生活富裕和生态良好，以优异成绩迎接党的二十大胜利召开。

做好 2022 年工作，责任重大、使命光荣。让我们更加紧密地团结在以习近平同志为核心的党中央周围，以更加昂扬的奋斗姿态，奋进新征程，建功新时代，为全面建设社会主义现代化国家作出新贡献！

前　言

2021年,面对极端天气多、重大活动多、疫情波动频、公众关注高等特殊形势,全国气象系统坚持以深入贯彻习近平总书记关于气象工作重要指示精神为统领,牢牢把握新时代气象事业发展的根本方向、战略定位、战略目标、战略重点、战略任务,谋全局、抓重点、强督查、促落实,统筹推进气象事业高质量发展,全国气象工作取得了新的积极进展,部分重要领域取得了新的重大成就,实现了"十四五"良好开局。

作为气象行业年度发展研究报告,《中国气象发展报告》旨在跟踪气象重大进展、透析气象发展前沿、解读气象热点、支撑科学决策。7年来,报告遵循研究性、前瞻性、客观性、开放性的编研原则,紧跟中国气象发展进程,分析中国气象发展动态,反映中国气象发展变化趋势,突出了气象发展重点亮点,把握了气象发展关键节点,回应了各界对气象发展的重大关切。报告为政府部门、科研院所、大专院校和社会公众了解中国气象发展动态、探索中国气象发展规律、认识气象对经济社会发展的作用提供了重要参考,已经成为气象及相关行业、部门的研究者、管理者和其他社会各界人士了解中国气象发展的重要"参考书"和"工具书"。

《中国气象发展报告2022》,坚持以习近平新时代中国特色社会主义思想为指导,深入贯彻落实习近平总书记关于气象工作重要指示精神,从宏观视角和行业发展维度,展现了2021年中国气象发展进程,客观分析评估了年度气象发展的主要成就,基本反映了2021年气象发展主要特征。一是突破了往期报告的体例框架。直接以气象工作关系生命安全、生产发展、生活富裕、生态良好和监测精密、预报精准、服务精细为架构,客观反映了气象系统全面贯彻落实习近平总书记关于气象工作重要指示精神取得的重大进展和成就,并为持续深入反映气象服务保障经济社会发展的进展奠定了基础。二是突出了2021年气象事业发展的主要特点。2021年是"十四五"开局之年,报告以中国气象局、国家发展与改革委员会联合印发的《全国气象发展"十四五"规划》为基础,以"瞄准建设现代化气象强国目标,科学谋划气象高质量发展蓝图"主题为特载一,反映了"十四五"时期气象发展的总体思路、发展目标、发展任务与主要特色。2021年,中国气象局党组聚焦高质量发展,逐项梳理分析气象业务发展重点难点堵点,分灾种、分区域、分流域、分行业先后制定实施28个专项能力提升工作方案。报告以"聚焦业务发展重点难点堵点,推进气象重点领域高质量发展"主题为特载二,逐项分析了在重点领域实施专项能力提升方案取得的重大进展,总结了气象部门把握重点、攻克难点、疏通堵点的重要举措。三是保持了报告的编研原则。始终坚持数据的真实性与准确性,分析的客观性与联系性,报告的数据和资料来自于气象部门及行业机构提供的可公开资料并经过提供机构的审核,部分来自于已公开发表或出版的文献并经过认真整理。经过多年的数据积累,并通过对数据的深入挖掘和纵向横向分析以及吸纳最新相关研究成果,报告着力增加了"析""论"和"评"的内容,力争以翔实的数据、客观的分析来呈现气象事业的主要进展与发展趋势。

《中国气象发展报告2022》,以中国气象局党组书记、局长庄国泰在2022年全国气象工作会议所作报告——"扎实推动气象事业高质量发展,加快建设气象强国"（节选）为序;全书共有六篇十三章,特载一由刘冠州、朱玉洁执笔;特载二由肖芳、杨丹、李欣执笔;各章主要执笔人有:第一章王喆、张阔、郝伊一;第二章吕丽莉;第三章于丹、谭娟、陈飘;第四章林霖、张小锋、樊奕茜、杨丹、李萍;第五章李萍、杨丹;第六章张勇、王喆、樊奕茜;第七章唐伟、刘冠州;第八章张阔、樊奕茜、于丹;第九章郝伊一、王妍、李欣、张滨冰;第十章李欣、杨梦、申丹娜;第十一章于丹、李萍;第十二章卢介然、谢博思、李萍、王晓璇;第十三章陈鹏飞;附录杨丹。全书由程磊、廖军、肖芳统稿,于新文审定。

《中国气象发展报告2022》,由中国气象局气象发展与规划院组织编研撰写,在编研过程中得到许多专家学者的悉心指导,矫梅燕、王建林、张强、邵楠、朱小祥、周广胜、王志强、张洪广、姜海如等专家对报告进行了咨询与审稿；中国气象局办公室、减灾司、预报司、观测司、科技司、计财司、人事司、法规司、国际司、机关党委（巡视办）给予了大力支持。同时，报告引用了气象行业机构、中国气象局相关内设机构和直属单位提供的大量资料和数据，部分已在参考文献或正文中标注，但由于涉及资料较多，未予全列；气象出版社在编辑出版方面给予了大力帮助，在此一并表示衷心感谢！

　　《中国气象发展报告 2022》中涉及的一些述评仅限于编研人员的认识，不代表任何政府部门和单位的观点。作为阶段性研究成果，由于编研人员的能力所限，难免存在疏漏与不妥，希望广大读者提出宝贵意见和建议。

于新文

2022 年 10 月

报告摘要

  2021年,在以习近平同志为核心的党中央的坚强领导下,全国气象系统坚持以深入贯彻落实习近平总书记关于新中国气象事业70周年重要指示精神为根本遵循,坚决落实党中央、国务院重大决策部署,气象事业高质量发展取得重要进展,实现了"十四五"良好开局。《中国气象发展报告2022》客观反映了这一年气象事业发展的重大进程,分析了发展趋势,展望了未来发展愿景。

  《中国气象发展报告2022》分为特载、综述篇、气象保障篇、基础能力篇、科技创新篇和改革发展篇,共包括2021年气象现代化建设进展,气象保障生命安全,气象保障生产生活,气象保障生态良好,应对气候变化,精密气象监测,精准气象预报,精细气象服务,气象信息化建设,气象科技创新,气象人才队伍建设,气象改革、法治与党建,气象开放与合作等十三章。

  2021年是"十四五"开局之年,中国气象局、国家发展与改革委员会共同编制了《全国气象发展"十四五"规划》,全国气象系统制定实施了5个国家级区域气象发展规划、近20个专项发展规划、31省(区、市)及4个计划单列市气象发展"十四五"规划,构成了完整的气象发展规划体系,为实现气象高质量发展绘就了宏伟蓝图。把握重点、攻克难点、疏通堵点,是2021年推进气象高质量发展最明显的特征。中国气象局坚持目标导向、问题导向、结果导向,瞄准若干个主要、关键问题,逐项梳理分析气象业务服务发展重点难点堵点,分灾种、分区域、分流域、分行业先后制定28个专项能力提升工作方案,有针对性采取解决措施,为实现"十四五"良好开局拓展了新的视野。对此,本书将该内容作为特载一、特载二进行了客观反映。

  高质量建设气象现代化。2021年,依据新修订的《全国气象现代化建设指标评估方法（2021 版）》《省（区、市）气象现代化建设指标评估方法（2021 版）》，对 2021 年全国气象综合观测、信息网络、预报预测、气象服务、科技创新和发展保障等六个方面的气象现代化建设成效进行了量化测评。评估表明，2021 年全国气象现代化水平综合得分为 78.8 分，较上年提高 3.8 分，为近 5 年最高分值。省（区、市）气象现代化综合水平平均为 77.6 分，较上年增长 8.4%，较 2016 年增长 18.4%。根据全国气象部门投票和现场评议，公布了 2021 年全国气象现代化建设十项重大进展评选结果：风云四号 B 星和风云三号 E 星成功发射并投入应用，中国全球大气再分析系统投入业务运行，全国气象大数据云平台投入业务运行，中国全球天气数值预报模式（3.2 版）和气候数值预报模式（3.0 版）正式投入业务运行，智慧冬奥业务服务系统投入业务运行，全国智能网格预报业务系统全面建成，世界气象组织（WMO）全球综合观测系统区域中心（北京）业务运行，全国温室气体观测网基本建成，"中国天气"全媒体公众气象服务传播能力和预警信息发布能力大幅提升，空间天气监测预警能力明显提升。

筑牢气象防灾减灾第一道防线，保障人民生命安全。2021 年，面对自然灾害严重复杂、极端天气气候事件多发频发形势，全国气象系统积极应对，共启动国家级重大气象灾害应急响应 26 次、151 天，次数和天数均为近 5 年最多，发布预警 34.4 万条，为不同行业及部门提供定制化气象服务达 200 多次，公众预警气象服务达到 24 亿人次以上；气象灾害造成的受影响人口较上年减少 3154.52 万人，造成的直接经济损失较上年大幅下降，气象预警信息为公众挽回的因灾损失预估约达 5300 亿元。

气象服务人民生产生活。2021 年，全国气象系统统筹做好疫情防控和经济社会发展气象服务保障，推进了"气象＋"融入式发展，民航、农垦、森工、海洋、能源、交通、旅游、环境等面向行业和特定领域的气象服务稳定发展，圆满完成庆祝建党百年等一系列国家重大活动和重大工程气象保障。围绕粮食安全开展为农气象服务，全年粮食产量预报准确率达 99.7%，为全国粮食增产丰收提供有力保障。全国人工影响天气作业影响面积达到 500.2 万千米^2。围绕人民美好生活需求不断推进公众气象服务产品多元化、智能化，研发推出了覆盖老百姓衣、食、住、行、游、学、康等多元化需求的气象服务产品,开展了基于场景、定制式、个性化的气象服务,全年累计服务公众 2000 亿人次以上,气象科学知识普及率达到 80.8%,公众气象服务满意度达到 92.8 分,创历年新高。气象产业发展态势良好,截至 2021 年底全国气象相关企业达到 2.67 万家。

气象保障生态良好。2021 年,全国气象系统加快发展生态气象服务业务,基本形成了四级生态气象监测评估和预报预警服务体系,风能太阳能预报系统实现了业务化,完成了全国 1 千米分辨率精细化太阳能资源评估。基本建成国、省、市三级协同的环境气象业务服务体系,国家级形成生态及环境气象业务产品 16 大类。截至 2021 年底,通过国家气候标志评价评选出天然氧吧市县 250 个、气候标志市县 38 个、气候宜居城市 40 个、好气候产品和溯源产品 25 个。国家继续积极采取适应与减缓气候变化措施,减少碳排放、优化能源结构、增加碳汇取得积极成效。中国气象局基本建成了由 1 个全球本底站、6 个区域本底站和 52 个温室气体监测站组成的全国温室气体观测网,提升了温室气体监测评估能力,为碳监测、核查提供了重要的技术支持;继续推动构建国家级、区域和省级气候变化报告/公报编制业务体系,首次面向社会公众发布气候预测公报,应对气候变化科技支撑进一步强化;系统开展了气候影响评估和气候可行性论证工作。

推进监测精密、预报精准、服务精细。2021 年,成功发射极轨卫星风云三号 E 星、静止卫星风云四号 B 星,风云气象卫星综合性能达到世界先进水平;新建 6 部新一代天气雷达,完成 24 部雷达技术标准统一和 19 部雷达双偏振升级;提升了西南地区等重点监测盲区、重点流域以及强对流等灾害性天气的监测能力,气象观测布局进一步优化,气象观测质量和效益进一步提升。强化精准预报,建立了从区域到全球、从天气到气候等较为完整的数值预报业务体系,自主研发的全球中期数值天气预报系统北半球可用预报时效达到 7.8 天,全球气候模式水平分辨率提高至 30 千米,区域 3 千米和 1 千米高分辨率天气模式实时运行。全国 24 小时晴雨预报准确率为 84.6%;全国暴雨预警准确率达到 90%,强对流天气预警时间提前至 40 分钟,均创历史新高;台风 24 小时路径预报误差为 75 千米，位居国际先进行列。推进精细服务，全国公众服务丰富度平均水平达到 78.2 分，较上年提高 35%；新增 24 种生活类预警气象服务产品，气象预警信息公众覆盖率达到 95.1%；气象媒体服务用户数量较上年增加 16%。大力推进气象信息化，气象大数据云平台已成为支撑全国气象业务的关键共性信息基础平台，"云＋端"业态基本形成，国家级存储能力总计达 180PB；气象超算能力达 9.7PFlops；中国气象数据网共享数据量超过 650TB，累计用户突破 41.5 万，累计访问量超过 11.3 亿人次，气象信息化发展取得显著成就。

强化气象科技创新和人才队伍建设。2021 年，全国气象系统继续强化气象科技创新，气象数值预报、卫星、雷达、信息"四根支柱"领域的关键核心技术攻关成效显著，气象重大核心技术研发需求纳入国家重点研发布局。气象科研院所学科布局和研发布局不断优化，科技基础条件平台建设有序推进，全面提升了气象战略科技力量和科技创新整体效能。全年气象部门科研课题经费投入总额超过 8 亿元，获得国家科技进步奖二等奖 1 项、省部级科技奖 47 项，取得专利授权 486 项，发表国内外核心期刊论文 2337 篇。科技成果登记 978 项，备案 116 项，41 项科技成果进入中试基地（平台）。全年新增领军人才 19 名、首席专家 31 名、青年英才 45 名、西部和东北优秀气象人才 14 名。全年举办各类面授和网络培训班 176 期、培训各类气象干部人才 9900 余人、培训量达 22 万人天，为历史最高。气象人才发展环境不断优化，气象人才队伍的规模、素质、结构得到持续改善。

坚持党建引领，改革推动，法治保障。2021 年，深入推进气象部门党的建设，持续推动全面从严治党向纵深发展，推动党史学习入脑入心，各级党组织认真组织了党史学习教育活动，共组织远程培训 1.2 万人次、总学时达 39.9 万小时。持续推动"我为群众办实事"实践活动走深走实，国省市县四级气象部门共完成为群众办实事 1.9 万个项目 3.5 万条举措。截至 2021 年底，全国气象部门基层党委、党总支、党支部组织数量达到 5279 个，实现了党组织 100% 覆盖；党员队伍持续壮大，气象在职人员中党员比例达到 63.5%。全国气象系统按照中央改革总体部署，持续深化气象"放管服"改革，稳妥推进气象事业单位改革试点,全面完成气象部门国有企业公司制改革工作。推动气象各项工作纳入法治轨道,推进修订 2 部部门规章,制修订地方性法规 7 部、地方政府规章 9 部。深入推进标准化建设,气象领域已有国家标准 203 项、行业标准 642 项、团体标准 25 项、地方标准 819 项。

2021 年,全国气象部门克服新冠肺炎疫情影响,大力推进气象国内外开放合作,深度融入国内国际双循环。世界气象中心(北京)全球业务建设工作有序推进,全球综合观测系统区域中心(北京)正式业务运行。风云卫星数据国际用户增加至 121 个,风云卫星国际影响力不断扩大。为 100 多个国家和地区的 2200 多位国际学员开展国际培训;进一步加大气象国际人才推送力度,在 WMO 中我国国际职员总数达到 15 人,创历史新高。省部、局校和局企合作继续深化,中国气象局与 7 个省份、3 个部局、5 所高校签署了新一轮合作协议或会议备忘录。

目　录

特载

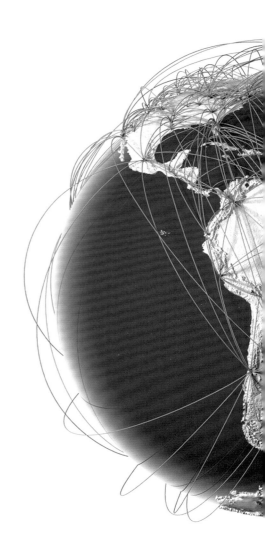

特载一:瞄准建设现代化气象强国目标
科学谋划气象高质量发展蓝图*

气象工作关系生命安全、生产发展、生活富裕、生态良好。为贯彻落实党的十九届五中全会精神和习近平总书记对气象工作重要指示精神,推动气象事业高质量发展,按照国家编制五年发展规划要求,与中华人民共和国国民经济和社会发展五年规划相对应,中国气象局、国家发展与改革委员会共同编制了《全国气象发展"十四五"规划》(以下简称《规划》),并制定了一系列气象发展专项规划和地方气象事业发展规划,为实现气象高质量发展绘就了宏伟蓝图。

一、《规划》的总体思路与框架

"十四五"时期气象发展的总体思路是,以习近平新时代中国特色社会主义思想为指导,以习近平总书记对气象工作的重要指示精神作为根本遵循,以推动气象事业高质量发展为主题,以推进高水平气象现代化建设为主线,以改革创新为根本动力,以满足人民日益增长的美好生活需要为根本目的,将推动气象向经济社会各领域融合、向地球系统延伸、向全球范围拓展、向数字智能新业态转变,实施数值预报、"气象+"赋能行动、气象大数据和人工智能应用三大攻坚战,构建自立自强、开放协同的气象科技创新体系,面向地球系统、智慧精准的气象业务体系,保障国家战略、普惠精细的气象服务体系,规范有序、

---

* 执笔人员:刘冠州　朱玉洁

协调发展的气象治理体系,提高气象服务保障国家经济社会发展和构建人类命运共同体的能力和水平,为全面建设社会主义现代化国家提供有力支撑。

《规划》明确提出了未来五年我国气象事业发展目标:到 2025 年,实现关键核心技术自主可控,适应需求、结构完善、功能先进、保障有力的现代气象科技创新、服务、业务和治理体系更加健全,监测精密、预报精准、服务精细的能力进一步提升,气象保障生命安全、生产发展、生活富裕、生态良好的水平显著增强,气象现代化建设迈上新台阶,为气象强国建设打下坚实基础。

为保障目标实现,《规划》围绕气象科技创新、气象核心业务发展、气象改革等重点领域明确了六个方面的发展任务;并基于发展任务,聚焦五个能力建设方向,设置了加快推进气象科技创新、加强气象精密监测、加强气象精准预报和精细服务、提升气象信息化水平、提升基层台站能力等五大专栏;同时,还明确提出了支撑气象"十四五"发展的四项保障措施,包括加强组织领导、完善多元化投入机制、加大开放合作和加强监督检查等。

二、《规划》的主要特色①

1. 突出主题和主线。《规划》明确,以习近平总书记对气象工作的重要指示精神为根本遵循,准确把握新发展阶段,深入贯彻新发展理念,主动融入新发展格局,以推动气象事业高质量发展为主题,以推进高水平气象现代化建设为主线,从战略高度上推动气象事业发展进一步围绕中心、服务大局,适应新时代我国社会主要矛盾的发展变化,坚持服从服务国家重大战略,聚焦国家战略核心需求,发展保障有力的气象现代化。

2. 坚持五个基本原则。《规划》突出强调,始终把握"五个坚持:一是坚持党的领导,服务人民。始终把党的领导贯穿和体现到气象发展各领域全过程,在贯彻落实党中央重大决策部署中发展气象事业。坚持以人民为中心的发展思想,把满足人民生产生活需求作为根本任务,不断增强人民群众气象服务获

① 参考《全国气象发展"十四五"规划说明》。

得感、幸福感、安全感。二是坚持科技创新，人才优先。强化科技创新在我国气象现代化建设全局中的核心地位，优化创新资源配置，突破关键核心技术，实现科技自立自强。把人才资源开发放在科技创新最优先位置，完善人才培养、引进、使用等机制，打造高水平气象人才队伍。三是坚持系统观念，统筹协调。提升高质量发展的整体性和协同性，推动观测、预报、服务等各环节有效衔接和高效协同。发挥好中央、地方和各方面积极性，统筹推进气象资源的合理配置和高效利用，推进东中西部气象协调发展。统筹发展和安全，完善风险防控机制，及时防范化解潜在风险。四是坚持深化改革，依法治理。坚定不移全面深化气象改革，发挥好改革的开路先锋、示范引领和突破攻坚作用，破除制约气象事业高质量发展的体制机制障碍，持续增强发展活力和动力，不断加强气象法治建设，全面提升气象治理现代化水平。五是坚持开放合作，融合共赢。处理好开放和自主的关系，深化气象开放合作，深度融入国内国际双循环，联合国内外优势资源，大力推进气象全球监测、全球预报、全球服务，积极参与全球气候治理。

3. 坚持发展和完善四大体系。《规划》提出了发展和完善四大体系：（1）构建自立自强、开放协同的气象科技创新体系，瞄准监测精密、预报精准、服务精细，组织实施关键核心技术攻关，完善国家气象科技创新体系，建设高水平气象人才队伍。（2）构建面向地球系统、智慧精准的气象业务体系，统筹观测预报服务信息网络四大业务，发展陆海空天一体化的精密气象监测业务，发展数字智能、无缝隙全覆盖的精准气象预报业务，发展自动感知、智能制作、及时供给的智慧气象服务业务，发展集约开放、安全智能的气象信息业务。（3）构建保障国家战略、普惠精细的气象服务体系，统筹生命安全、生产发展、生活富裕、生态良好服务需求，筑牢气象防灾减灾第一道防线，深度服务国民经济社会发展，推动公共气象服务提质增效，强化生态文明建设气象服务，提升应对气候变化支撑能力。（4）构建规范有序、协调发展的气象治理体系，深化业务技术、服务、管理体制重点领域改革，加强气象法治建设，加强行业管理和社会管理，统筹区域气象事业协调发展，保障国家区域重大战略，夯实基层气象发展基础。

4. 坚持打好三大攻坚战。《规划》明确提出了数值预报、"气象＋"赋能行动、气象大数据和人工智能应用三大攻坚战。三大攻坚战明确了未来五年气象科技创新体系、业务体系和服务体系的主攻方向，成为推动气象事业高质量发展的关键抓手。

5. 聚焦五个能力提升方向。在《规划》中设置了五大专栏。（1）聚焦加快推进气象科技创新，包括加强气象大数据科学、提升国产超算技术应用能力、发展地球系统模式和推进观测装备国产化等4项重点内容。（2）聚焦加强气象精密监测能力建设，包括提升气象卫星观测能力、完善气象雷达观测和优化自动站网布局等3项重点内容。（3）聚焦加强气象精准预报和精细服务能力建设，包括提升气象灾害监测预警能力、加强气候变化监测评估与生态气象保障、加强山洪地质灾害防治气象保障、加强海洋气象综合保障、提升人工影响天气能力、提升国家突发事件预警信息发布系统能力和做好川藏铁路沿线气象监测预报预警服务等7项重点内容。（4）聚焦加强气象信息化能力建设，包括升级迭代国产气象高性能计算系统，提升气象大数据算力、算法、存储能力等内容。（5）聚焦加强基层台站能力建设，重点是持续推进打造现代化基层台站，开展高质量发展示范台站建设。

6. 注重《规划》的有机衔接。《规划》全面融入服务保障国家重大战略和经济社会发展需求，加强前瞻性思考和全局性谋划，特别注重落实好《中华人民共和国国民经济和社会发展第十四个五年规划和2035年远景目标纲要》（以下简称《国家规划纲要》），注重做好与各气象专项发展规划、区域规划和省级气象规划之间的深度衔接。（1）充分落实《国家规划纲要》中对气象工作的相关部署。《国家规划纲要》对做好"十四五"期间气象工作进行了部署，提出了"防范化解重大风险体制机制不断健全，突发公共事件应急处置能力显著增强，自然灾害防御水平明显提升，发展安全保障更加有力"；"聚焦气候变化、人类健康等问题加强同各国科研人员联合研发"；"优先推动企业登记监管、卫生、交通、气象等高价值数据集向社会开放"；"强化农业气象服务"；提升生态系统质量和稳定性"科学开展人工影响天气活动"；"应对气候变化"，"提高防灾减灾抗灾救灾能力，提升洪涝干旱、森林草原火灾、地质灾害、气象灾害、地震等自然灾害防御工程标准"等，《规划》对以上内容均进行了充分落实，并做了拓展延伸和细化安排部署，既在指导思想、目标要求和相关指标中有体现，也在健全和完善气象科技创新、业务、服务和治理体系的六大发展任务中做了细化安排。《规划》明确了聚焦气候变化及碳达峰碳中和做好监测预报评估，开展基础理论和相关技术研究，并从"优化气候变化工作布局、加强气候变化影响评估、强化气候资源开发利用和保护、积极参与全球气候治理"明确了"十四五"时期气象支撑应对气候变化的具体部署。其他涉及气象的相关任务，也在《规划》中做了相应安排。(2)与其他气象专项发展规划有机衔接。《规划》与综合气象观测业务发展规划、气象预报业务发展规划、公共气象服务发展规划、气象科技发展规划、生态气象服务保障规划等国家级气象专项发展规划，在指导思想、发展目标、规划指标、主要任务等方面均进行深入衔接。《规划》按照规划编制工作程序，向各专项发展规划编制组织单位征求了意见，做到总体规划引领和指导专项发展规划，专项发展规划深化补充和拓展延伸总体规划，保证了总体规划与专项发展规划有机衔接。(3)与区域和省级气象规划有机衔接。《规划》与粤港澳大湾区、长三角一体化、雄安新区、黄河流域等区域气象发展规划，以及全国各省(区、市)"十四五"气象发展规划、中国气象局与各省级政府合作协议有关内容进行了双向衔接。特别是统筹好各地气象发展重大项目，将其纳入到重点项目列表中，注重发挥气象部门双重计划财务体制优势，并加以明确推动实施。中国气象局明确要求各地气象发展规划与《规划》进行深入衔接，增强规划协同性，确保全国气象发展"一盘棋"。

三、《规划》的主要任务

为确保目标实现，《规划》明确提出了六方面的发展任务。

1. 坚持创新驱动发展，加快气象科技自立自强。重点包括：(1)组织实施关键核心技术攻关，加强重大天气气候机理研究，研发下一代数值预报模式，研发第二代再分析系统，推进气象观测装备技术研发，强化气象卫星遥感应用研究，加强新一代信息技术应用研究，推进气象服务数字化智能化。(2)完善国家气象科技创新体系，强化战略科技力量，建设科技创新平台，健全气象科技创新体制机制。(3)建设高水平气象人才队伍,强化高层次科技人才队伍建设,强化高素质管理人才队伍建设,优化人才发展环境。

2. 促进陆海空天一体化,发展精密气象监测。重点包括:(1)优化综合立体观测站网,优化升级天气观测站网,完善气候及气候变化观测站网,发展专业气象观测站网,完善风云气象卫星及遥感应用体系。(2)发展先进观测技术装备,推动观测装备迭代更新,加强气象计量与保障能力。(3)健全集约高效观测业务,完善观测业务分工,优化观测业务流程,拓展全球监测业务。

3. 推进数字化智能化,发展精准气象预报。重点包括:(1)发展高水平的数值预报,发展全球数值天气预报,改进区域数值天气预报,发展短期气候预测模式。(2)完善智能数字预报业务,加强大气实况业务,发展无缝隙预报业务,强化气候预测业务,实现全球预报新突破。(3)加强预报业务智能协同,提升智能预报业务能力,建立集约高效业务流程,加强业务全流程检验评估。

4. 坚持趋利避害并举,发展精细气象服务。重点包括:(1)提高气象防灾减灾能力,加强气象灾害监测预警,强化气象灾害预警信息发布,强化气象灾害风险防范,完善气象防灾减灾工作机制。(2)增强应对气候变化支撑,优化气候变化工作布局,加强气候变化科学研究与影响评估,强化气候资源开发利用和保护,积极参与全球气候治理。(3)强化生产发展气象服务,服务乡村振兴战略,服务交通强国建设,服务海洋强国建设,服务国家能源安全,服务金融保险,服务重大工程和重大活动。(4)深化民生气象服务,推进气象基本公共服务均等化,发展城市气象服务,助力健康中国行动,发展旅游气象服务,提升全民气象科学素养。(5)加强生态文明建设气象服务,加强生态系统保护和修复气象保障,服务深入打好蓝天保卫战,科学开展人工影响天气。

5. 激活数据潜能,推动气象信息化建设。重点包括:(1)提升气象大数据应用,强化气象大数据收集,建立多类别气象数据集,规范有序管理气象数据。(2)建设数字气象基础设施,扩大高性能计算资源供给,强化"云+端"的基础设施能力,健全整体防控的信息安全体系。(3)加强新一代信息技术融合应用,推动气象行业数字化转型升级,加快新一代信息技术应用。

6. 全面深化气象改革,提升气象治理效能。重点包括:(1)深化重点领域改革，深化业务技术体制改革，深化气象服务体制改革，深化管理体制改革。（2）加强气象法治建设，推进气象立法执法普法工作，加强气象标准化建设。（3）加强行业管理和社会管理，推进行业气象协同发展，强化气象社会管理职能，加强新时代气象文化建设。（4）统筹气象事业协调发展，夯实气象基层基础工作，深化区域气象协调发展，保障区域重大战略。

四、区域、专项和地方气象发展规划

2021 年，围绕落实《规划》，气象部门先后编制实施了 5 个国家级区域气象发展规划，近 20 个专项发展规划、31 个省（区、市）及 4 个计划单列市（大连、青岛、宁波、厦门）气象发展"十四五"规划，构成了完整的气象发展规划体系。

（一）国家级区域气象发展规划

国家级区域规划是指以特定区域经济社会发展为对象编制的规划，是国家总体规划、重大国家战略在特定区域的细化落实，是国家指导特定区域发展、制定相关政策以及编制区域内省（区、市）总体规划、专项发展规划的重要依据。为促进区域协调发展、可持续发展，国家组织制定了一批国家级区域发展规划。国家级区域气象发展规划是国家级区域规划重要组成部分，为推动气象服务保障国家重大战略实施，中国气象局先后制定了一系列国家级区域气象发展规划。

2021 年，中国气象局以国家级区域气象发展规划为抓手，推动气象工作更好服务于国家重大区域战略。一是组织上海、江苏、浙江、安徽三省一市气象局编制完成《长江三角洲区域一体化发展气象保障三年行动计划（2021—2023 年）》，由中国气象局和三省一市人民政府联合印发。二是加快推进《"十四五"黄河流域生态保护和高质量发展气象保障规划》编制，组织完成了专家论证和提交国家发展与改革委员会，并向有关部委和沿黄九省地方政府征求意见。三是指导广东省气象局带动港澳两地推动落实粤港澳大湾区气象保障规划，牵头对世界气象中心（北京）粤港澳大湾区分中心和气象科技融合创新平台筹建方案进行审批。四是指导河北省气象局编写完成雄安新区智慧气象建设行动方案,方案已由雄安新区气象工作领导小组会议审议通过。

以上粤港澳大湾区、长三角一体化、雄安新区、黄河流域和先前制定的长江经济带、"一带一路"等区域气象发展规划内容(表1),与各省(区、市)"十四五"气象发展规划、中国气象局与各省(区、市)政府合作协议有关内容都和《规划》进行了双向衔接,确保了国家、区域和地方气象发展重大项目的统筹,增强了规划协同性,充分体现了全国气象发展"一盘棋"。

表1　截至2021年底国家级区域规划印发情况

序号	名称	印发方式
1	气象"一带一路"发展规划(2017—2025年)	中国气象局印发(2017年12月19日)
2	粤港澳大湾区气象发展规划(2020—2035年)	国家粤港澳大湾区建设领导小组审议,中国气象局印发(2020年3月13日)
3	河北雄安新区智慧气象发展规划(2020—2035年)	中国气象局与河北省政府联合印发(2020年8月22日)
4	长江三角洲区域一体化发展气象保障行动方案	国家推动长三角一体化领导小组审议,中国气象局印发三省一市政府(2020年12月22日)
5	黄河流域生态保护和高质量发展气象保障规划	由国家黄河流域生态保护和高质量发展领导小组审议,按要求印发
6	长江经济带气象保障能力提升工作方案(2021—2025年)	中国气象局印发(2021年4月30日)

(二)部门专项气象发展规划

国家专项发展规划通常是指国务院有关部门对其组织编制的工业、农业、畜牧业、林业、能源、水利、气象、交通、城市建设、旅游、自然资源开发的有关专项发展规划,简称为专项发展规划。但对于一个部门来讲,这类国家专项发展规划则是一个部门的综合性规划。由于综合性规划将涉及部门的许多领域,部门还需要根据各领域发展分别制定实施性规划,这类实施性规划一般称为部门专项发展规划。从部门专项发展规划制定时间看,部分专项发展规划在部门综合性规划制定之前已经生效实施;大多数则需要根据部门综合性规划要求，同步制定部门专项发展规划；还有的应在部门综合性发布生效之后制定。

为规范专项发展规划的编制，中国气象局进一步明确专项发展规划是总体规划在特定领域细化落实依据的定位，以规划编制领导小组办公室名义印发通知，要求各专项发展规划编制牵头单位规范规划编制、征求意见、衔接、论证、审批、印发等各环节要求。

2021 年，中国气象局注重以各领域专项发展规划细化落实总体规划，围绕落实全国气象发展"十四五"规划，推动气象事业高质量发展，加强与国家发展与改革委员会对接，动态优化调整"两级三类"的规划体系。截至 2021 年底，编制的 19 项专项发展规划（表 2）中，有 15 项已经审定，9 项已经印发。其中，

表 2　截至 2021 年底国家级专项发展规划印发情况

序号	领域	名称
1	服务领域	"十四五"交通气象保障规划
2		"十四五"公共气象服务发展规划
3		"十四五"人工影响天气规划
4		"十四五"生态气象服务保障规划
5	预报领域	"十四五"数值预报业务发展规划
6		"十四五"气象预报业务发展规划
7	观测领域	海洋气象发展规划（2016—2025 年）
8		"十四五"综合气象观测业务发展规划
9		我国气象卫星及其应用发展规划（2021—2035 年）
10	信息化领域	"十四五"气象信息网络业务发展规划
11	科技领域	中国气象局野外科学试验基地发展"十四五"规划
12		"十四五"应对气候变化发展规划
13		中国气象科技发展规划（2021—2035 年）
14	人才领域	2019—2023 年全国气象部门干部教育培训规划
15		气象人才发展规划（2021—2030 年）
16	科普文化领域	气象科普发展规划（2019—2025 年）
17		"十四五"气象文化发展规划
18	减灾领域	"十四五"气象防灾减灾能力提升建设规划
19	基础领域	"十四五"气象台站基础能力提升规划

注：专项发展规划 9 项为截至 2021 年 12 月 31 日更新的数据。

中国气象局与有关部门联合印发了《"十四五"交通气象保障规划》，明确提出到 2025 年，聚焦公路、铁路、内河水运、海上交通、多式联运五大重点方向，基本形成多部门协同规划、协同部署、协同实施、协同保障的综合交通气象服务格局。《"十四五"交通气象保障规划》为深化气象、公安、交通运输、铁路、邮政五部门合作提供了有力抓手，为建立形成"政府＋部门＋企业"的交通气象服务模式和保障投入机制提供了依据。

气象预报业务发展规划、综合气象观测业务发展规划、公共气象服务发展规划、气象科技发展规划、生态气象服务保障规划等国家级部门气象专项发展规划与《规划》在指导思想、发展目标、规划指标、主要任务等方面均进行了深入衔接。做到了总体规划引领和指导专项发展规划，专项发展规划深化补充和拓展延伸总体规划，系统一体化推进"十四五"气象事业高质量发展。

（三）省级气象发展总体规划

省级气象发展总体规划，既是国家级气象发展规划的延伸，又是反映地方经济社会发展对当地气象发展建设提出的要求。2021 年，中国气象局加强与省级气象部门的沟通，动态掌握各省份制定气象发展规划进展，提出了省级气象发展规划的衔接、送审、报批要求，主动为省级规划编制解疑释惑，并及时将国家级总体规划、各专项发展规划各阶段最新进展下发各省级气象局，指导各省份编制气象发展规划既结合地方经济社会发展实际，又与国家气象发展规划充分衔接，推动全国气象发展形成一盘棋。中国气象局气象发展与规划院对 31 个省（区、市）和 4 个计划单列市（大连、青岛、宁波、厦门）气象发展规划进行审核，推动省级规划与地方发改委联合印发或由省政府印发，到 2021 年底全国 31 个省（区、市）及 4 个计划单列市（大连、青岛、宁波、厦门）均印发气象发展十四五规划。

各省（区、市）的气象发展规划总结了"十三五"时期气象事业发展的显著成效，分析了"十四五"时期气象事业发展面临的新形势，提出了"十四五"时期气象事业发展总体要求，突出了充分发挥气象科技创新战略支撑作用，提高生态文明建设气象保障能力，加强综合气象防灾减灾体系建设，构建精细化农业气象服务体系，推进气象与多行业领域深度融合，聚焦监测精密、预报精准、服务精细，提升气象信息化能力，坚持深化改革，不断提升气象治理效能，统筹实施各省（区、市）重点工程建设，从而推动各省（区、市）气象事业高质量发展。

特载二:聚焦业务发展重点难点堵点 推进气象重点领域高质量发展[*]

　　2021 年,中国气象局围绕"新发展阶段、新发展理念、新发展格局"开展专题学习,通过开展专题学习"大讨论"和应对极端天气等专题研讨,聚焦气象事业高质量发展逐项梳理分析业务发展重点难点堵点,通过制定实施专项能力提升工作方案,有针对性采取解决措施,为圆满完成全年工作任务,实现"十四五"良好开局拓展了新的视野。

　　把握重点,攻克难点,疏通堵点,制定实施专项能力提升方案,是 2021 年推进气象高质量发展最明显的特征。为推进专项能力提升工作,中国气象局党组书记、局长庄国泰多次主持召开有关专题会议进行研究与部署。坚持目标导向、问题导向、结果导向,瞄准若干个主要、关键问题,逐项梳理分析气象业务服务发展重点难点堵点,分灾种、分区域、分流域、分行业先后制定 28 个专项能力提升工作方案。这些专项方案,充分地展示了中国气象局聚焦气象业务服务高质量发展真抓实干的务实作风和抓铁有痕、踏石留印的坚定信心。

一、分灾种监测预报预警服务能力提升工作

　　提供准确的暴雨、龙卷风、强对流(大风)、高温天气预报是气象工作的难

---

　　* 执笔人员:肖芳　杨丹　李欣

点,尤其是监测预报暴雨、龙卷风、强对流(大风)天气目前仍是世界性难题。近年来,暴雨、龙卷风和强对流(大风)天气对我国经济社会发展造成极大危害和损失,人民群众非常关注这类极端天气事件的监测预报预警工作。2021年,为贯彻落实党的十九届五中全会精神和习近平总书记关于气象工作的重要指示精神,对标监测精密、预报精准、服务精细的要求,全面提升暴雨、龙卷风、强对流(大风)和高温天气监测预报预警能力,中国气象局分灾种制定了暴雨、龙卷风、强对流(大风)、高温灾害天气监测预报预警能力提升工作方案(表1)。由于这些气象灾种的形成机理和空间分布差异,其监测预报预警能力提升工作方案重点突出了不同灾种特征,采取的措施更注重针对性、可操作性和实效性。

表1 气象分灾种监测预报预警服务能力提升工作方案

序号	名称
1	《暴雨监测预报预警服务能力提升工作方案(2021—2025年)》(气发〔2021〕107号)
2	《龙卷风监测预报预警能力建设专项工作方案(2021—2025年)》(气办发〔2021〕25号)
3	《强对流(大风)监测预警服务体系建设工作方案(2021—2025年)》(气发〔2021〕63号)
4	《高温监测预报预警业务体系建设工作方案(2021—2025年)》(气发〔2021〕80号)

1. 暴雨监测预报预警服务能力提升

2021年,中国气象局印发《暴雨监测预报预警服务能力提升工作方案(2021—2025年)》,提出了阶段性工作目标,《方案》对做好暴雨监测预报预警服务工作提出四方面15项重点任务。主要包括聚焦提升暴雨监测能力,完善观测站网,提升暴雨地面、探空及地基遥感垂直观测能力,新建和升级水汽垂直观测系统,重点在西部复杂地形人口聚集地、七大流域雷达观测空白区、暴雨灾害高发区补充建设雷达等观测设施;围绕提升暴雨预报能力,强化华南、西南、长江中下游、华北、东北、西北等不同区域暴雨预报预警科研业务能力,提升台风、大城市等不同类型暴雨及极端暴雨的预报预警科研业务能力,强化数值预报支撑,并强化人工智能技术应用等;紧扣提升暴雨服务能力,增强暴雨灾害风险预警能力,实现暴雨灾害实时监测、定量化影响评估和风险预估,有效支撑决策、专业、社会服务;提升暴雨预警信息快速发布能力,建设基于

"云＋端"构架的一体化预警信息发布平台,探索建立暴雨预警信息靶向发布业务;建立健全分级联动机制、部门应急联动和社会响应机制;着眼强化支撑保障能力,强化暴雨科技创新体系建设,组建暴雨预报创新团队等工作。

到 2021 年,我国暴雨监测,基本建立了由地面、高空、卫星、多普勒天气雷达、云雷达、双偏振雷达、云滴谱及垂直探测、风廓线等组成的多源监测网,提升了暴雨实时监测精度和频率。初步建立了基于日降水资料的极端降水事件监测指标、数据集及监测业务系统。研发了区域暴雨过程判识指标和综合强度评估技术,实现了历史区域暴雨过程的识别和客观评估。初步开展了长江中下游梅雨锋降水、地形暴雨、西南涡暴雨以及华南暖区暴雨综合外场科学试验,在暴雨精细化结构特征、微物理特征分析等方面取得一定成果。

暴雨理论研究,初步揭示了我国不同地区不同类型暴雨的多尺度相互作用与增幅机制,分析了暖湿季风带及其对中国大暴雨的作用,概括了我国持续性大暴雨发生的基本条件,揭示了湿斜压不稳定在季风区大面积暴雨中的作用机制,推动了湿位涡不稳定判据在暴雨预报中的应用,揭示了我国暴雨的季节性突变特征、中尺度雨团的活动规律及其形成特大暴雨的方式和机理、城市群效应对降水的影响及其机理。

暴雨预报预警,初步建立了主客观融合预报体系,发展了暴雨客观预报技术、暴雨精细化模拟及预报技术,在业务中得到广泛应用,有效促进了暴雨预报准确率提升。研发了主客观融合定量降水预报平台,实现了多源降水预报集成、降水预报调整和订正、格点化处理和服务产品制作等。初步建立了短时到延伸期的无缝隙智能网格预报业务体系,暴雨预报预警水平稳步提升,接近国际先进水平,全国暴雨预警准确率达到 90%。

2. 龙卷风监测预报预警能力建设

2021 年,中国气象局印发《龙卷风监测预报预警能力建设专项工作方案(2021—2025 年)》,明确到 2023 年,我国将初步建成较为完善的龙卷风监测预报预警业务技术体系;到 2025 年,建成较为完备的中国龙卷风数据库,建成国、省、市、县级高效联动扁平化的龙卷风预报预警业务流程,有效提升龙卷风监测预报预警能力。《方案》对推进龙卷风监测预报预警能力建设提出 13 项任务，主要包括加强龙卷风科学研究、提升龙卷风精密观测能力、建成中国龙卷风数据库和建立年鉴业务、提升龙卷风实时监测能力、开展龙卷风临近预警试验业务、开展龙卷风短时潜势预报、提高数值模式支撑能力、建立扁平高效龙卷风预警业务流程、构建高效协同预报预警平台、加强龙卷风预报预警业务技术培训交流、完善龙卷风灾情调查制度、建立龙卷风群策群防机制、不断完善龙卷风标准规范。《方案》提出坚持边试验、边应用原则，组织北京、天津、河北、内蒙古、辽宁、吉林、黑龙江、江苏、浙江、安徽、山东、河南、湖北、湖南、广东、海南等龙卷风高发省（区、市）开展龙卷风监测预报预警业务，逐步提升龙卷风监测预报预警能力。

中国气象局一直高度重视龙卷风监测预警，从 2017 年起，中国气象局组织国家气象中心及龙卷风高发省份开展龙卷风监测预警业务试验，已建立龙卷风历史个例库，制定龙卷风等级标准，发展龙卷风监测预报预警技术方法，相关业务技术规范及灾情调查制度，已梳理总结了龙卷风监测预报预警关键指标，利用多源观测资料、高分辨率数值模式及大数据、人工智能等新技术，针对未来 2 小时到几天的龙卷风短时潜势预报与未来 0～2 小时的龙卷风落区诊断分析和监测识别技术，建立相关预报业务试验流程与技术规范，并第一时间将其融入强对流天气短时临近预报系统（SWAN），供全国各级气象部门应用。

到 2021 年，江苏已建立省市县一体化的龙卷风预警技术流程，包括"潜势提醒—临近预启动—预警发布—灾情调查"快速联动的龙卷风业务工作规范，形成基于中气旋和龙卷风涡旋特征（TVS）的龙卷风判识和预警指标，初步建立"谁发现谁发起"的快速预警发布机制，建成扁平化、高效率的省市县一体化强对流（龙卷）业务体系。广东佛山龙卷风研究中心牵头制定龙卷风灾情调查方法，近年来已收集国内 270 多个龙卷风的信息，参与国内近 60 次龙卷风灾情调查。经过对华南区域龙卷风特别是台风龙卷风的深入研究，团队已揭示广东台风龙卷风发生的高风险台风路径，凝练出台风龙卷风的天气概念模型和预报预警指标，研发了台风龙卷风风险识别系统，构建了龙卷风预报预警技术流程，成功开展了 3 次龙卷风的精细化预警试验和快速靶向发布，对华南区域防灾避险有一定指导作用。

3. 强对流（大风）监测预警服务体系建设

2021 年，中国气象局印发《强对流（大风）监测预警服务体系建设工作方案（2021—2025 年）》，提出了构建大风灾害监测预警服务体系的总体目标，并提出了以下主要任务：即强化科技创新，开展大风天气监测预报预警技术攻关，在强风暴发生发展机理、多源观测资料应用等方面深化研究，加强观测预报互动；依托现有科技创新平台，推动在强对流、龙卷风等领域建设高水平科技创新平台和创新团队；夯实大风灾害观测基础，完善大风观测站网布局，提升雷达观测能力，同时积极强化大风垂直观测能力，充分利用气象卫星加强观测，有序推进观测装备迭代更新；提升大风灾害预报预警业务能力，完善大风实况业务，加强三维实况产品研发，发展分类分强度、智能化的大风综合监测分析业务，利用新一代信息技术发展和优化大风短临预报技术，提高大风预报预警的精准化、客观化水平，建立龙卷监测和临近预警技术体系，构建高效业务技术支撑信息平台和监测预报预警业务流程；提升预警信息快速发布能力。提高预警信息发布速度和覆盖率，建设基于"云＋端"构架的一体化预警信息发布平台，拓宽预警信息精准发布渠道，探索靶向发布业务，完善预警信息快速发布机制，打通大风灾害预警信息快速发布"绿色通道"，建立面向基层社区网格员的预警信息快速发布机制；健全应急联动机制，进一步明确各级政府及相关部门在气象部门发布大风灾害预警信息后的应急处置责任和程序，推动政府建立健全应急联动机制，建立基于大风预警信息的高危行业自动停工停产停运机制；加强基层监测预警服务能力建设，提高市县级属地化监测预警服务能力。《方案》明确在黑龙江、上海、浙江、江苏、山东、湖北、广东 7 个省（市）开展大风灾害监测预警服务体系建设试点。

2021 年，7 个试点省份积极行动，黑龙江省打造"一基础、三平台、三支撑、五能力、五机制"强对流（大风）监测预警服务模式。该省统筹综合观测布局，以"分类强对流预报"和"强对流预报短期化"为业务发展方向，完善大风灾害防范应对法规和标准，推动政府健全应急联动机制；建设哈尔滨、绥化、齐齐哈尔等大风灾害监测预警服务示范市。上海市与相邻省共同制定《泛长三角强对流（大风）灾害监测预报预警服务示范区建设方案》，市气象局与市相关部门、行业深化不同场景的大风风险预警服务,以数据、技术、系统、机制为发力点,嵌入城市运行管理指挥系统。江苏省规划并启动观测站网建设,通过对2021年强对流天气的复盘,开展强对流(大风)省—市—县扁平化流程优化和试验,建立流域联动共享机制;发挥南京创新研究院技术支撑作用,提前开展强对流灾害风险普查,强化政府决策指挥能力。浙江省将大风等强天气应急联动融入基层网格治理体系,省气象局与省防办联合发文,参与极端天气灾害短临预警分析应用试点;省气象局与省科技厅开展联合攻关,建立雷暴大风、冰雹和龙卷等灾害天气智能识别模型,开展高时空分辨率强对流大风预警和智能推送。山东省做好强对流(大风)天气监测预报预警服务工作,以2021年汛期服务作为检验方式,升级预报业务支撑平台,将降水、气温和强对流客观方法预报产品接入省气象业务一体化平台共享。湖北省政府以重大项目给予支持,将强对流预报预警服务体系建设纳入关键核心技术攻坚项目;设计强对流(大风)观测方案,发展强对流分类识别预警技术;应急管理部门建立高级别预警应急响应机制,气象与交通运输部门联合开展强对流(大风)预警服务,省气象局与省住建厅联合印发房屋市政工程施工现场不良气候和极端天气预警应急响应指南(试行)。广东省发展龙卷监测预警业务,省气象与应急部门共推突发事件预警信息发布能力提升工程,建立建筑行业、旅游高风险区的雷暴大风快速靶向发布流程;实施《广东省气象灾害防御重点单位气象安全管理办法》,气象、文旅、应急管理部门联合加强玻璃栈桥、滑道类高风险旅游项目灾害防御。试点省份强对流(大风)监测预警服务体系建设取得积极进展,一些非试点省份也结合本地强对流(大风)灾害天气实际,积极推进强对流(大风)监测预警服务体系建设。

4. 高温监测预报预警业务体系建设

2021年,中国气象局印发《高温监测预报预警业务体系建设工作方案(2021—2025年)》,明确提出建立全球高温监测预报预警业务体系。

《方案》提出了24项重点任务,主要包括围绕完善高温监测业务,开展基于卫星遥感的高温监测,开展不同下垫面的高温观测试验和影响监测分析,建立精细化网格的区域性高温事件监测业务;聚焦进一步提升高温预报预测准确率,建立重点区域极端高温事件的预报预测模型,提升高温天气精细化预报预警能力,建立次季节(11 天至 60 天)高温客观化预测业务,优化高温预报预警业务平台;提升精细化高温气象服务能力,提高高温预警信息精准靶向发布能力和传播效率,建立高温环境健康气象风险预报预警业务,改进高温对农业和生态环境的精细化气象服务,与相关部门建立联动机制,提升面向高温影响用户的预警信息精细服务能力。并提出了开展全球变暖背景下极端高温特征和变化机理研究,加强高温天气及其影响预报技术研究,以及极端高温事件预测技术研究等。根据《方案》,在北京、江苏、浙江、广东和重庆等 5 省(市)开展高温监测预报预警业务体系建设试点。

　　到 2021 年,基本建立了覆盖全国 5 万多个站点的地面高温观测业务,具备对中国区域夏季日尺度高温监测能力,可提供全国 10 千米和重点区域 1 千米分辨率的地面高温强度、持续日数等监测产品。建立了极端高温事件监测业务,高温预报预测,基本建立了对高温天气智能网格预报、检验评估和预报预警产品自动生成的一体化预报业务体系。近 5 年来,高温天气过程预报准确率达到 85%以上。建立了高温日数、高温强度、高温发生区域等次季节—季节尺度客观预测业务,每年 3 月开始逐月滚动发布夏季高温灾害及影响。高温气象服务,建立了高温气象预警业务,近 5 年年均发布全国高温预警信息 68 期,面向政府部门和社会公众及时解读高温预警信息。强化了面向环境、能源和农业等行业的高温预警信息服务能力建设,初步建立了早稻等全国 5 千米、未来 1～10 天高温热害格点监测预报和预警服务业务。针对大城市开展城市局部温度(热岛效应)变化的监测和分析。高温预报核心技术,研发了基于全球和区域模式的高温数值预报技术,形成了基于集合预报方法的持续性高温热浪中期概率预报技术。研发了基于物理统计分析和模式预测信息的高温日数、强度等月、季节客观预测技术。形成了极端高温事件气候变化归因和未来不同增暖情景下面向能源、健康和生态等领域的高温风险评估和预估技术。

二、分区域和流域气象保障能力提升工作

（一）区域和流域气象保障能力提升工作方案概述

由于区域和流域所在气候区域和地理水文特征千差万别，而且跨越多个省级行政区域，提升区域和流域气象保障能力既是气象工作的重点，也是难点，而且客观上存在堵点。2021 年，中国气象局针对区域和流域气象保障能力提升工作，分别制定实施了区域和流域气象保障能力提升工作方案（表 2，表 3），其中当年制定 7 项气象保障能力提升工作方案。这些方案客观分析了区域（流域）发展气象保障需求，明确了区域（流域）气象保障发展思路，提出了发展目标、重点任务、责任分工和有针对性的保障措施。经过近一年的实施产生了明显成效。

表 2　区域发展气象保障工作（行动）方案

序号	名称
1	《长江经济带气象保障能力提升工作方案（2021—2025 年）》（气发〔2021〕40 号）
2	《黄河流域生态保护和高质量发展气象保障工作方案（2021—2025 年）》（气发〔2021〕82 号）
3	《长江三角洲区域一体化发展气象保障行动方案》
4	《推进粤港澳大湾区（广东部分）气象发展三年行动计划（2021—2023 年）实施方案》
5	《河北雄安新区智慧气象建设行动方案（2021—2025 年）》

表 3　流域气象保障能力提升工作方案

序号	名称
1	《海河流域气象保障能力提升工作方案（2021—2023 年）》（气发〔2021〕60 号）
2	《淮河流域气象保障能力提升工作方案（2021—2023 年）》（气发〔2021〕125 号）
3	《珠江流域气象保障能力提升工作方案（2021—2023 年）》（气发〔2021〕126 号）
4	《松辽流域气象保障能力提升工作方案（2021—2023 年）》（气发〔2021〕127 号）
5	《太湖流域气象保障能力提升工作方案（2021—2023 年）》（气发〔2021〕128 号）
6	《长江经济带气象保障能力提升工作方案（2021—2025 年）》（气发〔2021〕40 号
7	《黄河流域生态保护和高质量发展气象保障工作方案（2021—2025 年）》（气发〔2021〕82 号）

区域和流域气象保障能力提升工作方案直面"堵点"从以下五个方面采取了措施。一是打破行政区域,明确区域或流域中心牵头责任,明确了区域或流域气象保障能力提升参与单位的分工与职责;二是明确提出了优化区域或流域中心气象预报服务平台建设,推进区域或流域范围内省—市—县级共享;三是明确了内部分工协同、外部合作联动制度,有效提升了区域或流域中心内部运行效率和外部服务效用;四是明确提出了区域或流域气象专家团队和人才队伍建设,基本解决了长期以来区域或流域气象业务服务多为兼职兼业的现象;五是明确了项目统筹和资金统筹,精准对接,基本保证区域或流域气象业务发展重点任务都有相应项目经费支持,基本解决区域或流域气象事项无经费保障的问题。

(二)区域发展气象保障能力提升工作

主动对接国家区域发展战略,提升区域发展气象保障能力是气象部门落实服务国家服务人民和保障生命安全、生产发展、生活富裕、生态良好定位的重大部署。2021年,全国气象部门按照中国气象局部署,积极行动,认真组织实施了区域气象保障能力提升工作方案,持续推进区域气象保障工作高质量发展。

1. 长三角一体化发展气象保障行动

2021年1月,中国气象局印发《长江三角洲区域一体化发展气象保障行动方案》(下称"《行动方案》"),直接面向上海、江苏、浙江和安徽等省(市)人民政府,聚焦贯彻落实《长江三角洲区域一体化发展规划纲要》,对标党中央、国务院对气象工作要求,紧扣"一体化"和"高质量"两个关键,推动长三角气象事业发展五大创新,即事业发展主体变革,使长三角气象事业发展变成为政府、部门、社会多元化主体的"共同牵挂";事业发展机制变革,推动三省一市气象部门与国家级气象业务单位合作交流和业务协同,形成保障合力,加快推进气象保障任务落实;气象业务布局变革,按照"一张网""一朵云""三平台"建设思路实施业务布局;气象服务布局变革,建成长三角分布式气象服务九大分中心,提升区域气象服务技术和产品研发能力;气象科技创新机制变革,科技创新由项目驱动向产业驱动转变，以产业发展方式推动跨领域跨行业协同创新，实现气象科技产学研用紧密结合。

2021年，沪苏浙皖气象部门编制了《长三角一体化发展气象保障三年行动计划（2021—2023）》通过行动计划实施，推进了谋划长三角一体化发展重大项目，项目包括由上海市气象部门牵头设计和申报的国际智慧城市气象观测示范区、长三角气象智能网格预报系统、长三角区域一体化气象保障（上海）工程；江苏省气象部门牵头设计和申报的长三角区域一体化气象保障（江苏）工程；浙江省气象部门牵头设计和申报的长江三角洲都市圈一体化灾害性天气监测系统（浙江）、海洋经济发展气象保障工程（二期）；安徽省气象部门牵头设计和申报的长三角区域一体化气象保障（安徽）工程、长三角区域一体化智慧气象保障服务平台示范项目。

2021年，长三角重点推进了专业领域气象保障服务一体化。长三角航运一体化服务，实现了长三角区域三省一市航道、沿岸和近海观测数据共享、预报预警和决策服务产品共享，实现航运气象实况、预报预警的可视化服务；长三角环境气象一体化服务，实现区域内省（市）环境气象数据的实时入库、质控、分析和融合等处理工作；探索建立长三角示范区一体化预警发布机制，梳理了示范区范围内先行的各类气象灾害预警信号发布机制及业务流程，提出了长三角一体化示范区预警发布机制建设思路和分阶段措施。

2. 黄河流域生态保护和高质量发展气象保障行动

2021年，制定了《黄河流域生态保护和高质量发展气象保障工作方案（2021—2025年）》，黄河流域生态保护和高质量发展气象保障行动开始进入实施阶段。经过近一年实施，取得了以下初步成效。一是推进了流域气象保障管理体制优化，建立了以流域气象中心为核心，部门内外协同的工作机制。流域气象中心纳入黄河防总组织领导机构，"内联动、外融入""小实体、大网络"的流域气象中心运行机制逐步建立。二是完善了流域各省（区）气象灾害预警信息发布机制，基本建成基于传统媒体和新媒体融合的发布体系，实现气象灾害预警信号"全网发布"，预警信息覆盖率达88%。三是推动了流域气象观测站网合理布局，到2021年黄河流域建成新一代天气雷达65部、风廓线雷达24

部、国家级高空气象观测站 47 个、国家级地面气象观测站 3359 个、省级气象观测站 1.6 万个、卫星遥感校验站 5 个，提升了气象监测精密度。四是初步建立流域天气气候一体化预报体系，建立了覆盖流域短时临近、短期、中期和长期的无缝隙预报业务体系，发展了覆盖上下游、干支流、左右岸的智能网格气象预报业务。五是丰富了流域服务产品，开发了流域降水监测预报服务、气候监测预报服务、卫星遥感监测服务、气候变化服务等 7 大类 40 余种业务服务产品，形成了覆盖全时效的综合决策服务产品体系。六是初步呈现流域生态气象保障格局，流域上游突出发展了水源涵养生态气象服务，中游汾渭平原突出发展了大气污染防治与水土保持，下游突出发展了三角洲湿地、海洋生态气象服务。流域生态气象业务体系逐步建立，黄河流域生态气象要素监测预报预测等业务逐步开展。七是赋能流域经济社会发展水平不断提高，搭建了交通、旅游、能源和农业等专业气象服务系统，流域专业气象服务能力明显提升。启动建设了国家级马铃薯、枸杞、苹果、花生等多个特色农业气象服务中心，完善了河套灌区、汾渭平原、黄淮海平原等粮食主产区系列化气象服务，健全了旅游景区气象服务，开展了重大工程气候可行性论证、城市通风廊道规划和暴雨公式修订。面向郑州、西安中心城市和城市群的气象服务能力增强，保障全国重要的农牧业生产和流域粮食安全作用进一步巩固，支撑流域枢纽经济蓬勃发展和"一带一路"建设取得初步成效。

3. 粤港澳大湾区、长江经济带、雄安新区气象保障能力建设

2021 年，粤港澳大湾区气象能力建设深入推进，组织实施了《关于支持深圳气象保障中国特色社会主义先行示范区建设的实施意见》《推进粤港澳大湾区（广东部分）气象发展三年行动计划（2021—2023 年）实施方案》。粤港澳大湾区气象监测预警预报中心精细化数值预报系统建设取得初步进展。广东省气象局、香港天文台和澳门地球物理暨气象局联合编制发布了《粤港澳大湾区气候监测公报（2020）》，向公众及时提供了大湾区气候状态的最新监测信息，对提升大湾区气象保护生命安全、赋能生产发展、促进生活富裕、守护生态良好产生了积极效果。世界气象中心（北京）粤港澳大湾区分中心和粤港澳大湾区气象科技融合创新平台项目已动工建设。中国气象局温室气体监测评估中

心广东分中心成立，同时建立广东温室气体及碳中和监测评估创新团队，开展全省温室气体浓度和源汇变化动态监测评估，以及城市碳收支核查和减排效果评估等工作。

2021年，通过实施《长江经济带气象保障能力提升工作方案（2021—2025年）》，进一步加强了长江流域气象保障服务，积极落实长江经济带气象保障能力提升工作，以"三精"为重点，加强了长江经济带气象保障基础业务能力建设，提升了长江经济带精密监测能力、精准预报能力和精细服务能力；强化了科技创新，加强了长江航运气象服务联盟，构建了双向交流机制，加强了天气会商，实现了信息共享，推进长江流域气象服务平台升级改造，推动设立了长江流域气象联合基金，试点建立了流域气象服务"河湖长"制，确定了长江流域水文气象实时预报技术等5项成果业务转化；加强了三峡库区、丹江口水源区等重点生态功能区和湖泊湿地生态质量气象监测及评价。

2021年，雄安智慧气象服务示范区建设进展顺利，中国气象局和雄安新区管委会联合编制《河北雄安新区智慧气象建设行动方案（2021—2025年）》。新区国家气候观象台等5个业务建设项目正式启动，高标准完成"气象大脑"一期建设。新区国家气候观象台架构基本成型，气象大脑投入运行，物联网传输规范和数据存储规范编写完成，60余套气象设备实现智能化改造和物联网接入，数据实时接入气象大脑和"雄安云"，气象泛在感知网的建设和设备试点布设工作启动。气象部门就全方位融入其中，从规划到建设，从探索到引领，已经探寻出了一条高质量发展的全新道路。

（三）流域气象保障能力提升工作

流域在我国经济社会发展和生态安全方面具有十分重要的地位，流域气象保障服务关系人民群众生命财产安全、粮食安全、经济安全、社会安全、国家安全。2021年中国气象局印发七大江河流域气象保障能力提升工作方案，在各流域气象中心、各省（区、市）气象部门积极行动下，在国家级业务单位密切配合下，流域气象保障在精密监测、精准预报、精细服务能力明显提升，流域气象业务服务工作取得明显进展，流域气象业务体系初步建立，流域气象组织管理日益完善,流域气象业务服务特色明显,尤其是流域气象科技创新更加突显。

长江流域气象科技创新行动。2021 年,发展了基于控制体积法的概念性与物理性结合的分布式水文模型,保障长江经济带精细化水文气象预报模型投入应用。构建长江经济带不同水文气象分区和下垫面条件下,基于智能网格降水的组合架构松散耦合型分布式水文气象预报模型。研发了气象水文耦合技术,发展水文集合预报。构建基于精细化水文气象预报模型的长江重点防汛流域暴雨致洪气象风险预报模型。开展流域致涝风险技术及模型的研发,开展流域都市圈的积涝风险预报服务。[①]

黄河流域气象科技创新行动。2021 年,黄河流域重点加强了科技问题联合攻关,强化了气象与水文(含泥沙)交叉研究,推进了联合科技创新机制建设,流域气象科技创新取得明显成效。通过加强重点科技问题联合攻关,建立了黄河气象科学研究平台,开展流域 3 个暴雨区灾害性天气和沿黄高影响天气系统观测等专项试验。重点发展气象协同观测、数值预报释用、气象遥感应用和人工智能应用等技术。加强流域短期、中期、延伸期气象预报以及气候预测、极端天气气候监测及气候变化在农业、水利、生态等领域的早期预警技术研究,构建生态气象、防汛减灾、云水资源开发利用及气候承载力、碳中和潜力评估预估等重大关键核心技术体系。围绕黄河流域共性科研问题开展区域联合攻关,重点加强黄河流域强降雨和面雨量预报技术,延伸期强降雨过程预测技术,流域生态保护、修复、气候资源开发利用技术,高分卫星遥感监测评估应用技术等关键技术研发。同时,发展水文集合预报技术,构建耦合分布式气象水文预报模型,构建黄河流域暴雨致洪气象风险预报模型,开展流域洪涝气象风险预报服务。研究气候变化背景下黄河流域水资源的变化规律,建立黄河流域水资源定量化评估业务流程。

海河流域气象科技创新行动。2021 年,通过实施《海河流域气象保障能力

---

① 资料来源:气发〔2021〕40 号《中国气象局关于印发〈长江经济带气象保障能力提升工作方案(2021—2025 年)〉的通知》。

提升工作方案（2021—2023年）》，围绕海河流域关键共性科技问题开展联合攻关，重点加强海河流域强降雨和面雨量预报技术，延伸期强降雨过程预测技术，东北冷涡、蒙古气旋等主要天气系统影响机制，复杂地形下局地暴雨预报技术，致灾机理和致灾临界气象条件，高分卫星遥感监测评估应用技术等关键技术研发。强化中国气象科学研究院灾害天气国家重点实验室、北京城市气象研究院等科技创新平台的支撑作用，研发定量降水客观预报方法，实现海河流域降水预报水平的有效提升；利用实况分析产品，补充海河流域西部山区雨量站分布稀疏的不足，进一步提升海河流域中小河流域风险预警业务可靠性。同时推进了海河流域水文气象专家团队建设，建立完善流域重大天气气候过程常态化复盘总结工作机制，发挥专家团队技术把关和指导作用。

淮河流域气象科技创新行动。2021年，组建了淮河流域气象服务创新团队，开展了第二轮淮河流域气象科学试验。建立流域气象观测系统顶层设计与技术平台，在现有气象观测系统背景下开展增加边界层及垂直观测模拟试验，编制以流域重点气象台站为主体的多站大气廓线观测布局方案，构建"点—面互动"综合观测试验格局。研究淮河流域能量和水分循环与梅雨锋等天气系统之间的相互作用，逐步揭示淮河流域能量和碳水循环的规律特征。研发了流域气象灾害的网格化监测识别和短时临近预报预警技术，研发基于智能网格的流域气象风险预警技术。针对低能见度、大风、强对流等高影响天气，开展淮河流域气象灾害形成机理、致灾机理和致灾临界气象条件研究，建立流域沿线主要气象灾害预警指标体系，解决面向防灾减灾和可持续发展等现实需求的"卡脖子"关键前沿科技问题和核心技术。开展基于气候模式和水文模型耦合的流域中长期径流预测技术研究。①

珠江流域气象科技创新行动。2021年，加强了珠江流域气象水文专家团队建设，加强了流域重点科技问题联合攻关。依托泛珠三角合作机制和中国气象局—河海大学水文气象研究联合实验室等平台，围绕珠江流域关键共性

---

① 资料来源：气发〔2021〕125号《中国气象局关于印发〈淮河流域气象保障能力提升工作方案（2021—2023年）〉的通知》。

科技问题开展联合攻关，重点加强珠江流域强降雨和面雨量预报技术、延伸期强降雨过程预测技术、主要天气系统影响机制、复杂地形下局地暴雨预报技术、致灾机理和致灾临界气象条件、高分卫星遥感监测评估应用技术、针对流域的数值模式预报订正技术等关键技术研究，探索珠江流域气象水文模型的研究和业务化应用。强化中国气象科学研究院灾害天气国家重点实验室、广东热带海洋研究所等支撑作用。[①]

　　松辽流域气象科技创新行动。2021 年，建立了松辽流域气象水文专家团队，加强了流域科技问题联合攻关。重点加强东北冷涡、北上台风等主要天气系统影响机制及监测预报预警技术，松辽流域强降雨和面雨量预报技术，延伸期强降雨过程预测技术，流域生态保护、修复、气候资源开发利用技术，高分卫星遥感监测评估应用技术等关键技术研发。强化灾害天气国家重点实验室、东北冷涡开放实验室及人工影响天气开放实验室等科技创新平台的支撑作用。针对流域水旱灾害、大风、强对流等高影响天气，开展致灾机理和临界气象条件研究，建立流域气象灾害预警指标体系。构建生态气象、防汛减灾、云水资源开发利用及气候承载力、碳中和潜力评估预估等重大关键核心技术体系。加强与松辽委等水利部门的合作，共同开展科研立项，研发流域气象灾害风险预警、防洪抗旱、水资源调度等预报预警技术。[②]

　　太湖流域气象科技创新行动。2021 年，组建了多部门联合团队，凝练重点科技问题开展联合攻关。依托中国气象局－河海大学水文气象研究联合实验室等平台，成立太湖流域气象水文创新联盟，与水利部太湖流域管理局、国家及相关省（市）气象部门、复旦大学、河海大学、南京信息工程大学、华东师范大学等联合对关键核心科技问题组织集中攻关。研发了影响流域防汛抗旱、水上航运等气象灾害的网格化监测识别和短时临近预报预警技术，研发基于智能网格的流域气象风险预警技术。针对流域水旱灾害、大风、强对流等高影响

[①]　资料来源：气发〔2021〕126 号《中国气象局关于印发〈珠江流域气象保障能力提升工作方案（2021—2023 年）〉的通知》。
[②]　资料来源：气发〔2021〕127 号《中国气象局关于印发〈松辽流域气象保障能力提升工作方案（2021—2023 年）〉的通知》。

天气，开展致灾机理和致灾临界气象条件研究，建立主要气象灾害预警指标体系。开展基于天气气候模式和水文模型耦合的流域河网水位、洪涝风险等预测技术研究。强化信息共享，推动气象、水文大数据的融合应用。强化国家级业务单位对流域的技术支持，实现前沿技术的本地化应用。参与国家级气象水文团队建设，强化流域气象水文团队的协作，组建流域级跨区域、多部门参与的气象水文预报服务技术团队，实现气象水文监测预报服务关键技术领域的突破，全面提升气象水文创新驱动能力，实现长三角协同发展。[①]

流域气象保障能力显著提升。2021年，通过实施流域气象保障能力提升方案打破了行政区划，初步形成纵向贯通、横向互联的预报服务联防信息网络，实现了小流域气象监测预报预警信息的跨层级、跨区域快速共享；初步建立国家级、流域气象中心和省级上下一体的流域面雨量预报服务业务流程；在各流域气象中心牵头下，多地持续加密站网布局，或新建或升级自动气象站，或引入激光雷达，或加强关键区域卫星遥感动态监测，初步建立起七大流域气象观测数据质控和处理业务；各流域气象中心强化科技创新，依托智能网格预报，逐步提高精准预报水平，初步建立了中小河流面雨量精细化预报业务，研发出重点水库洪水风险和中小河流洪水气象风险预警产品。部门之间实现了气象、水文预报业务系统无缝对接；各流域气象中心与相关部门建立常态化气象灾害预警服务合作机制，在部门信息共享、信息传递和应急联动等方面涌现出不少亮点；在水库汛期调度气象决策技术研究、洪水预报系统应急完善等科研领域联合攻关，成效初显。

三、气象服务重点领域工作

中国气象局深入贯彻落实党中央、国务院领导关于抗旱减灾及防范应对极端天气气候事件的重要指示批示精神，贯彻落实"两个坚持、三个转变"理

---

① 资料来源：气发〔2021〕128号《中国气象局关于印发〈太湖流域气象保障能力提升工作方案（2021—2023年）〉的通知》。

念,进一步强化防灾减灾气象保障工作,最大限度减轻和避免气象灾害对经济社会发展造成的影响。2021年,围绕综合防灾减灾气象保障工作制定实施了3项工作方案(表4),2项分行业气象保障服务工作方案(表5),通过这些方案的实施,使监测精密、预报精准、服务精细得到全面落实落地,充分发挥了第一道防线作用,气象服务取得了显著成效。

表4 综合性防灾减灾气象服务工作方案

序号	名称
1	《2021年防灾减灾气象保障工作方案》
2	《中国气象局关于推动气象灾害预警联动机制建设的通知》(气发〔2021〕79号)
3	《中国气象局办公室关于进一步做好大城市气象预报预警服务工作的通知》(气办发〔2021〕28号)

表5 分行业气象保障服务工作方案

序号	名称
1	《国产大飞机试飞气象保障服务工作方案(试行)》(气办发〔2021〕18号)
2	《川藏铁路建设气象保障服务工作方案(试行)》(气办发〔2021〕21号)

四、气象业务重点领域能力提升工作

2021年,按照监测精密、预报精准、服务精细要求,突出推进气象业务重点领域能力提升,先后制定实施了气象业务重点领域能力提升工作方案,有力推进了气象高质量发展。

年初,中国气象局发布《全面推进气象现代化2021年工作要点》,提出了6大重点任务,主要包括以"补短板"工程建设为抓手,提高监测精密水平;以完善无缝隙全覆盖、智能数字预报新业态为基础,提高预报精准水平;以深化多领域气象服务为重点,着力提高服务精细水平;增强气象信息基础设施支撑能力,促进观测、预报、服务业务高效协同,全面支撑气象业务高质量发展;提高气象科技创新水平,加强关键技术攻关,促进科技成果转化,提高对核心业务的科技支撑能力;以规划引领和体制机制建设,推动科学管理水平提升。

为更有效落实以上重点任务，并保持与"十四五"规划重点任务相衔接，在气象业务重点领域，先后制定实施了 6 项业务能力提升工作方案（表 6）和 6 项气象领域其他重点工作方案（表 7），这些工作方案非常明确地提出了重点专项业务和重点领域应实现的目标、任务、分工、进展、技术要求和保障机制，为保证方案的有效实施提供了操作指南。

表 6　气象领域重大专项业务能力提升方案

序号	名称
1	《中国气象局气候变化数据库建设工作方案（2021—2023 年）》（气办发〔2021〕26 号）
2	《风能太阳能资源气象业务能力提升行动计划（2021—2025 年）》（气办发〔2021〕39 号
3	《短时临近预报预警服务业务能力提升工作方案》（气发〔2021〕151 号）
4	《风云气象卫星应用能力提升工作方案》（气发〔2021〕157 号）
5	《雷达气象业务改革发展工作方案》（气发〔2021〕158 号）
6	《中国气象局气候变化监测评估工作方案》（气发〔2021〕号）

表 7　气象领域其他重点工作方案

序号	名称
1	《中国气象局加强气象科技创新工作方案》（气发〔2021〕22 号）
2	《中国气象局加强气候变化工作方案》（气发〔2021〕23 号）
3	《东北冷涡科研业务能力提升工作方案（2021—2025 年）》（气办发〔2021〕29 号）
4	《西南地区业务能力提升建设方案（2021—2025 年）》（气发〔2021〕58 号）
5	《中国气象局提升气候资源保护利用能力的指导意见》（气发〔2021〕101 号）
6	《中国气象局推进大城市气象保障服务高质量发展的指导意见》（气发〔2021〕107 号）

特别是针对东北冷涡科研业务能力提升，2021 年，中国气象局专门印发《东北冷涡科研业务能力提升工作方案（2021—2025 年）》，进一步提升东北冷涡及其高影响天气精准预测预报预警业务能力。《方案》明确，到 2023 年，初步实现对东北冷涡发生发展规律和影响机制的科学认识，建成较为完备的东北冷涡个例多源数据集，东北冷涡影响区域观测站网布局有效优化，冷涡天气

背景下的暴雨和雷暴大风、冰雹、龙卷风等预警能力明显增强；到 2025 年，建成较完善的东北冷涡监测预报预测预警业务技术体系和较完善的冷涡影响区域观测站网布局，东北冷涡科研业务综合能力有效提升，预报预警水平大幅提高。《方案》围绕东北冷涡科研业务能力提升提出了 19 项任务。2021 年，通过《方案》实施提升了东北冷涡监测预报业务能力，升级改造东北三省和内蒙古 641 个乡镇自动气象站，新建或升级十余部新一代天气雷达，地基微波辐射计、固态降水观测仪、闪电定位仪、视程障碍现象仪等"特种"观测设备也纷纷加入观测网络。基于这样的硬件基础，东北冷涡实时监测业务试点顺利推进，2021 年监测到维持 3 天以上的持续性东北冷涡活动 22 次。从形成到产生影响再到消散，东北冷涡生消轨迹越来越清晰。由此针对东北冷涡引发的极端天气的预报预警能力提升也稳步推进，分钟级降水预报在东北地区大城市部署落地、新增积雪深度和降水相态客观预报、提前 60 小时发布极端强对流天气预报、开展强风雹和龙卷潜势预报，针对东北冷涡及其引发的高影响天气，气象部门在实践中不断探索，正在走出一条通往更精准、更高效的道路。聚焦提升科技攻关能力，在基础资料的支撑下，国家级科研业务单位与各相关省份气象部门密切合作，针对东北冷涡在全球气候变暖背景下的新特征、与中高纬天气系统相互作用机理及其气候影响、对中东部地区降水和强对流天气的影响机制开展探索，国家卫星气象中心总结了每个阶段的典型云图特征和对应的强天气特征；东北冷涡研究重点开放实验室总结了东北冷涡为强对流发生提供的环境条件和典型东北冷涡影响下强对流天气的分布特征；国家气候中心初步研究了东北冷涡强弱年中高纬环流的不同特征，为进一步揭示东北冷涡与上述环流系统的相互作用机理提供依据。

在西南地区业务能力提升建设方面，2021 年，中国气象局专门制定印发了《西南地区业务能力提升建设方案（2021—2025 年）》。《建设方案》直面西南地区存在气象观测盲区、精准预报能力亟需提高、气象服务与需求差距较大、科技创新支撑能力不足问题，提出了发展思路和精密监测、精准预报、精细服务和科技创新的具体目标，明确了五大重点任务涉及 18 项具体任务内容，并提出了具有操作性的科学技术团队建设、任务分工和保障措施。《建设方案》经过近一年实施，以惊人之速度，加快了弥补监测"短板"，在四川、重庆、贵州、云南、西藏，以及周边的陕西、甘肃等 7 省（区、市），气象部门安装或升级自动气象站超过 1000 个，推动 50 余部 X 波段天气雷达、10 余套地基遥感垂直观测系统选址建设。西南地区的监测"短板"，正以惊人的速度得到弥补。紧扣核心关键，集智攻关预报难题，尤其针对西南涡研究，建立了边研发、边应用的科研业务机制，经过共同努力，西南地区精准预报能力明显增强，预报客观化、精细化水平明显提高。分钟级降水预报、临近预报系统等国家级前沿技术和先进业务系统逐步落地应用，以算法为核心的短期客观要素网格预报业务得到建立完善。能力检验，精细气象服务见实效，在国家气象中心提供的山洪灾害气象预警统计技术和地质灾害气象风险预报预警技术支撑下，西南各省份气象部门或完善暴雨致灾评估模型，或建立山洪风险区实况降水超阈值预警业务，或研发精细化山洪、中小河流洪水和地质灾害风险预报客观产品，逐步建立起精细风险预警产品体系。在精细化预警的支撑下，2021 年，贵州三都、云南玉溪、四川盐源、重庆忠县、陕西紫阳、甘肃灵台等地在面对山体滑坡、泥石流等自然灾害时，均实现了人员的紧急撤离，成功避险。

《中国气象局推进大城市气象保障服务高质量发展的指导意见》对筑牢城市气象防灾减灾第一道防线，推动气象服务融入城市生产生活，促进气象赋能城市精细化治理，强化城市重大活动气象保障服务，提升城市气象业务科技支撑水平进行了全面部署。《指导意见》明确提出，到 2025 年，全国直辖市、省会城市、计划单列市建成布局科学、立体精密、智慧协同的气象观测网；建立城市分区、分时段、分强度气象预报预警业务，面向城市运行高影响行业的气象影响预报和风险预警体系初步建成；城市气象法规标准体系进一步完善，可为城市规划建设管理、生产生活生态、政府社会市民提供优质服务。综上，气象领域重大专项业务能力提升方案和气象领域其他重点工作方案经过近一年实施，均已经产生了明显成效。

聚焦重点难点堵点，推进专项业务服务能力提升，是 2021 年促进气象高质量发展的一项新举措，从实践看已经取得了初步成效，特别是随着这些方案的深入实施，一定能产生更大更明显的成效。在今后工作中，一方面，应持之以恒地抓好这些方案的落实和进展督查;另一方面,在一些重点领域面对重点难点堵点问题时,可借鉴抓专项能力提升工作思路,制定相应的专项工作方案,切实推动一些重点领域的工作。

综述篇

第一章　2021 年气象现代化建设进展[*]

　　气象事业是科技型、基础性、先导性社会公益事业,气象现代化水平反映国家现代化水平。依据 2020 年《气象现代化建设指标体系及评价管理办法(试行)》和 2021 年修订的《全国气象现代化建设指标评估方法(2021 版)》《省(区、市)气象现代化建设指标评估方法(2021 版)》,本章从综合观测、信息网络、预报预测、气象服务、科技创新和发展保障①六个方面对 2021 年全国和各省(区、市)气象现代化建设水平进行了系统量化的测评。

一、全国气象现代化建设总体进展

(一)2021 年全国气象现代化总体水平

　　2021 年,全国气象部门扎实推进高质量气象现代化建设,强化观测、预报、服务系统的有效衔接和协同发展,加强关键核心技术科技创新,不断优化完善人才保障、财政保障和法治保障机制,为实现更高水平气象现代化打下了良好基础。

　　评估结果显示,2021 年全国气象现代化水平综合得分为 78.8 分,较上年

---

　　* 执笔人员:王喆　张阔　郝伊一
　　① 气象保障指标得分由人事人才保障、公共财政保障、气象法治保障三项得分相加组成,此处将这三项指标换算成百分制表示。

提高 3.8 分(表 1.1,图 1.1,图 1.2),为近 5 年最高分值,其中 2017 年、2018 年、2020 年、2021 年均呈现较大幅度增长,增幅达到近 4%。对 2021 年评估分值提升贡献最大 2 项是气象服务和科技创新,分值提升分别达到 5.9%、5.6%;提升较小的公共财政和人事人才,分值提升分别为 -0.1%、1.5%。

表 1.1　2016—2021 年全国气象现代化综合水平(单位:分)

年份	2016	2017	2018	2019	2020	2021
评估分值	61.74	65.80	70.66	70.74	75.01	78.80

注:按照 2014 年《国家级气象业务现代化指标体系和监测评价实施办法》《省级气象现代化指标体系及评价实施办法》进行评估,到 2019 年全国 31 个省份全部超过基本实现气象现代化设定分值,即全国气象部门提前一年基本实现气象现代化。因此,为推动更高水平现代化建设,2020 年中国气象局调整制定了《气象现代化建设指标体系及评价管理办法(试行)》,依据该办法形成了本评估结果。

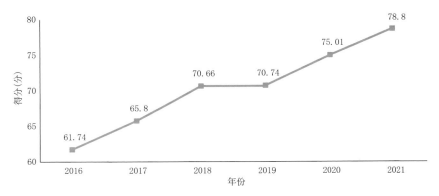

图 1.1　2016—2021 年全国气象现代化综合水平评估分值

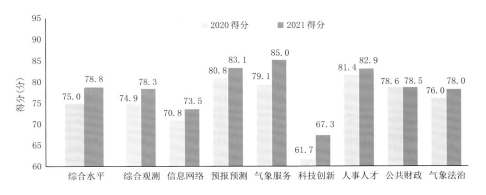

图 1.2　2020—2021 年全国气象现代化建设分项水平评估得分

（二）2021 年全国气象现代化分项水平

1. 在综合观测方面,评估结果显示,2021 年全国得分 78.3,较上年提高 3.4 分,增长 4.5%,较 2019 年增加 8.57 分,增长 12.29%。

2021 年气象现代化综合观测评估增长的主要亮点:新建和升级四要素及以上自动气象站 2527 个;新建 6 部新一代天气雷达,完成 24 部雷达技术标准统一和 19 部雷达双偏振升级;成功发射极轨卫星风云三号 E 星、静止卫星风云四号 B 星,7 颗风云卫星在轨运行;新建和完善 60 个可观测二氧化碳、甲烷等 7 类温室气体的高精度观测站,全国温室气体观测网基本建成。

由表 1.2 和图 1.3 可知:近 3 年来,气象装备技术水平、气象观测网站建设、气象精密监测能力评估分值均逐年小幅上涨,2021 年分别为 22.96 分、32.70 分、22.62 分,较上年分别增加 0.16 分、2.20 分、1.07 分,较 2019 年分别增加 1.36 分、4.20 分、3.04 分。对新一代天气雷达进行标准统一和双偏振升级,天气雷达的探测性能进一步提升,整体技术水平与国际先进水平相当,但定标水平与国际领先水平仍有差距。探空系统具备施放、数据获取等自动操作能力,主要性能水平满足世界气象组织要求,但在矢量风误差、全流程自动操作能力等方面距离世界先进水平仍有差距。

表 1.2　2019—2021 年全国气象综合观测水平(单位:分)

年份	评估分值	气象装备技术水平	气象观测网站建设	气象精密监测能力
2019	69.68	21.60	28.50	19.58
2020	74.85	22.80	30.50	21.55
2021	78.30	22.96	32.70	22.62

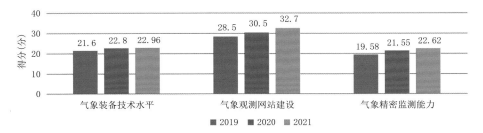

图 1.3　2019—2021 年全国气象综合观测水平评估分值

2. 在信息网络方面,评估结果显示,2021年全国得分73.5,较上年提高2.7分,增长3.8%,较2019年提高8.8分,增长13.6%。

2021年气象现代化信息网络评估增长的主要亮点:气象超算能力达9.7PFlops,国际气象同行业排名第8。气象大数据云平台正式业务运行,国家级存储能力总计达180PB。数据收集、服务时效明显提高,5分钟数据及时率达到97.3%,平台1秒内响应的数据访问占比从2020年83.6%提高到97.8%。中国气象数据网全球活跃用户增加3500个,总数达8800个。

由表1.3和图1.4可知:气象信息网络基础2021年评估分值为25.95分,较上年和2019年均有小幅降低;气象数据支撑能力和气象业务统筹集约评估得分均逐年小幅上涨,分别为31.77分、15.81分,较2019年增长比较明显,分别增加7.05分、2.04分。主要原因是2021年我国高性能计算机峰值运算能力在国际同行业排名第8,较上年排名下降了3名,被韩国气象厅、欧洲中期天气预报中心和美国天气局反超。但计算存储能力、通信网络传输能力和网络安全保障能力较上年均有明显提升,其中国家级算力(CPU核数)较上年提升42.1%,达到54000核,CPU峰值利用率70%,各省(区、市)平均算力(CPU核数)较上年提升80%,达到9000核,CPU日平均峰值利用率56%。

表1.3　2019—2021年全国气象信息网络水平(单位:分)

年份	评估分值	气象信息网络基础	气象数据支撑能力	气象业务统筹集约
2019	64.70	26.21	24.72	13.77
2020	70.83	27.99	27.68	15.16
2021	73.50	25.95	31.77	15.81

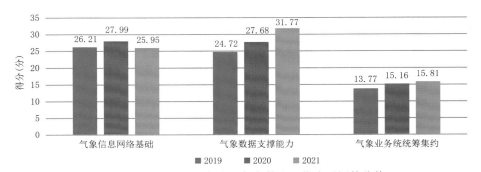

图1.4　2019—2021年全国气象信息网络水平评估分值

3. 在预报预测方面,评估结果显示,2021 年全国得分 83.1,较上年提高 2.3 分,增长 2.8%,较 2019 年增加 5.47 分,增长 7.05%。

2021 年气象现代化预报预测评估增长的主要亮点:全球天气模式分辨率 25 千米,北半球可用预报天数稳定在 7.8 天;面向冬奥服务的区域模式可实现 1 千米分辨率、3 小时快速更新频次。暴雨预警准确率达到 90%,强对流天气预警时间提前至 40 分钟。西北太平洋和南海台风 24 小时路径预报误差为 77 千米,优于美国的 90 千米和日本的 91 千米。

由表 1.4 和图 1.5 可知:预报精准水平 2021 年评估分值为 31.97 分,较上年有小幅降低,但较 2019 年仍有增长。数值预报模式、预报平台支撑、气候资源利用、空间天气预报评估得分均逐年小幅上涨,2021 年分别为 25.85 分、9.02 分、8.25 分、8.00 分,较 2019 年分别增加 1.07 分、1.39 分、1.34 分、1.0 分。主要是台风 24 小时路径预报误差由上年的 70 千米扩大至 78 千米所致。当前我国天气实况产品的更新频次为 1 小时,空间分辨率由 5 千米精细至 1 千米,降水产品误差减小至 0.95 毫米/小时,产品生成时效最快达到 5 分钟。天气预报准确率和气候月预测准确率大体与 2020 年相当,省级降水预测准确率 Ps 评分比上年度高 3.6 分,为历史最高分。灾害性天气预报能力持续提升,暴雨预警准确率达到 90%,强对流天气预警时间提前至 40 分钟,较上年分别提升 1 个百分点和 2 分钟。

表 1.4　2019—2021 年全国气象预报预测水平(单位:分)

年份	评估分值	数值预报模式	预报精准水平	预报平台支撑	气候资源利用	空间天气预报
2019	77.63	24.78	31.31	7.63	6.91	7.00
2020	80.80	25.78	32.46	8.02	7.49	7.00
2021	83.10	25.85	31.97	9.02	8.25	8.00

4. 在气象服务方面,评估结果显示,2021 年全国得分 85.0,较上年提高 5.9 分,增长 7.5%,较 2019 年提高 11.5 分,增长 15.65%。

2021 年气象现代化气象服务评估增长的主要亮点:新增 24 种生活类预警气象服务产品,气象预警信息公众覆盖率达到 95.1%;全国平均提供了 13 种

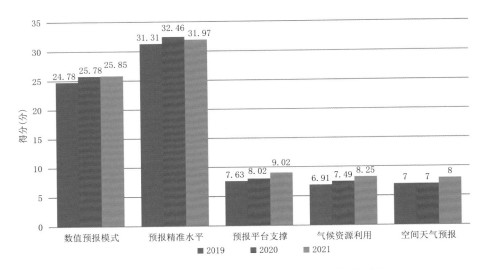

图 1.5　2019—2021 年全国气象预报预测水平评估分值

以上不同内容、10 种以上不同时效的公众气象服务产品;气象媒体服务用户数量较上年增加 16%。

由表 1.5 和图 1.6 可知:服务产品加工、服务分发能力、基层服务体系、人工影响天气、气象服务效益评估分值逐年稳步增幅,2021 年分别得分为 19.79 分、25.53 分、10.98 分、11.37 分、17.29 分,较上年和 2019 年均有明确增长,其中服务分发能力增长最大,较上年、2019 年分别增加 2.43 分、5.22 分。

表 1.5　2019—2021 年全国气象服务水平(单位:分)

年份	评估分值	产品加工	分发能力	基层服务体系	人工影响天气	服务效益
2019	73.49	16.70	20.31	9.30	10.87	—
2020	79.10	18.69	23.10	10.25	10.11	16.95
2021	85.00	19.79	25.53	10.98	11.37	17.29

5. 在科技创新方面,评估结果显示,2021 年全国得分 67.3,较上年提高 5.6 分,增长 9.1%,较 2019 年增加 5.97 分,增长 9.7%。

2021 年气象现代化科技创新评估增长的主要亮点:气象部门全年落实气象科研项目经费相比 2020 年增长 12.3%。获得国家科技进步奖二等奖 1 项、

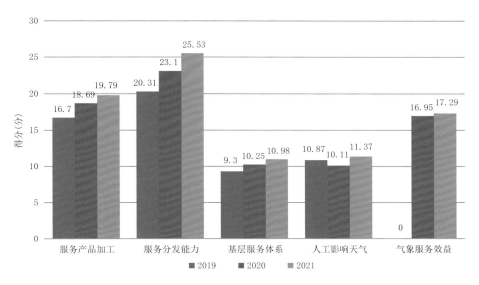

图 1.6　2019—2021 年全国气象服务水平评估分值

省部级科技奖 42 项,取得专利授权 486 项。发表 SCI 论文 705 篇,国内核心 1632 篇,在 2021 年自然指数(地球和环境领域)公布的全球各国气象机构排名中位列第 2。产出业务技术类创新成果 903 项,业务成熟应用成果 681 项,"百米级、分钟级"精准预报关键技术研发取得重大成果,为冬奥会提供优秀的科技保障支撑。科技进步贡献率得分 62.1 分,较上年提高 1.3%。发布气候变化影响评估等报告 159 篇。

　　由表 1.6 和图 1.7 可知:其中气象研发成果 2021 年评估分值为 29.20 分,较 2020 年大幅提升,2020 年较 2019 年增长不明显。气象研发投入和应对气候变化评估分值逐年小幅提升,2021 年,分别为 13.80 分、24.27 分,较上年、2019 年增长不够明显。气象研发成果分数较上年有较为明显增长,主要原因是各单位进一步重视了气象成果的登记备案,但仍存在知识产权保护意识不强、高质量科技成果转化为专利授权不够、对优秀科技成果凝练集成及评估评价不足、未能及时申报各类科技奖励、科技成果汇交意识不强等问题。

表 1.6　2019—2021 年全国气象科技创新水平(单位:分)

年份	评估分值	气象研发投入	气象研发成果	应对气候变化
2019	61.33	14.88	23.45	23.00
2020	61.70	13.65	23.57	24.46
2021	67.30	13.80	29.20	24.27

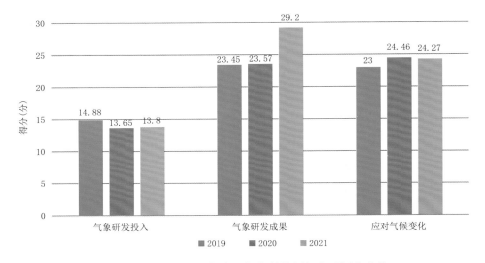

图 1.7　2019—2021 年全国气象科技创新水平评估分值

6. 在气象发展保障方面,评估结果显示,2021 年全国得分 79.9,较上年提高 1.1 分,增长 1.4%,较 2019 年 5.77 分,增长 7.8%。

由表 1.7 和图 1.8 可知:其中公共财政保障 2021 年评估分值为 27.48分,较 2020 年小幅降低,较 2019 年略增;人事人才保障和气象法治保障评估分值近三年均稳步提升,2021 年分别为 29.00 分、23.41 分。

表 1.7　2019—2021 年全国气象发展保障水平(单位:分)

年份	评估分值	人事人才保障	公共财政保障	气象法治保障
2019	74.13	26.20	27.13	20.80
2020	78.80	28.50	27.50	22.80
2021	79.90	29.00	27.48	23.41

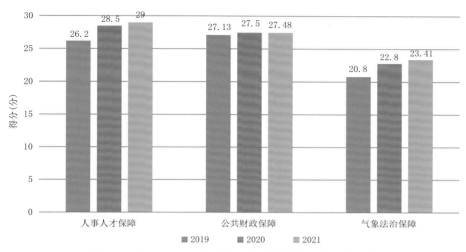

图 1.8　2019—2021 年全国气象发展保障水平评估分值

(1)人事人才保障方面,2021 年全国得分 82.9,较上年提高 1.5 分,增长 1.8%,较 2019 年增加 2.8 分,增长 10.7%。气象人才队伍本科及以上比例提高到 88.2%,硕士以上比例提高到 24.6%,中级职称以上占比提高到 70.0%。新增国家人才工程(奖励)人选 5 名、省部级人才工程(奖励)人选 183 名。

(2)公共财政保障方面,2021 年全国得分 78.5,与上年基本持平,较 2019 年增加 0.37 分,增长 1.3%。公共财政收入与其他资金收入占比约为 5∶1。其中中央财政资金 167.5 亿元,比 2020 年增加 16%;地方财政资金 93.4 亿元,增长 3%,其他资金约 48 亿元,比 2020 年增加 15%。全国基建投入达 87.8 亿元,比 2020 年增加 53%。

(3)气象法治保障方面,2021 年全国得分 78.0,较上年提高 2 分,增长 2.6%,较 2019 年增加 2.6 分,增长 12.5%。新制修订部门规章、地方性法规和政府规章 21 部,发布气象领域国家标准 10 项、行业标准 49 项、地方标准 105 项、全国性团体标准 7 项。全国气象行政审批平台办件 4318 余件,已有近 2000 家雷电防护装置检测资质单位和 13 万家防雷安全重点单位纳入全国防雷减灾综合管理服务平台实施监管。

(三)2021年气象现代化建设十项重要进展

2021年是中国气象现代取得重大进展的一年。根据全国气象部门投票、院士专家和中央媒体记者现场评议,气象现代化建设在以下十大领域的进展得到广泛认同。

一是风云四号B星和风云三号E星成功发射并投入应用:2021年,我国形成8颗卫星组网运行的全球观测体系,风云三号E星弥补了极轨卫星晨昏轨道观测国际空白,风云气象卫星在中国共产党成立100周年庆祝活动气象保障、重大气象灾害防御中发挥重要作用。

二是中国全球大气再分析系统投入业务运行:中国全球大气再分析系统投入业务运行,填补了我国在全球大气再分析领域的空白,打破了长期以来对国外再分析产品的依赖,服务用户超过300个。

三是全国气象大数据云平台投入业务运行:全国气象大数据云平台数据总规模达60PB,访问效率达秒级,运行效率提升两倍以上。

四是中国全球天气数值预报模式(3.2版)和气候数值预报模式(3.0版)正式投入业务运行:全球天气模式可用预报天数稳定达7.8天,获国家科学技术进步奖二等奖,首次建立全球海域热带气旋的数值预报业务;气候预测整体性能达国际同类预测模式先进水平。

五是智慧冬奥业务服务系统投入业务运行:建成覆盖北京冬奥会核心区域的"百米级、分钟级"天气预报体系,具有中英文双语模式的冬奥智慧气象App和冬奥公众气象网站广受好评。

六是全国智能网格预报业务系统全面建成:气象要素网格预报产品体系时间分辨率达1小时,空间分辨率达5千米;实现天气预报从定性到定量、主观到智能、站点到格点的预报变革。暴雨预警准确率有明显提高,强对流天气预警时间提前到40分钟。

七是世界气象组织(WMO)全球综合观测系统区域中心(北京)业务运行:建立了服务35个国家和地区的数据质量监控系统,培训区域内国家和地区900多人。

八是全国温室气体观测网基本建成：新建和完善 60 个高精度观测站，可观测二氧化碳、甲烷等 7 类温室气体，每年发布《中国温室气体公报》，为我国实现"碳达峰、碳中和"目标，开展碳排放监测提供有力支撑。

九是"中国天气"全媒体公众气象服务传播能力和预警信息发布能力大幅提升：气象媒体服务用户数量创新高，年度总浏览量超 240 亿，公众气象服务满意度达 92.8 分。联合广播电视总局实现预警信息对接应急广播大喇叭 10.8 万套，面向基层的预警发布能力进一步提升。

十是空间天气监测预警能力明显提升：构建了独立自主的空间天气业务体系，空间天气台正式发布 24 种产品，灾害性空间天气事件预报准确率整体与国际水平相当。中俄联合体全球空间天气中心被认定为第四个全球空间天气中心。

二、2021 年省(区、市)气象现代化建设进展

(一)省级气象现代化总体水平

1. 省级总体水平。2021 年各省(区、市)气象部门结合本地区实际，贯彻落实气象现代化建设目标和重点工作任务，在服务地方经济社会高质量发展中充分展现了气象作为。2021 年省(区、市)气象现代化综合水平，经过评估平均为 77.6 分，较上年增长 8.4%，较 2016 年增长 18.4%(图 1.9)。

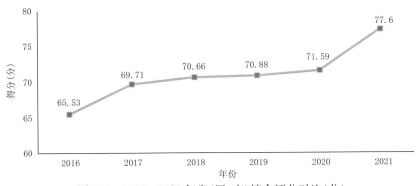

图 1.9　2016—2021 年省(区、市)综合评分对比(分)

　　反映气象现代化水平的一级指标总体呈上升趋势。2021年预报预测和气象服务水平平均分均达到85.0分,表明省(区、市)围绕"预报精准、服务精细",深入开展地方保障服务,在预报预测和气象服务气象现代化建设方面取得良好成果。从得分增长水平看,科技创新得分较其他指标得分偏低,但较2020年进步最大,增幅达到35.7%。综合观测、信息网络、预报预测和气象服务水平的增长率均在5%以上;发展保障水平呈稳步发展态势,气象法治保障较2020年增长7.6%(图1.10)。

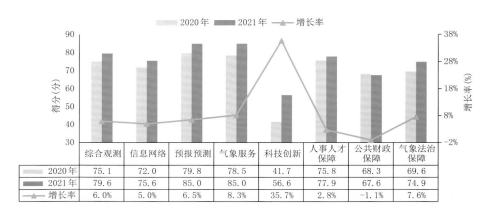

	综合观测	信息网络	预报预测	气象服务	科技创新	人事人才保障	公共财政保障	气象法治保障
2020年	75.1	72.0	79.8	78.5	41.7	75.8	68.3	69.6
2021年	79.6	75.6	85.0	85.0	56.6	77.9	67.6	74.9
增长率	6.0%	5.0%	6.5%	8.3%	35.7%	2.8%	-1.1%	7.6%

图1.10　2020—2021年省(区、市)气象现代化水平评分对比

　　2. 区域发展水平。综合考虑社会经济发展情况和全国行政地理区划,将31个省(区、市)分为东部、中部和西部三类地区进行评估。东部地区包括北京、天津、河北、辽宁、上海、江苏、浙江、福建、山东、广东、海南等11个省(市);中部地区包括山西、内蒙古、吉林、黑龙江、安徽、江西、河南、湖北、湖南等9个省(区);西部地区包括广西、重庆、四川、贵州、云南、西藏、陕西、甘肃、青海、宁夏、新疆等11个省(区、市)。

　　(1)东部和中部地区呈快速发展趋势。分别计算三类地区的综合水平得分平均值,2021年东、中、西部气象现代化水平评估综合得分分别为81.5分、76.8分、74.4分,可见东部和中部地区气象现代化建设进步幅度较大(图1.11)。东部地区气象现代化建设已迈入稳定发展建设,仍然是气象现代化建设的标杆。中部地区通过气象服务乡村振兴、生态文明建设等重大战略保障,积极开展及各类农业和防灾减灾试点,取得了良好成效,虽然较综合水平相比稍有落后,但已成为推动气象现代化建设整体水平提升的强大动力。西部地区在基础落后的情况下,已基本实现了气象现代化,下一步需要在中国气象局的大力扶持下,挖掘发展潜力,找到提升气象现代化建设水平的发力点。

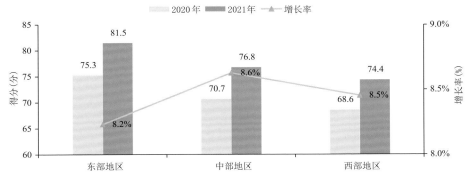

图 1.11　2020 年与 2021 年省(区、市)区域气象现代化水平评分对比

（2）区域发展水平不够均衡。从一级指标水平的年度进展看,科技创新成为区域气象现代化建设水平提升的首要动力,各地区在 2021 年主抓科技创新,从争取科研经费、加强专利等科研成果转化方面着手,均取得了较大进步,东部地区在区域进步中仍呈领先优势。从区域进步情况看,中部地区在综合观测领域,东部地区在信息网络领域,西部地区在预报预测领域的进步明显,预报预测、气象服务、发展保障的进步较为均衡(图 1.12)。

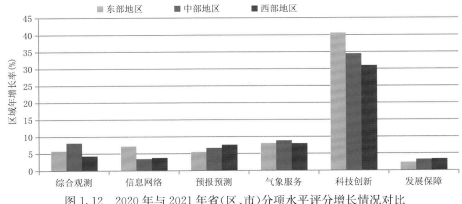

图 1.12　2020 年与 2021 年省(区、市)分项水平评分增长情况对比

3. 省际发展水平。(1)东中西省份高低呈阶梯下降式分布。2021年省（区、市）气象现代化建设水平，经过评估得分最高为86.6分，最低为65.2分，其中80分以上的8个，东部省份占7个，中部1个；75～80分15个，主要为中部省份；60～75分8个，7个为西部省份。将2021年气象现代化建设综合水平得分排名前10位，三个区域中均有得分前10的省份，但数量和得分差距较大。东部地区有7个，且综合水平得分均在80分以上；中部地区有2个，其中1个得分在80分以上；西部地区有1个，且得分未达到80分，其中排名第一和排名第十的得分之差达到7.4分。将2021年气象现代化建设综合水平得分排名后10位，全部位于中西部，其中中部地区2个，西部地区8个，得分基本在75分以下（图1.13）。

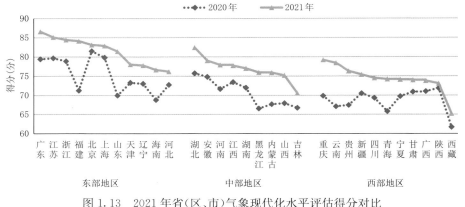

图1.13　2021年省（区、市）气象现代化水平评估得分对比

(2)省际发展水平差异离散度呈增大之势。2016—2019年省（区、市）气象现代化建设水平，省际评分离散度呈逐年下降态势，但2020年评估管理办法调整后，离散度再度拉开，2021年离散度恢复到2016年水平，且较2020年离散度差距不大，说明省（区、市）气象现代化建设水平不平衡不充分的矛盾仍较明显（图1.14）。其中西藏与其他省（区、市）的差距较大，下一步应充分总结进步地区的气象现代化建设经验，尤其鼓励发挥中部和西部地区前10名省份的典范作用，缩小省际发展差异。

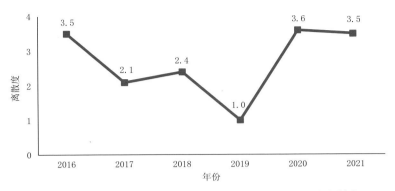

图 1.14　2016—2021 年省(区、市)气象现代化评估评分离散度

(二)省级气象现代化分项发展水平

1. 综合观测水平。2021 年各省(区、市)平均得分 79.6 分,较 2020 年增长 5.9%,较 2019 年增长 10.4%(图 1.15)。综合观测能力区域差异明显,东部地区明显优于中部和西部地区,北京以及东部沿海和长江沿江省份得分高于全国平均水平,综合观测水平前 10 名省份有 6 个位于东部地区,且得分均在 85 分以上,其余 4 个位于中部地区;后 10 名省份东部地区 1 个,中部地区 2 个,西部地区 7 个。

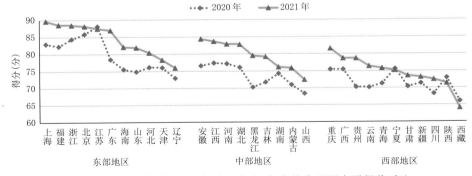

图 1.15　2020 年与 2021 年省(区、市)气象综合观测水平得分对比

2021 年观测系统保障水平增幅 11.8%,其中观测装备保障能力和气象计量保障水平提升明显。观测站网建设增幅达 4.4%,各地地面观测、垂直观测、

气象雷达和应用气象观测站网建设均有不同程度提升，其中四川等西南区域省份提升明显。精密监测能力增幅 2.8%，其中气象观测要素覆盖度增长 3.5%。

省（区、市）评分趋势水平基本保持稳定，部分省（区、市）得分波动较大。黑龙江、贵州得分较上年增长超过 12%。江苏、西藏、陕西、宁夏得分回落。

2. 信息网络水平。2021 年各省（区、市）平均得分 75.6 分，较 2020 年增长 4.9%，较 2019 年增长 11.3%（图 1.16）。信息网络领域整体呈协调发展的趋势，东部地区优于中部和西部地区；中部地区和西部地区既有前 10 名省份，也有后 10 名省份，区域内部省际发展差异较大。

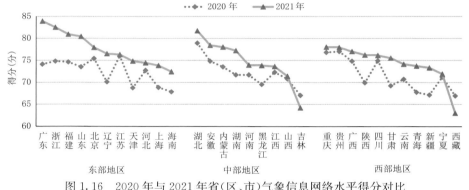

图 1.16　2020 年与 2021 年省（区、市）气象信息网络水平得分对比

2021 年各地通过强化业务系统集约建设，业务统筹集约度增幅明显，较 2020 年增长 17.6%。在数据支撑能力方面，数据收集共享能力增幅达到 11.9%。信息网络基础得分较 2020 年增长 4.9%，其中绝大多数省（区、市）计算存储能力均有提升。

省（区、市）评分波动较大，计算、存储等基础信息资源能力建设存在省际差异，系统集约建设和统一监控存在明显差距，省（区、市）数据网络出口统一管理和核心观测数据安全监管有待加强。广东、浙江得分较上年增长超过 10%，省地广域网链接带宽和互联网性能等信息网络基础能力提升明显。吉林、西藏得分回落，吉林在气象数据接口访问和行业覆盖率方面，西藏在天境系统业务运行和业务集约监控方面需要加强。

3. 预报预测水平。2021 年各省（区、市）平均得分 85.0 分，较 2020 年增长6.6%,较2019年增长12.5%(图1.17)。预报预测领域各区域进步稳定,前10名省份东部地区5个,中部地区3个,西部地区2个;后10名省份东部地区2个,中部地区4个,西部地区4个。

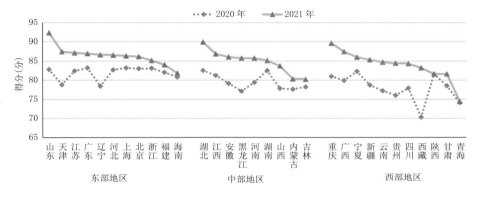

图1.17 2020年与2021年省(区、市)气象预报预测水平得分对比

2021年聚焦预报准确率和预警提前量,在工作基础和条件较好地区开展的新技术先行先试和全国推广,进一步强化了县级短临预报预警服务水平。通过加强气候可行性论证工作、提升气候资源评估和保护利用水平,气候资源利用明显提升,增幅达12.1%。预报精准水平较2020年提升1.5%,其中突发灾害预警能力提升较为显著,增幅达6.7%。

预报预测受当年天气灾害情况影响,得分波动较大。西藏得分较上年增长超过18%,在暴雨预警信号准确率、预报业务集约化和气候资源评估方面进步显著。网格预报精细化水平和天气气候预报准确率是造成省(区、市)得分差异的主要原因。

4.气象服务水平[①]。2021年各省(区、市)平均得分85.0分,较2020年增长8.3%(图1.18)。气象服务领域各区域进步明显,前10名省份主要集中在东中部地区,其中东部地区5个,中部地区4个,西部地区1个;后10名省份

---

① 因气象服务、科技创新、发展保障等指标要素调整较多,未采集2019年相关数据,暂无法回算其2019年得分和较2019年得分增长情况。

主要集中在中西部地区，其中中部地区 4 个，西部地区 6 个。

2021 年，通过加强基层防灾减灾规范化建设，不断发挥气象信息员队伍作用，基层服务体系得分较 2020 年增长 10.8%。人工影响天气得分较上年增长 9.9%。气象服务效益稳步提升，其中气象服务经济效益得分增长了 4.4%，多年来各省（区、市）公共服务满意度整体处于较高水平。

东部地区省际得分波动较大，中西部地区在水平趋势保持稳定的前提下，气象服务水平不断提升，省际差距较小。山东得分较上年增长超过 14%，在气象服务产品的内容种类、气象服务用户数和人工影响天气可保障面积均有显著提高。

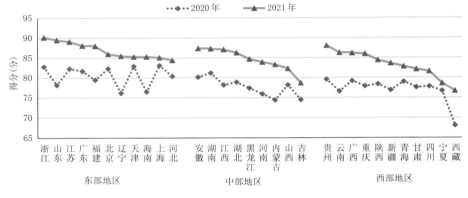

图 1.18　2020 年与 2021 年省（区、市）气象服务水平得分对比

5. 科技创新水平。2021 年各省（区、市）平均得分 56.6 分，较 2020 年大幅增长 35.7%（图 1.19）。东中西部地区均取得明显进步，前 10 名省份主要集中在东部地区，其中东部地区 8 个，中部地区 1 个，西部地区 1 个；后 10 名省份主要集中在中西部地区，其中中部地区 5 个，西部地区 5 个。

2021 年各省（区、市）气象部门高度重视科研工作，科技创新成果产出不断强化，气象研发成果平均得分大幅增长 52.9%，其中上海获省部级科技奖励特等奖、新疆获省部级科技奖励一等奖。各地应对气候变化科技支撑不断增强，服务地方能力显著提高，应对气候变化得分较 2020 年增长 27.7%。

省（区、市）得分波动较大。研究人员力量、研究经费争取受省（区、市）的基础条件和发展相关性影响较大,各省(区、市)创新基础能力存在客观差异导致气象成果转化情况不一致,有待进一步完善。受科技创新成果转化和气候服务报告质量影响,本年广西得分回落。

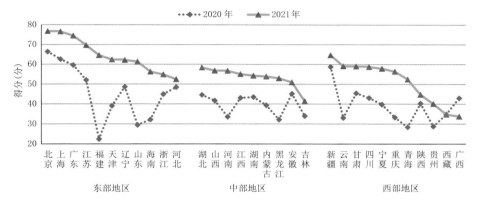

图1.19　2020年与2021年省(区、市)气象科技创新水平得分对比

6. 气象保障水平。

(1)人事人才保障,2021年平均得分为27.3分(满分35分),较上年增长2.8%(图1.20)。各区域进步稳定,前10名省份主要集中在东部地区,其中东部地区8个,中部地区2个;后10名省份主要集中在中西部地区,其中中部地区5个,西部地区5个。在高层次人才培养方面,中西部较上年增长12%以上。通过对西部地区人才引进实施倾斜政策,西部地区大部分省(区、市)较上

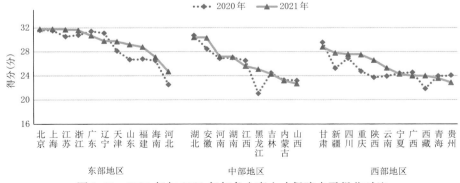

图1.20　2020年与2021年气象人事人才保障水平得分对比

年都有一定提升。黑龙江、安徽、湖南和宁夏在优化人才队伍结构方面,重庆、新疆、广东和甘肃在加强高层次人才培养方面进步较大。机构编制资源是影响部分省(区、市)得分的主要因素,东中西部得分均呈回落态势,下一步要全面摸清可用空缺编制情况和部门需求,对确需进行机构编制优化的部分审慎微调,提升机构编制资源的使用效益。

(2)公共财政保障,2021 年平均得分为 23.7 分(满分 35 分),较上年回落1.1%,中部地区仍保持进步趋势,东西部得分略有回落(图 1.21)。前 10 名省份东部地区 5 个,中部地区 3 个,西部地区 2 个;后 10 名省份东部地区 2 个,中部地区 3 个,西部地区 5 个。在落实地方公共财政保障方面,东中西部得分较上年均有所提升,海南进步较大,天津需要加强。增加地方基本建设投入方面,仅中部地区的得分提升,宁夏、重庆等中西部省(区、市)在地方财政投入特别是现代化建设项目投入方面增幅较大,云南、北京需要增强。自身保障支撑能力是影响部分省(区、市)得分的主要因素,东中西部得分均呈回落态势。

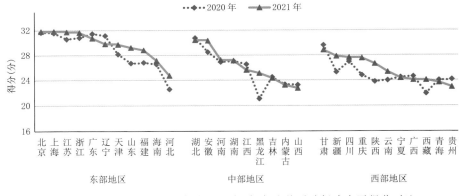

图 1.21　2020 年与 2021 年省(区、市)气象公共财政保障水平得分对比

(3)气象法治保障,2021 年平均得分为 22.5 分(满分 30 分),较 2020 年增长 7.6%(图 1.22)。前 10 名省份东部地区 6 个,中部地区 3 个,西部地区 1 个;后 10 名省份东部地区 1 个,中部地区 3 个,西部地区 6 个。气象法制建设水平稳步提升,广东进步较大,新疆需要加强。气象社会管理力度东中西部较上年均增长 17%以上,吉林、江苏、云南进步幅度超过 30%。气象标准化水平

均保持进步趋势,中西部进步幅度在 5％以上,重庆、青海进步较大。

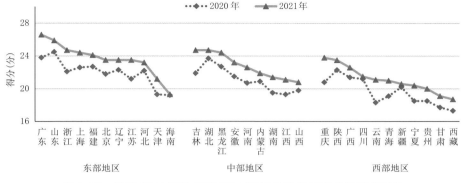

图 1.22　2020 年与 2021 年省(区、市)气象法制保障水平得分对比

三、评价与展望

根据 2021 年气象现代化评估结果分析,全国气象现代化水平继续保持提升趋势,科技创新能力、核心技术自主能力、气象服务能力等均明显增强,通过主抓核心技术攻关,推动了研究成果业务转化,综合观测、信息网络、预报预测、气象服务和气象法治保障实现了稳步发展。

但从气象现代化发展全局分析,一是国家级自主科技创新难度依然很大,反映在预报预测领域的科技攻关突破还需要进一步加强。从预报预测评估分值看,近 3 年评分增幅均比较小,最核心的数值预报评分较上年增加只有 0.07分,预报精准水平评分还略有下降,最关键还是有待于核心技术的进步和突破。二是业务集约化水平与国家级算力水平的匹配度有待提升,2021 年国家级算力(CPU 核数)较上年提升 42.1％,CPU 峰值利用率 70％,各省级平均算力(CPU 核数)较上年提升 80％,CPU 日平均峰值利用率为 56％,但业务统筹集约仅提升 0.65 分,国家级和省级集约还有更大潜力待挖掘。三是区域发展不平衡依然存在,2021 年气象现代化建设水平呈东部地区＞中部地区＞西部地区,东部地区在科技创新和人事人才保障的优势非常明确,西部地区综合观测领域尤其薄弱。但从增长幅度看,则呈现中部地区＞西部地区＞东部地区,区域协同发展趋势在明确扩大。四是省际差别应引起高度重视，2021年省（区、市）气象现代化发展评估排位在后5名的，分别是西藏、吉林、陕西、广西和甘肃，其中西藏和吉林已连续两年处于排位后5名。陕西、广西和甘肃，本年排位落后的主要原因在于部分领域建设滞后，比如陕西综合观测、广西科技创新水平、甘肃人事人才保障和公共财政保障水平出现得分回落。

推进高质量现代化发展，必须坚持系统观念，加强统筹协调，围绕气象现代化评估发现的问题，固根基、扬优势、补短板、强弱项，全面推动更高水平、更高质量气象现代化建设。

一是更加突出自主自控的气象科技创新。重点应围绕预报预测领域和提升其能力及水平，组织核心科技攻关和技术突破。深度参与我国自主自控的预报预测模式研究，着力加强中小尺度天气监测能力建设，加快发展无缝隙全覆盖、智能数字预报新业态，加强关键核心气象技术装备研发，不断优化气象信息基础、数据资源和气象技术安全建设。

二是进一步提升业务集约化水平。全面统筹气象资源配置，通过补短板、强弱项、挖潜力、增优势，推进气象业务资源整合、流程再造。尤其应统筹运用国家级和省级提升了巨大算力，推进国家级和省级业务集约，充分发挥国家级和省级资算力资源的巨大潜力。同时，应加快推进与气象业务高度集约和建立研究型业务相适应的气象体制机制改革。

三是注重因地制宜推进协调发展。针对评估发现的区域发展不平衡不充分问题，国家级层面应注重统筹谋划，通过出台政策、调节资源配置等手段，统筹国家气象与地方气象、统筹不同区域的气象发展。省级气象机构应科学评估各地经济发展与气象服务的需求，按照"全国部署、差异要求、特色发展"的原则，充分考虑气象发展布局的科学性和地方差异性，大力推进地方气象事权与地方财政保障匹配到位。一些后进省份，除中国气象局继续加大支持外，属于地方气象事权应加大争取地方财政保障力度。

气象保障篇

第二章　气象保障生命安全[*]

　　2021 年,全国各级党委政府和气象系统坚持以习近平新时代中国特色社会主义思想为指导,全面落实党中央、国务院和国家防总决策部署,坚持人民至上、生命至上,面向国家重大需求、面向人民生命财产安全,继续强化气象灾害防御科技支撑,大力提高灾害监测预报能力、突发灾害预警能力和灾害风险防范能力,充分发挥气象防灾减灾第一道防线作用,最大程度减少人民生命财产损失,取得了显著经济社会效益。

一、2021 年气象保障生命安全概述

　　2021 年,面对极端天气多发的严峻挑战,全国气象系统强化责任担当,着力提升气象灾害防御能力,气象保障人民生命财产安全工作取得突出成效。

　　第一道防线作用逐步发挥。2021 年,进一步加强气象灾害保障服务,气象系统全年共启动国家级重大气象灾害应急响应 26 次、151 天,次数和天数均为近 5 年最多。气象防灾减灾救灾部门联动进一步加强,中国气象局与 11 部委联合发文,并为应急管理部提供 70 余次"一对一"服务。气象灾害决策服务能力稳步推进,各级决策气象服务为党政领导决策防灾抗灾救灾发挥了重要支撑作用。

　　推动气象灾害预警发布"早准快广"取得显著成效。2021 年,气象系统认

---

　　*　执笔人员:吕丽莉

真落实气象灾害预警发布传播"准确、快速、广覆盖"的要求,全国通过国家预警发布系统发布预警34.4万条,累计发送预警短信29亿人次,综合人口覆盖率提高至95.1%,平均发布准确率达到99.99%,为历史最好水平。创新推动"预警+行业"专项服务,为不同行业及部门提供定制化气象服务达200多次。融媒体预警信息发布能力不断提升,中国天气网凭借灾害天气直播连续五天浏览量突破1亿。气象信息覆盖面更广,公众预警气象服务用户总数达到24亿人次。

气象灾害风险防范进展良好。2021年,完成全国122个县级气象灾害风险普查试点调查类工作,普查数据成果汇交率达到100%。全国气象灾害致灾因子调查进度平均约81%,列各部委第一。基层气象防灾减灾体系建设提质增效明显,推进了基层气象防灾减灾规范化建设,行业气象灾害风险防范服务逐渐成熟,国家级交通管理天气风险预警产品在15个省(区、市)气象部门得到应用。气象灾害风险转移支付取得积极进展,推进了"气象+保险"助农惠农工作。打造系列应急气象科普精品,不断提高公众灾害风险意识,针对重大灾害性天气过程等推出的原创作品及短视频总观看量突破1亿。

气象灾害防御联动机制建设取得重要进展。2021年,全国各级气象部门认真落实《中国气象局关于推动气象灾害预警联动机制建设的通知》,推动建立健全以气象灾害预警为先导的部门应急联动机制和社会响应机制,特别推进建立健全了基于重大气象灾害高级别预警信息高风险区域、高敏感行业、高危人群的自动停工停业停课机制;进一步优化规范了气象灾害预警标准,明确细化了业务分工;普遍建立了重大天气过程面向党委政府主要领导的直通式报告机制。中国气象局与城市运行管理、应急、城管、防汛、住建、能源等部门合作建立了以预警信号为先导的应急联动机制,强化极端天气预警和防范应对。各省级和各大城市气象部门与当地各部门联动机制进一步完善,有效推动了气象灾害预警与响应一体化建设。

气象防灾减灾取得显著效益。2021年,全国气象灾害造成的经济损失较2020年下降450.66亿元;全国主要气象灾害造成农作物受灾面积相较上年有所下降。评估结果显示,气象服务在2021年为我国城市公众挽回因灾(气象灾害)损失人均约 350 元,为农村公众挽回因灾损失人均约 548 元,为我国公众挽回的因灾损失总额约达 5300 亿元。山洪、地质灾害风险预警命中率继续稳步提升,全年成功预报地质灾害 905 起,涉及避免可能伤亡人员 25528 人,避免直接经济损失 13.5 亿元。

二、2021 年气象保障生命安全主要进展

(一)气象灾害保障服务

2021 年,我国自然灾害形势复杂严峻,极端天气气候事件多发,相继发生洪涝、风雹、干旱、台风、地震、地质灾害、低温冷冻和雪灾等自然灾害,沙尘暴、森林草原火灾和海洋灾害等也有发生。全年共发生 42 次强降雨过程,主要江河共发生 12 次编号洪水,发生地质灾害 4772 起。出现 47 次区域性强对流天气过程,极端大风和龙卷风等强对流天气明显偏多。全国干旱灾害呈阶段性发生,主要表现为南方地区冬春连旱、西北地区夏旱和广东秋冬连旱。有 5 个台风在我国登陆,共发生 10 次寒潮天气过程,发生森林火灾 616 起(应急管理部,2022)。面对复杂严峻的气象灾害防御形势,气象部门积极应对,充分发挥气象防灾减灾第一道防线作用,为防御气象灾害提供有力保障服务。

河南郑州"7·20"特大暴雨过程的气象服务

2021 年 7 月 17—23 日,河南省遭遇历史罕见特大暴雨,发生严重洪涝灾害,特别是 7 月 20 日郑州市遭受重大人员伤亡和财产损失。

这次特大暴雨灾害,具有暴雨过程长、范围广、总量大、短历时降雨极强的特征,其降雨折合水量近 40 亿米^3,为郑州市有气象观测记录以来范围最广、强度最强的特大暴雨过程。针对这次特大暴雨过程,气象部门开展的气象服务具有以下突出特点:

一是预警提前时间早。河南省气象局最早于 7 月 15 日就向决策部门报送《重要天气报告》,明确提出"17 到 19 日我省北部、中东部有暴雨大暴雨,局部特大暴雨,需加强防范"。省政府主要领导提前 4 天签发指挥长令,首次启动全省防汛 I 级应急响应。

二是预警发布频次高。17—21 日,河南省气象部门发布雷电、暴雨、大风等预警信息 1427 条,暴雨红色预警信息 162 条;郑州自 19 日夜间起发布暴雨橙色、红色预警信号共 11 条。郑州市气象台于 7 月 20 日 6 时 2 分再次发布暴雨红色预警,提示郑州市区及所辖县市降水量将达 100 毫米以上,并附有防御指南。至 20 日 16:01 气象部门发布第 5 次红色预警。

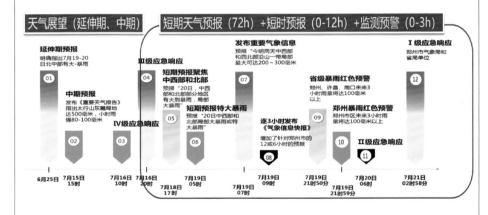

三是预警信息覆盖面广。全省各级电台、电视台和所有通信媒体载体均承担了暴雨预警信息传播义务,极大提升了暴雨预警信息覆盖人群。如郑州市自 19 日夜间起,短信接收总人次达 1.2 亿,向 2.25 万名应急责任人发送预警 54 万条。

气象灾害预警信号

第 115 号 　　　　　　　　签发：李柯星

暴雨红色预警信号

　　郑州市气象台 2021 年 07 月 20 日 06 时 02 分发布暴雨红色预警信号：预计未来 3 小时内，郑州市区及所辖六县（市）降水量将达 100 毫米以上，请注意防范。

　　防御指南：

　　1. 政府及相关部门按照职责做好防暴雨应急和抢险工作；

　　2. 停止集会、停课、停业（除特殊行业外）；

　　3. 做好山洪、滑坡、泥石流等灾害的防御和抢险工作。

郑州市气象台

2021 年 07 月 20 日 06 时 02 分发布

　　四是河南省气象部门经受了严峻考验。面对极端雨情汛情，河南省气象部门启动Ⅰ级应急响应，"直通式"决策服务、"融入式"指挥调度、"递进式"预报预警、"联动式"应急服务，省市县联合监测、联动预警、递进式服务、重大天气过程无漏报，全力做好防汛救灾抢险气象保障，为保障人民生命安全发挥了重要作用。气象服务工作获省委、省政府和中国气象局领导充分肯定。

双台风"狮子山"和"圆规"登陆

2021年10月8—14日，第17号台风"狮子山"和第18号台风"圆规"先后登陆我国，其中台风"狮子山"导致香港1人身亡，各地直接经济损失超2亿元；台风"圆规"导致海南2人死亡，各地直接经济损失7.5亿元。此外，"圆规"还创造了中国香港1964年以来由两个热带气旋所致发布八号风暴信号时间间隔最短的新纪录。

其中台风"狮子山""路径曲折、移速缓慢、风雨明显"，台风"圆规"登陆时中心附近最大风力12级（33米/秒），其"路径稳定移速快、结构偏心不对称、大风影响范围广"。针对这次防范双台风登陆，天气预报发挥了关键作用，从而极大地降低了台风灾害可能造成人员伤亡和经济损失。

一是提前8天发布台风提醒。中期预报于9月30日提前8天预报台风"狮子山"影响过程，于10月6日提前8天预报台风"圆规"影响过程。过程期间，针对台风路线、强度、影响时间进行加密会商，并逐日更新实况和预报。

二是及时启动应急预案。如广东省气象局于10月8日08时30分启动台风Ⅳ级（内部）应急响应，13日08时30分升级为台风Ⅲ级（内部）应急响应；全省共及时发布、升级预警信号265站次，台风预警信号12站次，暴雨预警信号35站次，雷雨大风预警信号29站次。此外，积极加强部门联动，为各级气象部门提供决策服务材料406份。海南省和广西区气象部门均提前进行了积极应对。

1. 气象灾害应急服务持续加强

努力发挥气象灾害预报预警在灾害应急中的先导作用。2021年，中央气象台发布暴雨预警270期、台风预警103期，强对流预警116期；与水利部、自然资源部联合发布山洪、地质灾害气象风险预警300期。台风24小时路径预报平均误差优于日本和美国；强对流天气预报准确率优于过去三年平均。全年共启动国家级重大气象灾害应急响应 26 次、151 天,次数和天数近 5 年最多,处置各类重大突发事件报告 391 件。

气象防灾减灾救灾部门联动进一步加强。中国气象局与发改委等 11 部委联合发文做好 2021 年春运工作和加强春运疫情防控;与公安、交通三部门联合发文推进"一路三方"交通应急联动处置试点工作;与国家铁路局等 5 个部门联合发文加强铁路自然灾害监测预警工作指导;与农业农村部、水利部、国家乡村振兴局联合发文推进农业防灾减灾工作;与国家体育总局联合发文加强体育赛事活动安全监管服务;与自然资源部、生态环境部签署合作协议深化地质灾害气象风险预警、大气臭氧层保护等工作,与人保集团达成《中国人保、中国气象局主要领导会谈备忘》。面向应急管理部滚动提供防汛抗旱、防扑火、应急救援、防震减灾等气象保障服务,2021 年,为应急管理部提供 70 余次"一对一"服务。

气象灾害应急服务产品不断优化。2021 年,改进优化东北和西南地区森林火险气象预报模型,提供了国家级延伸期(10～30 天)森林火险气象预报服务产品。加强短临、短期至月尺度风能太阳能资源预报技术研发,提升复杂地形下风资源评估能力,推动向省级气象部门提供风能太阳能短期预报产品。联合疾控中心研发气象敏感性疾病预报预警模型。优化高空实况及强对流、分钟级降水和雷电预报产品支撑机场调度决策。研发百万站点精细化预报服务产品,提升全球气象服务支撑能力。开展 FY-4B/3E 卫星产品在交通、火险、太阳能等服务领域的业务试验应用。用好灾害风险普查数据,优化交通气象灾害风险预警模型。

2. 气象灾害防御决策服务产品持续加强

2021 年,国家级决策气象服务不断强化重大天气过程气象服务,组织做好全年强降雨和 5 次登陆台风等重大气象服务,圆满完成重特大气象灾害事件相关处置工作。全年共报送重大气象信息专报 68 期,气象灾害预警快报 214 期,两办刊物信息 400 期,专题服务材料 150 余期。

统计数据显示,2021 年,全国决策气象服务产品总量达到 79.06 万期(次),其中国家级达到 1088 期(次)、省级达到 3.58 万期(次)、地市级达到

18.39 万期(次)、县市级达到 56.9 万期(次),气象部门向中央政府、部门和地方各级政府提供决策气象服务产品总量基本呈稳定增加态势(图 2.1)。

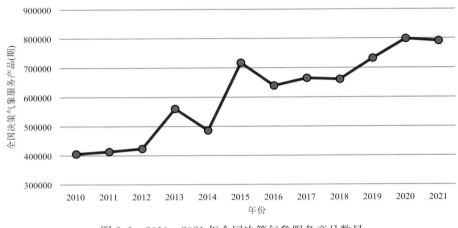

图 2.1　2010—2021 年全国决策气象服务产品数量

(数据来源:《气象统计年鉴 2021》)

2021 年,加强对党中央、国务院的决策服务,报送信息中央领导批示 60 余篇,较上年增长 1 倍多。信息报送数量和质量逐年上升,位列同级单位第 2 名。

2021 年,各省(区、市)气象局向省级政府提供的决策服务信息达 35817 期,地(市)级气象局向地(市)级政府提供的决策服务信息达 183918 期,比上年增加 16594 期(次),增幅达 10%;县(市)级气象局向县(市)级政府提供的决策服务信息达 569860 期(次),比上年略有减少。从近 10 年的数据分析,总体上,向省级提供的决策气象服务产品基本保持稳定,但向地(市)级政府及县(市)级政府提供决策气象服务产品呈现增长趋势,2021 年的数量分别达到了 2010 年的 1.8 倍和 2.2 倍(图 2.2)。

(二)气象灾害预警发布

1. 预警信息发布覆盖更广泛

2021 年,全国气象部门进一步强化气象灾害预警信息发布,各地针对地方

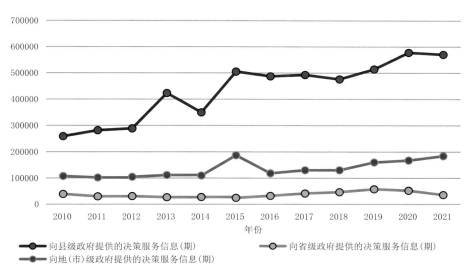

图 2.2　2010—2021 年向省级、地(市)级、县级政府提供的决策气象服务数量

(数据来源:《气象统计年鉴 2021》)

党委政府和重点部门,建立了重大灾害性天气"叫应"服务标准和工作流程。各级电视、广播、网站、微博、微信、手机短信、手机 APP、抖音、农村预警大喇叭等多种渠道均实现了在第一时间向社会公众发布预警信息,第一时间向社会媒体和相关部门共享预警信息,极大地提升了气象预警信息发布传播能力。2021 年,全国通过国家预警发布系统发布预警 34.4 万条,累计发送预警短信 29 亿人次,综合人口覆盖率提高至 95.1%(图 2.3),平均发布准确率达到 99.99%。预警信息基本实现全国 111.5 万应急责任人全覆盖,全国有 29 个省(区、市)的预警信息公众覆盖率已经达到 90%以上,其中北京、天津、广东等 10 个省(区、市)预警信息公众覆盖率达到 100%(图 2.4)。全国预警信息发布能力有了较大的提升,气象现代化评估结果显示,全国增强预警信息发布能力平均分为 87 分,较上年提升 3 分,其中有 15 个省(区、市)高于平均分,得分高于 90 分的省份有北京、河北、浙江、福建、山东、河南、湖北等省(市),这些省份基本实现了 95%以上的预警信息公众覆盖率和 100%应急责任人覆盖率(图 2.5)。

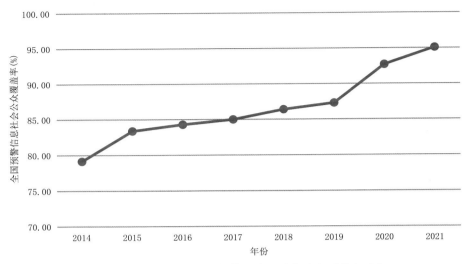

图 2.3　2014—2021 年预警信息全国社会公众覆盖率(％)

(数据来源:2014—2021 年现代化评估)

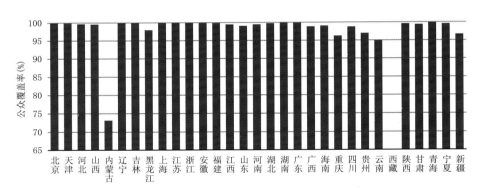

图 2.4　2021 年全国各省(区、市)预警信息公众覆盖率(％)

(数据来源:2021 年现代化评估)

　　创新推动"预警＋行业"专项服务。国家级气象部门联合农业农村部农机化司将"三夏"及"秋收秋种"精准气象服务送达基层农机手和农机作业管理人员;定制化的气象信息决策支持系统为教育部考试中心提供高考实时线上气象保障服务。与工信部、国家广电总局联合推动气象灾害预警短信精准靶向发布试点,4 省份预警信息接入国家应急广播示范平台试点应用。联合交通运

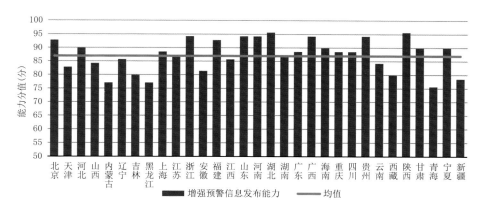

图 2.5　2021 年全国各省(区、市)增强预警信息发布能力(分)

(数据来源:2021 年现代化评估)

输部路网中心发布"重大公路气象预警"78 期;针对郑州"7·20"特大暴雨,滚动提供重点路段精细化交通气象要素预报与风险预警服务;制作震区交通气象专报 11 期。联合应急管理部、国家林业和草原局发布高森林火险红色、橙色预警 5 期,联合省级气象部门提供火灾气象保障服务 128 次。

2. 融媒体预警信息发布能力显著增强

聚焦极端天气预警信息发布服务,充分利用融媒体提升预警覆盖面。2021 年,各类融媒体贯彻"人民至上、生命至上"理念,强化灾害天气服务。秉持"天气通讯社、百姓贴心人"的定位,中国天气融媒体以灾害天气直播为核心进行重大天气过程全网发声,其中台风"烟花"媒体服务产品全网总浏览量超过 11 亿,中国天气网连续五天浏览量突破 1 亿。深化与主流媒体的联动,2021 年在防汛救灾关键节点,国家级气象部门与主流媒体共同推出新闻直播活动 13 期,比上年同期增长 44%,覆盖人群超 1 亿。

省级气象部门加大与公共媒体的合作力度,提高气象预警传播能力。经评估,全国公共媒体发布合作力度平均分为 85.58 分,较 2020 年提高 3.79 分,其中有 17 个省(区、市)高于平均分,得分高于 90 分的省份有天津、辽宁、黑龙江、江苏、浙江、安徽等省份,这些省份基本实现了与至少 14 家省级公共媒体保持紧密合作,从而保障了气象预警信息快速分发能力,较好地提高了媒体气象发布水平,更好地服务当地公众用户,解决预警信息传播"最后一公里"问题(图 2.6)。

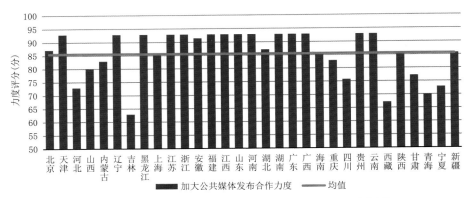

图 2.6　2021 年全国各省(区、市)与公共媒体合作力度评分

(数据来源:2021 年现代化评估)

气象预警信息发布水平持续提升。气象现代化评估结果显示,全国气象媒体发布水平平均分为 88.29 分,较上年提高 14.71 分(图 2.7);其中有 15 个省(区、市)高于平均分,得分高于 95 分的省份有河北、内蒙古、吉林、黑龙江、安徽、山东、湖北、广西、海南、重庆、贵州等。近年来,各省份都在预报水平不断提高的基础上,进一步提高了气象媒体发布水平,气象信息服务含金量更高。根据公众需求,打造融媒体平台,借助多样化的互联网平台,气象信息覆

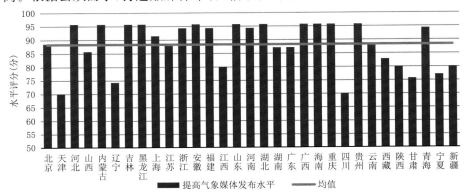

图 2.7　2021 年全国各省(区、市)提高气象媒体发布水平评分

(数据来源:2021 年现代化评估)

盖面更广,公众气象服务用户总数达到 24 亿人次。有效的媒体传播让民众获取信息更便捷,气象服务更贴心,气象灾害预警服务更精准。

3. 气象灾害预报预警水平持续提升

从图 2.8 可知,全国提升突发预警能力评分达到 13.08 分(最高为 15 分),共有 17 个省(区、市)高于全国平均水平,其中江苏、山东、重庆、贵州和甘肃的得分相对较高,这些省(市)的冰雹预警信号时间提前量平均可达 65.6 分钟,雷达预警信号时间提前量平均可达 84 分钟,暴雨(雪)预警信号准确率平均可达 97.8%。评估结果显示,东部地区冰雹预警信号时间提前量平均可达 49 分钟,雷达预警信号时间提前量平均可达 80 分钟;中部地区冰雹预警信号时间提前量平均为 40 分钟,雷达预警信号时间提前量平均可达 68 分钟;西部地区冰雹预警信号时间提前量平均可达 47 分钟,雷达预警信号时间提前量平均可达 55 分钟。

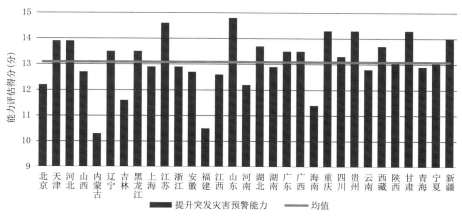

图 2.8 2021 年全国各省(区、市)提升突发灾害预警能力评估得分

(数据来源:2021 年现代化评估)

4. 灾害预警服务公众满意度不断提高

根据国家统计局调查,公众对灾害预警服务的满意度显著提升,达 93.6 分,与上年基本持平,2017—2021 年满意度平均达 91.2 分,较 2013—2016 年平均值提升 5.5 分(图 2.9)。随着这些年气象科普宣传力度不断加大,公众对气象灾害预警信号的理解程度不断上升。2021 年分别有 57.5% 的城市公众

和 58.3%的农村公众对气象灾害预警信号表示"了解""比较了解",这表明城市与农村公众对气象灾害预警信号的理解程度差异不大(图 2.10)。

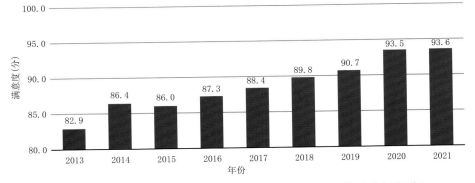

图 2.9　2013—2021 年公众对气象灾害预警服务满意度结果对比图(分)

(数据来源:《2021 年全国公众气象服务评价分析报告》)

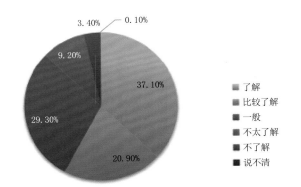

图 2.10　2019—2021 年城乡公众对气象灾害预警信号的理解度对比图

(数据来源:《2021 年全国公众气象服务评价分析报告》)

(三)气象灾害风险防范

1. 气象灾害综合风险普查全面推进

2021 年,根据国家统一部署,组织开展气象灾害风险普查,帮助各级摸清各类灾害性天气可能致灾的风险点、风险区域和致灾阈值,推动气象灾害风险预警业务发展,并指导全社会科学设定各区域基础设施的气象灾害防御标准,提高抵御气象灾害的能力。气象部门坚持"边普查、边应用、边见效"的要求，基于气象灾害综合风险普查成果，优化气象灾害监测网络布局，完善台风、暴雨、强对流等主要灾害性天气预警指标，推进预警信息的靶向发布。强化气象灾害风险普查大数据分析，开展气象灾害定量化影响评估，建立分灾种、分区域、分行业的影响预报和气象灾害风险预警业务，实现防灾减灾关口前移。

2021年，完成气象灾害风险普查试点"大会战"、11 个重点县评估区划、"一省一县"评估区划。根据风险普查进展，全国 13 省（区、市）开展了气象灾害综合风险普查，修订实施气象灾害风险普查实施方案、20 项技术规范。完成了普查信息收集、风险评估和区划业务系统的建设并在全国应用。建立和完善台风、高温、低温、暴雨、干旱等灾害客观化定量化精细化风险预评估业务，实时发布重大气象灾害影响评估和风险预估产品。建立一套风险普查技术体系，研发包括 10 大灾种致灾因子、致灾危险性评估、风险评估与区划、灾害事件库的普查成果。完成全国气象灾害致灾危险性调查任务，累计获取气象灾害致灾因子信息 600 余万条。

根据各地风险普查情况分析，北京气象灾害风险评估助力冬奥精细化服务，针对冬奥赛区气候特点和赛事保障重点，开展精细化气象风险分析、预估和预报，为冬奥会顺利举办提供支撑。天津气象灾害综合风险普查总体进度位列全国第二，已完成滨海新区试点任务，并全面启动全市气象灾害综合风险普查工作，完成全市所有行政区的致灾因子危险性调查与评估工作。浙江在开展普查工作的同时，同步进行数据分析工作，坚持"边普查、边应用、边见效"的工作原则，进一步提高气象灾害风险预报预警能力。吉林省气象灾害风险普查试点调查类工作全部完成，普查数据成果总体填报率达到 100%。内蒙古自治区气象局于 2021 年底完成全区 103 个旗（县、区）气象灾害数据调查和数据表审核填报汇交工作，调查进度达到 100%。贵州共完成 1 个市级（遵义市）和 15 个区（县）级风险区划和 1 个市级（六盘水市）和 4 个区（县）的危险性评估工作，建立省级技术组交叉初审、数据质量审核组复审制度，完成了现有图件和数据成果的审查。宁夏完成了 9 个灾种的技术规范修订及致灾因子调查，完成试点沙坡头区致灾危险性评估，中卫市致灾危险性评估。

2. 夯实基层风险防范基础

2021年,为进一步贯彻中共中央办公厅、国务院办公厅《关于推进城市安全发展的意见》,国家减灾委员会、应急管理部、中国气象局、中国地震局根据《全国综合减灾示范社区创建管理办法》,命名北京市东城区龙潭街道安化楼社区等 999 个社区为 2020 年度全国综合减灾示范社区。各省(区、市)分别开展了全省(区、市)范围的"综合减灾示范社区"创建工作。其中北京市将东城区和平里街道上龙社区等 237 家单位评估为"北京市综合减灾示范社区"①;山东省将济南市章丘区圣泉街道碧桂园社区等 102 个社区评估为 2020—2021 年度全省综合减灾示范社区②;湖北省将武汉市江夏区金口街红灯村等 135 个社区(村)为"湖北省综合减灾示范社区(村)"③等。创建综合减灾示范社区已成为各地各部门提升基层综合减灾能力的重要抓手,有效带动了社区防灾减灾救灾硬件建设的积极性,提高了社区居民防灾减灾救灾意识能力,切实提升了基层防灾减灾水平。

基层气象防灾减灾体系建设增强。2021 年气象现代化建设评估结果显示,基层气象防灾减灾规范化建设得分达到了 98 分,较上年提升 10 分左右,其中有 24 个省(区、市)高于平均分(图 2.11)。全国各省(区、市)充分发挥气

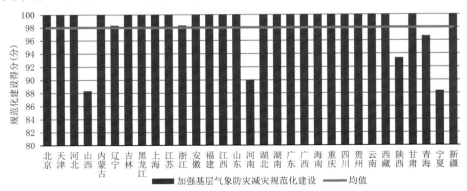

图 2.11　2021 年全国各省(区、市)加强基层气象防灾减灾规范化建设得分

(数据来源:2021 年现代化评估)

---

① https://www.sohu.com/a/501520655_121106842
② http://www.shandong.gov.cn/art/2021/12/6/art_98819_10300397.html
③ http://www.10yan.com/2022/0318/762944.shtml

象信息员队伍作用达到 90.7 分,其中有 18 个省(区、市)高于平均分(图 2.12)。气象信息员是气象防灾减灾体系的重要组成部分,是解决基层气象防灾减灾"最后一公里"问题的重要渠道。多年来,这支队伍积极传播气象灾害预警信息、普及气象灾害防御知识、组织基层群众防灾避险,在基层气象防灾减灾中发挥了重要作用。

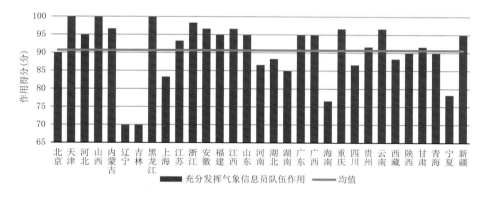

图 2.12　2021 年全国各省(区、市)充分发挥气象信息员队伍作用得分

(数据来源:2021 年现代化评估)

3. 气象灾害风险预警实现业务化

气象灾害风险预警,主要基于气象灾害风险管理系统提供的客观化、定量化灾害评估产品,得出灾害的致灾强度、影响范围与持续时间等详实数据与结论,从单纯提供灾害性天气预警扩展到灾害性天气预警与灾害风险预估并举等多样化应用服务,从全方位进行灾害解读,加深了公众对于灾害时间的科学认知。目前,国省两级气象部门基本形成了气象灾害风险预警业务能力。

2021 年,中国气象局有关业务单位和省级气象部门针对重点区域、流域能力提升和突发致灾天气监测预报预警能力提升,均制定了实施方案。为发挥引领示范作用,2021 年完成了分钟级临近降水预报在西南地区(川渝)、东北地区(辽宁)本地化部署与业务试用;牵头修订《全国七大江河流域面雨量监测和预报业务规范》,在长江、黄河和海河流域气象中心推广应用中小河流洪水气象风险预警等技术。打造海—陆"一张网",实现 0~10 天平均风和能见度海陆融合智能网格预报产品业务化。推广分钟级降水客观预报在京津冀、成渝及陕西等地业务试用。

2021年，中国气象局与自然资源部签署合作协议深化地质灾害气象风险预警，升级国家级中小河流洪水、山洪与地质灾害精细化气象灾害风险预警业务平台，开展未来5天、5千米分辨率的气象灾害风险预警。实现24小时的全国山洪、地质灾害和中小河流洪水气象风险预警产品下发至省级应用。省级基于智能网格预报建立空间精细到重点地质灾害隐患点、重点山洪沟和中小河流的预报预警业务，实现72小时、1千米分辨率的中小河流、山洪、地质灾害精细化气象灾害风险预警服务①。

行业气象灾害风险防范服务持续推进。2021年，国家级交通管理天气风险预警产品在15个省（区、市）气象部门得到应用；联合公安部开展公路交通事故会商研判，进行交通管理天气风险预警产品效果检验。为国家邮政局每日提供《全国快递行业天气服务提示》。联合高德探索气象服务产品融入公众出行地图服务。同时，开展了低温雨雪冰冻灾害对森林生态系统的影响评估及预警技术研发，引进InVEST生态系统服务价值评估模型，开展东北森林生态系统服务价值评估业务能力建设。

4.公众气象灾害风险防范意识不断强化

打造系列应急气象科普精品，提高公众灾害风险意识。2021年，针对重大灾害性天气过程，第一时间在多平台推出灾害风险原创科普作（产）品，总播放浏览量超320万次，其中动画《雷灾无常 依法防御》在新华网播放量达48.6万次。做好华西秋雨、冷冬与拉尼娜、全球变暖等重要天气气候事件的盘点、科普与解读工作，发布会视频直播平均观看量达220万次，短视频总观看量突破1亿次，单条最高观看量达967万次。抓住重大过程，架设公众理解气象的桥梁，河南巩义气象局长被洪水"冲跑"独家报道被人民日报、新华社等数十家媒体转载，全网阅读量逾10亿次；知乎平台暴雨问答，阅读量超3000万次。通过线上＋线下的方式开展"5·12防灾减灾日"全国性主题气象科普活动，相关

---

① 资料来源：中国气象局应急减灾与公共服务司。

微博、微信及新闻发布平台总浏览量突破千万。

（四）气象灾害防御机制

2021年，中国气象局组织推动了气象灾害预警联动机制建设。省级以下气象部门建立面向当地党委政府主要领导的直通式报告机制，一些省市建立健全了基于重大气象灾害高级别预警信息高风险区域、高敏感行业、高危人群的停工停业停课机制。各地均建立了预警信息接收和应急联动机制，部分省份地方政府推动建立健全气象灾害重点防御单位认定及风险防控机制。在全国推广了部分地区在极端天气监测预警服务中的创新举措和经验做法。推进了大城市气象保障服务高质量发展，进一步加强大城市气象预报预警服务工作，指导直辖市、省会城市和计划单列市等气象部门为城市安全、绿色、智能发展提供更高质量的气象保障服务。完善了基层面向社区网格员、气象信息员的气象灾害预警服务和应急联动机制。

2021年，中国气象局继续深化与城市运行管理、应急、城管、防汛、住建、能源等部门的合作，建立了以预警信号为先导的应急联动机制，强化极端天气预警和防范应对。上海、广州、深圳、南京、杭州、福州、厦门、南昌、成都、海口、大连、青岛市气象局开发了基于高分辨率智能网格的城市气象影响预报预警数字化产品和应用插件，将气象风险管理融入城市精细化管理各个环节，完善城市气象灾害综合风险隐患排查、城市气象探测环境保护、城市气象灾害监测预警、城市气象灾害预警应急联动机制建设。深圳打造了"1个市级、11个区级、N个部门"的应急管理监测预警指挥体系，构建全流程闭环工作机制。江苏省南京市气象局与市应急管理局共同研发了"金陵系统"，13类5万余条风险源数据信息为靶向预警提供有力支撑。广西壮族自治区南宁市气象局与市应急管理局、排涝公司联合开展了防内涝应急响应，与水环境综合治理工作指挥部、北排水环境发展公司等通力合作，稳步推进水环境综合治理项目。各大城市气象部门与当地各部门联动机制进一步完善，有效推动了气象灾害预警与响应一体化建设。

2021年，气象部门内部灾害预警联动机制更加完善。各级气象部门梳理了本级气象灾害预警信息发布情况,建立了针对各类用户不同级别、不同类别气象灾害预警信息差异化发布策略,避免了因预警信息"大水漫灌"而降低高级别预警信息的警示作用。优化了省、市、县三级预警信息发布流程,避免了多层级重复发布。细化了预警信息属地化发布制度,形成了县级承担本级行政区域内预警信息发布职责、市级承担未设立气象台(站)县级行政区的预警信息的发布职责、发布的预警信息精细到乡(镇、街道)机制,省级负责全省预警信息业务支撑和指导,有效解决了预警信息多级重复发布问题。

(五)气象防灾减灾效益

1. 气象灾害直接经济损失占 GDP 比总体保持较低水平

2021 年气象灾害造成的经济损失较 2020 年下降 450.66 亿元。全国共有 1.06 亿人次受灾,直接经济损失 3214.2 亿元,其中,因暴雨洪涝造成的直接经济损失 2458.9 亿元,台风造成的直接损失 152.6 亿元,大风、冰雹和雷电造成的直接经济损失 268.7 亿元,高温和干旱造成的直接经济损失 200.9 亿元,低温冷冻和雪灾造成的直接经济损失 133.1 亿元(中国气象局计划财务司,气象统计年鉴 2021)。

从多年经济损失变化趋势看,近 30 年来气象灾害造成的直接经济损失占 GDP 比重十年平均值呈现下降趋势。2021 年全国气象灾害造成的直接经济损失占 GDP 的比例(0.28%)较 2020 年(0.36%)有所下降,且相较十年平均值低 0.32 个百分点(图 2.13)。这表明,由于气象灾害防御能力不断提升,即使遭受了自 1998 年以来最严重的洪涝灾害,因气象灾害造成的直接经济损失占 GDP 比总体仍保持下降趋势。

2021 年全国 31 个省(区、市)受到不同程度的气象灾害影响。其中,气象灾害造成直接经济损失超过 200 亿元以上的有 4 个省份,分别为河南 1322.5 亿元、陕西 312.4 亿元、山西 231.0 亿元以及四川 223.2 亿元;气象灾害直接经济损失低于 10 亿元以下的有 5 个省份,分别是天津、上海、江苏、西藏和甘肃(图 2.14)。

2021 年气象服务为超过五成的公众避免或减少了一定的因灾经济损失。

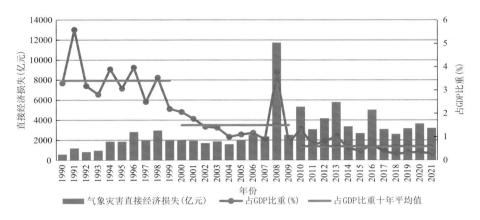

图 2.13 1990—2021 年全国气象灾害直接经济损失及占当年 GDP 比例情况

（数据来源:《气象统计年鉴》1990—2021）

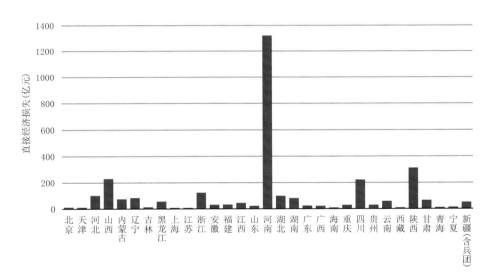

图 2.14 2021 年全国各省(区、市)气象灾害造成的直接经济损失情况

（数据来源:《气象统计年鉴 2021》）

相关调查结果显示,在过去一年中(图 2.15),60.6％的公众认为气象服务为个人及家庭避免或减少了一定的经济损失,其中,选择"1～100 元"和"101～500元"的人群比例相对较高,分别为 25.3％和 12.7％,同时,需要注意的是避免

损失在 1 万元以上的人群比例达 5.9%。经核算,气象信息在过去一年为我国城市公众挽回因灾(气象灾害)损失约 350 元/人,为农村公众挽回因灾损失约 548 元/人。利用减少损失法测算公众气象服务效益的结果显示,气象信息在过去一年为我国公众挽回的因灾损失总额约 5300 亿元。

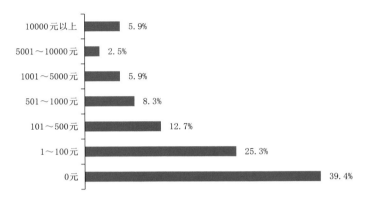

图 2.15　2021 年气象服务为公众减少损失的等级分布图(以家庭为单位)

(数据来源:《2021 年全国公众气象服务评价分析报告》)

2. 农业气象灾害防御效益明显

2021 年,全国主要气象灾害造成农作物受灾面积 1171.8 万公顷,绝收面积 163.1 万公顷,相较上年略有下降。自 2004 年以来,全国农作物受灾面积基本上呈逐年降低趋势,2021 年受灾和绝收面积仍然保持持续减少趋势,是近 18 年来最低值(图 2.16)。

从各省(区、市)农作物气象灾害受灾面积分布来看,2021 年气象灾害造成农作物受灾面超过 100 万公顷的省份只有 3 个,较上年减少 5 个,分别为河南 158.77 万公顷、内蒙古 128.12 万公顷以及山西 116.34 万公顷;农作物受灾面低于 10 万公顷的有 10 个省份,较上年增加 2 个,分别是北京、上海、天津、青海、福建、江苏、广东、海南、重庆、西藏(图 2.17)。

3. 因气象灾害死亡人口继续减少

2021 年,全国气象灾害造成的死亡人数为 737 人;受影响人口 10652.8 万人,相较上年减少 3161.4 万人(图 2.18)。从成因上分析,2021 年气象灾害造

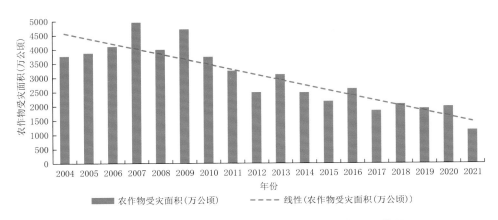

图 2.16　2004—2021 年全国农作物气象灾害受灾面积情况

（数据来源:《气象统计年鉴》2004—2021）

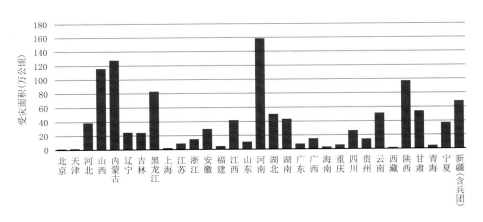

图 2.17　2021 年全国各省(区、市)农作物气象灾害受灾面积分布

（数据来源:《气象统计年鉴 2021》）

成的人口死亡(失踪),主要为暴雨洪涝及滑坡、泥石流等次生衍生灾害所导致,由此造成的死亡失踪人口占总死亡人口的 8 成以上。台风生成和登陆均偏少,灾害损失相对较轻。全国由于台风造成的死亡人口为 4 人,受灾人口约644.1 万人。

从各省份气象灾害受灾人口分布上看,2021 年气象灾害受灾人口较为严重的省份主要集中在华中区域,如河南、湖南、湖北等省份,以及山西、江西、四川、陕西和甘肃等省份;受灾人口相对较轻的地区主要集中在北京、天津、上海、江苏、福建、海南、西藏、青海、等地(图 2.19)。

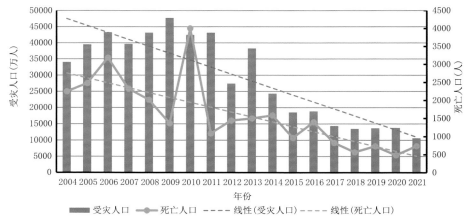

图 2.18　2004—2021 年全国气象灾害造成的受灾人口和死亡人口情况

(数据来源:《气象统计年鉴 2021》)

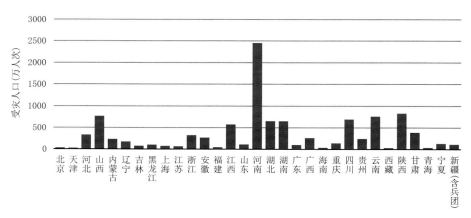

图 2.19　2021 年全国各省(区、市)因气象灾害受灾人口分布

(数据来源:《气象统计年鉴 2021》)

4. 地质灾害气象风险预警服务效益显著

2021 年,全国共发生地质灾害 4772 起,其中滑坡 2335 起、崩塌 1746 起、泥石流 374 起、地面塌陷 285 起、地裂缝 21 起、地面沉降 11 起;从灾情等级

看,特大型地质灾害 35 起,大型地质灾害 27 起,中型地质灾害 328 起,小型地质灾害 4382 起。与上年同期相比,地质灾害发生数量、造成的死亡失踪人数和直接经济损失分别减少 39.1%、34.5% 和 36.3%。地质灾害共造成 80 人死亡、11 人失踪,直接经济损失 32 亿元。与上年同期相比,地质灾害发生数量减少 39.1%;与前五年同期平均值相比,地质灾害发生数量、造成的死亡失踪人数分别减少 30.3% 和 63.2%,直接经济损失持平(自然资源部,2022a)。

2021 年,全国山洪、地质灾害风险预警命中率继续稳步提升,全年成功预报地质灾害 905 起,涉及避免可能伤亡人员 25528 人,避免直接经济损失 13.5 亿元(自然资源部,2022a)。

三、评价与展望

2021 年,郑州"7·20"特大暴雨灾害事件再次给全社会敲响了警钟,大城市气象灾害防御还存在突发气象灾害预警和响应联动机制短板、社会面对灾害风险应急知识严重不足和自防自救能力弱、重特大灾害性天气预报量级定时定位还不够精准精细等诸多问题。因此,需要继续细化修订应急预案,落实预警响应联动机制。

一是大力提高领导干部风险意识和应急处突能力。推动各级领导干部树牢人民至上、生命至上理念,统筹好发展和安全两件大事,增强风险意识和底线思维,提高防灾减灾救灾和防范化解风险挑战的能力和水平,有效降低和避免各类灾害风险,切实把确保人民生命安全放在第一位落到实处。

二是健全完善应急综合组织和专业机构无缝相融机制。各地应建立健全统一权威高效的应急指挥机构,发挥好应急部门的综合优势和各相关部门的专业优势,建强指挥班子,完善制度机制,强化专业机构支撑,实现"化学反应"。

三是落实健全预警与响应联动一体化机制。加强预案内容审核和预案衔接把关。指导督促基层制订与上位法有机对接的法规、规章和操作性规范。建立健全极端天气和重大风险研判机制,量化预警和应急响应启动标准,落实预报预警信息发布规范,建立健全预警与应急响应联动机制,按规定及时采取"三停"(停止集会、停课、停业)强制措施。

四是整体提升城市防灾减灾水平。把极端天气应对、自然灾害防治融入城市发展有关重大规划、重大工程,完善防洪排涝标准和基础性公共服务设施的抗灾设防标准。各城市特别是超大城市、特大城市应深入开展自然灾害综合风险普查,将重大风险隐患整治列入规划,切实强化重大生命线工程安全保障。

五是广泛增强全社会风险意识和自救互救能力。在全社会广泛开展防灾减灾救灾宣传教育,把防灾和安全教育从基础教育抓起,在国民教育体系中突出相关内容,推动防灾减灾救灾知识进教材、进校园、进社区、进职业培训,切实增强群众防范风险的警觉性。

第三章　气象保障生产生活[*]

　　2021 年,面对极端天气多、重大活动多、疫情波动频等特殊形势,全国气象系统坚持公共气象发展方向,坚持气象服务国家服务人民,全方位服务保障经济社会高质量发展,服务人民群众生产生活,圆满完成庆祝建党百年等国家重大活动和重大工程气象保障,气象服务取得显著成效,气象服务公众满意度再创历史新高。

一、2021 年气象保障生产生活概述

　　气象服务高质量发展蓝图绘就。2021 年,是进入“十四五”气象发展的起点年,中国气象局围绕气象服务高质量发展,加强统筹谋划,充分发挥规划引领作用,绘就了气象服务发展蓝图。组织编制并启动实施《“十四五”公共气象服务发展规划》《“十四五”生态气象服务保障规划》《“十四五”全国人工影响天气发展规划》,联合公安部、交通运输部、国家铁路局和国家邮政局五部门发布实施《“十四五”交通气象保障规划》。全国气象部门联合地方政府积极推动粤港澳大湾区、长三角、雄安新区区域气象规划实施,编制了《“十四五”黄河流域生态保护和高质量发展气象保障规划》,制定实施了《黄河流域生态保护和高质量发展气象保障工作方案(2021—2025 年)》《长江三角洲区域一体化发展气象保障行动方案》等气象服务高质量发展规划。

------

　　[*]　主要执笔人员:于丹　谭娟　陈飘

　　气象保障生产发展取得重大成效。2021年,全国气象部门统筹做好疫情防控和经济社会发展气象服务保障,推进了"气象＋"融入式发展,为25个部门制定"一部一策"气象服务台账。深入贯彻落实中央一号文件精神,组织做好春耕春播、夏收夏种等关键农时气象服务,为全国粮食增产丰收提供有力保障,全年粮食产量预报准确率达99.7％。强化了能源保供气象保障服务,加强了能源领域寒潮、暴雪、冻雨等气象灾害预警服务,21个省(区、市)气象局与能源监管部门建立常态化会商机制和应急联动机制。持续推进了交通、海洋、生态、环境等重点领域气象服务。人工影响天气作业影响面积达到500.2万千米^2,比上年提升12.9％。36个大城市实施了城市气象服务保障质量和水平提升行动,圆满完成庆祝建党百年系列活动、十四运会、冬奥测试赛等重大活动气象保障任务。川藏铁路建设、南水北调后续工程、国产大飞机试飞等重大工程气象保障取得新成效。

　　气象保障生活富裕呈现多元发展。2021年,围绕人民美好生活需求不断推进公众气象服务产品多元化、智能化,研发推出了覆盖老百姓衣、食、住、行、游、学、康等多元化需求的气象服务产品,探索开展了基于场景、定制式、个性化的气象服务,实现个性化气象服务在线互动和预警预报信息精准实时按需推送,提升了公众气象服务质量。全年累计服务公众2000亿次以上,气象媒体服务用户数量较上年增加16％,气象科学知识普及率达到80.8％,公众气象服务满意度达到新高,公众对气象服务的准确性、便捷性、实用性评价保持上升。

二、2021年气象保障生产生活主要进展

(一)气象保障生产发展

　　2021年,面向生产发展,面向国民经济重点行业生产的需要,全国气象系统动态跟踪了解疫情防控工作需求,继续深化与国家相关部门的合作,不断优化调整服务方式、服务内容,提高服务针对性,着力推动面向行业的气象服务

集约化和规模化发展,努力提升气象保障生产发展的质量和效益。

1. 为农气象服务

强化国家粮食安全战略气象保障。2021 年,为确保国家粮食生产,中国气象局与农业农村部在春耕春播关键期,针对病虫害精准防治需求,联合发布《冬小麦赤霉病防治气象条件预报》,精准提示重点区域紧抓晴好天气窗口施药;于夏收夏种时,为 150 万农机手及农机作业管理员无偿提供气象服务,抢抓有利天气时机收晒夏粮作物;在秋收秋种期间,面对异常天气气候的不利影响,及时开展联合会商、应急联动,绸缪于灾害性天气来临前,指导受灾农户科学补种恢复生产。中国气象局启动种业气象服务试点,组织福建、湖南、海南、四川、新疆、甘肃等省(区、市)气象局和国家气象中心开展了试点工作,深挖种业气象服务需求,基本建立玉米、水稻种子气象服务指标,初步形成服务保障能力,为国家种子产业发展提供科技支撑。多省份气象部门联合农业农村厅、各大高校科研院所专家实地调查,充分发挥气象预警"消息树"作用,助力夏粮连续成功度过病虫害、抗倒伏等多个关口,共同研判晚播小麦播期、播量、播种密度等,为粮食安全生产出谋划策。

农业气象服务多渠道提供。2021 年,中国气象局联合农业农村部打造中国气象农业频道,提供气象农业信息一站式服务。通过重大信息专报、两办刊物信息等方式,及时向党中央、国务院和有关部门报送专题决策材料 30 余期。河南、山东、山西、陕西、河北 5 省气象局首次为政府决策部门提供了冬小麦最迟播期预报及冬前苗情预报,为完成冬小麦播种任务提供科技支撑。各地气象部门通过农业农村频道、微信公众号、APP 等媒体,持续推进气象服务直达田间地头。

农业气象服务科技支撑持续增强。2021 年,气象部门不断提升作物产量预报和客观评价技术水平,实现了 42 项 5 千米农业气象格点产品业务化应用;向相关部门发布夏粮、秋粮和全年粮食产量预报,冬小麦单产、总产预报准确率均为 99.8%,早稻单产、总产预报准确率均为 99.7%。各地气象部门制作精细化到县级作物收播适宜度的预报产品,其中河南利用多源数据融合技术,开展全省机耕机播适宜面积监测;辽宁研发精细到县的霜冻风险分布预报产品；山西尝试利用高分三号卫星开展农田淹没分析等。

特色农业气象服务深入推进。秉承"中国特色农产品优势区建到哪里，特色农业气象服务就跟到哪里"的思路，2021 年对农业农村和气象两部门已建立的甘蔗、茶叶、马铃薯、枸杞等 15 家遍及全国的特色农业气象服务中心，进一步提升了特色业务和服务能力。不断深挖产业转型发展需求，激活当地气候资源禀赋，以分品种、分区域的方式，对特色农产品开展集约化、标准化、品牌化的精细气象服务，深度融入农业农村现代化建设进程，服务农业稳产增产、农民稳步增收。2021 年，中国气象局推进种业气象服务试点工作，国省联动，形成重要农产品、设施农业等特色农业业务服务体系，在寒潮对设施农业影响、枸杞成熟期高温预报等服务上取得显著成效。其中湖南气象部门持续多年开展"两系法超级杂交稻关键气象技术问题研究及应用"，形成了省级指导、分中心制作、县级应用与服务、基地观测与反馈的气象为农服务业务体系。河南气象部门结合地域旅游资源特色，聚焦信阳茶叶、宁陵酥梨、灵宝苹果、兰考蜜瓜、柘城辣椒等特色产业发展，积极开展精细化气候服务，助力乡村旅游高质量发展。宁夏气象部门发挥全国枸杞气象服务中心作用，面向全国枸杞种植区开展服务，制作发布专题服务材料 15 期，在 CCTV-17 频道播出 2 期。

2. 交通气象服务

气象部门立足交通强国建设服务保障需求，大力发展与之相匹配的现代交通气象服务体系。2021 年，在全国交通气象服务已经实现常态化和专业化基础上，中国气象局与公安部、交通运输部、国家铁路局和国家邮政局联合印发《"十四五"交通气象保障规划》，聚焦公路、铁路、内河水运、海上交通、多式联运五大重点方向，拟构建综合交通气象服务新格局。

2021 年，中国气象局与公安、交通部门联合开展"一路三方"交通应急联动处置试点工作，与公安部联合打造江苏徐州恶劣天气交通气象预警处置样板。公安、交通、气象三部门联合印发《关于开展省级恶劣天气高影响路段优化提升工作督办的通知》，推广交通气象试点成果。推进中欧班列气象服务联盟机制建设。浙江省气象部门建立中欧班列商贸物流气象服务联合体。国家级交通管理天气风险预警产品在 15 个省（区、市）气象部门得到应用；联合公安部开展公路交通事故会商研判，进行交通管理天气风险预警产品效果检验。为国家邮政局每日提供《全国快递行业天气服务提示》。联合高德公司探索气象服务产品融入公众出行地图服务。

2021 年 1 月，国省市三级气象部门携手服务 C919 大型客机高寒专项试验试飞，锁定内蒙古自治区呼伦贝尔市－35℃以下极寒气象条件窗口期，保障试飞圆满完成任务。3 月，天津海洋气象监测预报预警服务系统全面上线运行，海洋气象观测体系、装备保障体系、预报预警服务体系在环渤海重点区域实现全覆盖。11 月，由国家气象中心研发的全球气象导航系统，通过选出最佳航行路径，保障满载 5 万吨镍矿的"海洋之化"轮避开南海水域强烈横风影响，安全抵港。该系统集航运定制、航线规划、航行跟踪气象导航于一体，为货轮全球航行提供全方位海上安全气象服务保障。全球外贸重要枢纽之一的宁波舟山港，在强海雾天气中，依托精准气象预报，海事、港口高效联动，"抢"出 3 小时作业时间，有序疏导 50 多艘货船通行、集装箱货轮进港。

3. 能源气象服务

2021 年，面对复杂的能源形势和较大能源保供压力，中国气象局积极推进能源保供气象服务，与国家能源局签署战略合作框架协议，聚焦能源保供和绿色发展气象保障能力提升，绘就"气象＋能源"行动蓝图。中国气象局锚定碳达峰碳中和目标，深挖气象信息在可再生能源科学高效开发利用、能源生产和供应领域的应用潜能，主动融入清洁低碳、安全高效的现代能源体系的构建。

与能源部门建立常态化合作联动机制。根据能源保供需求，提供针对性的气象服务，气象服务产品已经成为能源调配决策的重要依据，部分已融入能源生产调度系统并成为生产要素之一。北京气象部门提供分区 10 天逐 15 分钟精细化预报服务，助力燃气集团天然气用量预测偏差由 8 亿米³ 减少至 1.5 亿米³。重庆、湖北等省份气象部门搭建耦合温度、湿度、风速等气象要素的逐时、逐日电力负荷预测模型，能源部门根据天气灵活调整能源供应，平稳度过冬夏用电高峰成为常态。

服务绿色发展、能源转型。中国气象局风能太阳能中心完成全国风能、太阳能资源开发潜力评估,研发精细化风能太阳能预报技术。华风气象传媒集团有限责任公司研发能源气象服务平台,针对能源企业特定气象服务场景,提供专业化、定制式气象保障。全国首家气象能源中心——湖北省气象能源中心研发的风电、光伏发电功率预测系统不仅在湖北落地,还先后在甘肃、新疆等 10 余省(区)80 余家新能源场站的业务中采用运行。

强化能源气象服务科技创新和队伍建设。河南省气象局与河南省电科院联合开展面向电网设备的精细化气象服务,建立气象信息与电网设备和运检班组的关联管理,实现网格化输电线路防护气象风险管理。据电科院统计,自应用以来,河南电网因气象原因故障率平均降低 10％左右,抢修业务平均用时降低 46％。天津市气象局积极对接港口单位为 LNG 船舶安全靠港提供气象保障服务,全力保障京津地区能源供应。海南等省气象部门为核电厂建设提供气象预报预警服务。山东省气象局积极服务本省能源"四增两减一提升"工程,开展保发电、保输电、保配电、保检修、保燃料运输、保绿色发电的"六保"能源气象服务,为能源生产、调运和使用提供全方位的气象保障。

4. 海洋气象服务

远洋导航气象预报服务能力持续提升。2021 年,中国远洋气象导航服务联盟对建设远洋导航服务数据产品共享平台规划设计进行了研讨,联盟成员单位将与相关高校和科研院所建立战略合作关系,研究联合建设远洋导航技术研发联合实验室等。上海市气象局与中远海运科技签署了交通领域数字化服务合作框架协议,双方将在共建航运＋气象平台、海洋气象及船载气象数据共享、智能船服务技术和自主知识产权远洋导航技术等关键领域和"卡脖子"技术上深度合作。成立联合实验室,实现远洋导航大数据应用及共享。

海洋安全气象保障能力建设不断强化。2021 年,国家级气象业务单位完成了全球台风监测预报报文实时接入台风海洋一体化业务平台。目前,以台风海洋一体化业务平台为基础,以海洋气象观测、卫星遥感产品等数据为基础,以高分辨率海洋和大气的精细化预报产品为核心,以资料融合分析技术、数值模式评估技术和解释应用技术等为支撑,建立适用于单点、静态海区、动态海区和应急搜救海区的海洋气象要素客观预报方法,实现上述四类气象保障服务产品的快速制作和安全传输。山东省气象局建成海上搜救气象服务平台,实现基于自定义搜救点和网格预报的预报阈值报警等功能,该平台为2021年多起海上搜救和打捞工作提供了强有力的技术支撑。同时,各沿海省份在推动海洋气象服务信息、发布手段和服务对象的统一管理方面取得很大进展。

5. 保险气象服务

"气象+保险"服务进展显著。随着天气保险的受益人群越来越多,2021年,各级气象部门积极探索与保险部门的合作新模式。针对保险的核验和理赔工作,江苏气象和保险部门利用大数据、云计算、移动物联等科技手段,通过研发巨灾指数保险模型、开发手机端应用、电子政务服务系统、微信公众号服务功能等手段,实现遇巨灾时救灾资金 1 日到位,理赔时避免群众为开具气象证明"两头跑",建立了农业农村大数据工程,促进保险赔付更加高效便捷。浙江省于 2019 年建立气象资料查询服务系统,百姓办理气象灾害类保险理赔很方便,可直接由各保险公司查询气象资料并做出相应理赔。截至 2021 年,仅杭州市查询的气象证明数据达 7762 件,其中保险 7290 件,占比 93.9%。广东省气象局联合农业、保险等部门,借鉴广东省台风强降雨巨灾指数保险的成功经验和技术成果,针对农田水利、大棚设施、畜禽设施和渔业设施等承灾体构建了气象巨灾(台风、暴雨)指数保险模型。为农业设施巨灾指数保险技术方案编制提供了技术支撑,在 2021 年台风"查帕卡""卢碧"农业保险中,实现了农业设施保险从现场定损到阈值触发、指数定级的转变,救灾资金 1 日内快速到位,有力支撑了救灾复产。广东江门生蚝养殖、湛江海水网箱养殖风灾指数保险落地,山东威海推出牡蛎养殖、烟台推出扇贝养殖风灾指数保险。其他省份均结合当地实际开展了"气象+保险"服务的探索或试验。

6. 面向特定生产领域的气象保障

(1)民航气象服务。2021 年,共发布机场例行天气报告 520477 份、特殊天气报告 12653 份、9 小时机场预报 29939 份、24 小时机场预报 67967 份、重要天气预告图 25364 份、高空风温预告图 262743 份、AWOS 数据 37316492 份、天气雷达图 3164074 份、区域预警 1273 份、机场警报 12286 份、终端区预警 7824 份。全年民航气象服务进展主要有:

一是大数据业务与服务平台进一步升级。通过升级面向安全和效率的服务平台向民航气象服务机构提供连续性水平和垂直观测数据、区域观测数据、低空气象信息、数值预报模式产品和气象预报产品等,为民航气象服务机构特别是中小机场气象台提升气象服务质量、提升服务效率提供了保证。

二是民航气象中心业务系统全面升级。建成并启用新址,在智能计算方面,达成信息化转型、开启数字化转型;在精准预报方面,基于高性能计算平台实现定量化、数字化的 240 小时全球中期、72 小时亚洲区域、12 小时中国区域快速循环同化的数值天气模式预报和覆盖亚洲区域的 72 小时集合预报;在智慧服务方面,建立了四维数据集,并按照 SWIM 实施框架构建飞行气象情报的可视化数据服务和可视化基础气象预警预报服务产品。

三是民航气象计量体系建设获得实质突破。建立了民航气象计量支持机构,建设了民航气象计量校准平台并通过 CNAS 认证。民航气象计量体系建设填补了我国民航气象领域计量能力的空白,切实为提升民航气象基础数据质量、优化民航气象服务夯实了基础。

四是国际合作能力进一步提升。民航局与中国气象局共建的中俄联合体全球空间天气中心正式投入运行,为全球范围的用户提供空间天气情报咨询服务。亚洲航空气象中心持续开展运行。加快推动亚洲危险天气咨询中心工程二期建设,提升亚洲区域危险天气咨询能力。顺利完成斯里兰卡和柬埔寨雷电预警预报系统国际援助项目。

(2)森工气象服务。2021 年,森工气象坚持为林区生产生活服务(防火防汛服务、营林生产服务、多种经营服务)的宗旨,进一步提高预报准确率,提供多元化气象服务。春秋两季为防火部门提供全年防火趋势预报、火险预报,基本实现了"预报为主、积极消灭"。夏季汛期,为防汛指挥部门提供每日、每旬天气预报,为防汛工作的顺利开展提供了可靠的气象服务。为造林提供造林黄金期气象服务,使造林生产真正能够做到顶浆造林,确保了造林成活率。为苗圃提供了最佳播种期预报,夏季防日灼灾害预报,春秋两季早霜、晚霜预报,全力为培育优质壮苗保驾护航。2021 年,重点培养了气象技术人员手动观测能力,以有效应对自动站断电、雷击等突发事件,确保气象数据不断档。

(3)农垦气象服务。截至 2021 年底,已建成 C 波段新一代天气雷达 2 部、X 波段多普勒天气雷达 10 部;建成风云三号、风云四号遥感卫星接收系统各一套,极轨气象卫星云图接收系统 6 套,新型静止气象卫星云图接收系统 10 套,实现了对大、中、小不同天气尺度天气系统的有效监测;建成自动气象站 92 个,全面完成了新型自动站建设,并对原有自动气象站进行了升级改造,实现了新、老自动气象站互为备份运行,建成自动雨量监测站 460 个,基本实现地面探测自动化;人工影响天气作业体系进一步健全,拥有作业高炮 339 门,火箭发射器 228 部,辐射垦区 85 个农场的 3000 余万亩耕地,形成了比较完备的气象灾害防御网。

2021 年,在整个生产阶段,密切关注天气变化,完成雨量、温度数据采集,并对天气变化趋势做出分析预测,为农业生产决策指挥提供了气象依据。针对夏季局部干旱和渍涝灾害以及秋季早雪,垦区气象台站 24 小时值班值守,为农业防灾减灾提供了气象支撑。积极推进信息共享,垦区各气象台站数据上传率稳步提升,平均上传率达到 90% 左右;黑龙江省气象部门向垦区气象台站开放信息资源,提升预测预报水平,通过可视化会商系统实现与省、市气象台的预报会商,使垦区天气预报准确度进一步提高。

7. 行业气象服务效益

中短期天气预报对于农业、供水、能源、交通、建筑和旅游业至关重要。根据世界银行 2021 年初的保守估计,天气预报服务每年可能产生价值 1620 亿美元的全球效益(表 3.1)。

近年来,有关方面多次开展了对我国行业气象服务效益评估工作。从评估分析,气象对行业经济的贡献率最高达到 4.31%,最低为 0.22%,平均为 1.62%。2010—2019 年针对高速公路、电力、旅游、公路交通、风电等重点行业开展的气象服务效益评估结果见表 3.2。

表 3.1　天气预报年均全球社会经济效益的最低估值(单位:亿美元)

部门	年均全球社会经济效益的最低估值
灾害管理	660
农业	330
供水	50
能源	290
交通	280
建筑	10
合计	1620

数据来源:世界银行《地基气象观测数据的价值》报告中"天气预报的价值"内容。

表 3.2　我国近年开展的部分行业气象效益评估结果

行业	评估年份	贡献率(%)	效益(亿元)
电力	2010	0.22	73.56
公路交通	2011	1.09	61.00
	2018—2019	1.87	308.00
风电	2011	1.85	8.85
	2018—2019	1.39	56.39(亿千瓦时)
旅游	2010	0.59	74.34
	2018—2019	4.31	2467.51

数据来源:中国气象局应急减灾与公共服务司,2020 全国行业气象服务效益评估年度报告。

8. 重大工程、重大活动气象保障

2021 年,全国气象系统主动服务,全方位做好庆祝建党百年系列活动、十四运会、冬奥测试赛、川藏铁路建设、南水北调后续工程、国产大飞机试飞等重大活动和重大工程气象服务保障,为各类重大活动成功举办和重大工程建设顺利实施提供了有力支撑。

中国共产党成立 100 周年庆祝活动气象保障

庆祝建党百年是我们党和国家政治生活当中的一件大事。中国气象局提高政治站位,压实政治责任,超前谋划部署,组建了最强阵容的预报服务工作专班,聚部门之力,精准预报了庆祝大会、

文艺活动、授勋仪式等关键时间节点复杂天气情况,为党中央作出重大决策提供了科学依据。

为庆祝活动筹备提供全过程气象保障服务。提前10个月开始,聚焦目标区域、关键时间节点,围绕降雨、高温、大风、雷暴、雾霾等高影响天气,利用历史气象资料,进行精细到逐小时的气候背景和风险分析,滚动为庆祝活动领导小组提供历史同期不利气象条件出现概率及可能出现极端天气的风险,为各活动指挥部强化底线思维和风险意识,制定防范应对不利天气的工作措施和应急预案提供有力支撑。累计向庆祝活动领导小组及各指挥部提供气候分析和预测材料39期,为活动的筹备提供了有力支撑。

超常规开展人工消雨天气作业。气象部门组织北京、天津、河北、山西、内蒙古、辽宁等6省(区、市)人工影响天气作业人员、地面作业点、高射炮、火箭、飞机投入此次人工消减雨作业。庆祝活动保障期间投入空中地面力量之多、作业量之大均创历史之最。

第四届中国国际进口博览会气象保障①

2021年11月5—10日,第四届中国国际进口博览会(以下简称进博会)在上海召开。上海市气象局全力以赴完成第四届进博会气象保障工作。

聚焦大城市服务的“级联效应”,着眼“小”天气,针对活动流程开展定时定点的精细化气象服务。进博会期间,针对进博会餐饮保障组每天的食材配送,提供逐小时预报服务和专项服务,特别是面对11月5日的阴雨天气和11月7—8日的寒潮过程,为餐饮物流过程中的“食材保温”提供了量化的气象服务支撑,餐饮保障组盛赞气象部门提供了“有温度”的气象服务。针对进博会期间的室

---

① 资料来源:上海市气象局。

外活动安排,提前 5 天给出"11 月 6 日是降雨间歇,可开展户外活动的结论",为相关保障部门开展室外活动和展区货物装卸提供了精准的预报支撑。

聚焦关键时段、重点区域,开展精细化、滚动式气象服务。从长期的气候预测和风险分析到延伸期预报再到 10 天天气预报,临近提供 3 天预报,逐小时预报等,适时增加服务频次,形成链条式气象服务模式。9 月报送了进博会期间气候预测,自 10 月 23 日起,每天向市委市政府和市级层面保障组报送进博会气象服务专报,累计 50 期,为进博会组织工作提供决策支持。智慧气象保障城市精细化管理先知系统接入进博会现场指挥部、安保指挥部以及进博会城市运行保障相关指挥平台,实时提供精细化气象服务;通过数字化的"气象插件",公安、水务、住建、应急、文旅等各部门指挥平台可以一键查询进博会重点场景的气象信息。上海知天气 APP 进博版,为参展方、媒体、公众等提供中英文气象服务。

每日与生态环境部门开展两次会商,持续关注空气污染情况,联合辽宁、安徽、甘肃等省气象局和市生态环境局开展人工增雨改善空气质量工作,作业飞机累计出动 22 架次,飞行时长 65 小时 46 分钟,播撒液氮 579 升,使用冷云焰条 210 根。作业区出现明显降雨,位于作业区和扩散区范围内的镇江、扬州等城市 $PM_{2.5}$ 浓度下降了 7～10 微克/米^3,下降幅度 40%～60%,飞机增雨作业有效降低了上游污染气团的强度,减轻了污染输送对本市空气质量的不利影响。

(二)气象保障生活富裕

2021 年,气象服务围绕人民群众衣食住行娱购游等多元化的生活需求,大力发展智慧气象服务,进一步提升了公众对气象服务的获得感和满意度。

1. 城市气象保障能力不断提升

2021 年,中国气象局组织编制了《中国气象局推进大城市气象保障服务高质量发展的指导意见》,旨在为城市发展和市民生活提供更高质量气象保障。各级气象部门积极争取地方党委政府支持,杭州、昆明、南京、海口、武汉 5 个城市以市政府名义印发大城市气象保障服务实施方案。

各级气象部门积极提升城市气象保障能力。上海、广州、深圳、南京、杭州、福州、厦门、南昌、成都、海口、大连、青岛市气象局开发基于高分辨率智能网格的城市气象影响预报预警数字化产品和应用插件,将气象风险管理融入城市精细化管理各个环节。深圳建成多功能智能杆气象站 100 个,新(改)建100 米以上高层楼宇气象站,加密高层楼宇气象监测。天津建立了地铁站口、商圈、学校等人员密集场所全覆盖的雨量监测站网。深圳市气象局创建了"31631"递进式预警服务模式。宁波市气象局建立"影响提示、警戒提醒、精细预警、分级叫应、实况通报"的五段式"梯次化"预报预警服务业务。北京市气象局为城管委和企业提供分区 15 天逐日、10 天逐 15 分钟精细预报;为电力部门提供输电线路 500 米分辨率、15 分钟更新的精细化预报预警,使电力故障风险应急处置时间缩减 90 分钟。上海市气象局与卫健部门联合研发基于天气气候的慢性病和传染病预警预报产品,融入市民健康防范应对工作体系,有效降低了感冒、哮喘、慢阻肺患者的发病率。广州市气象局与旅游景区合作开展大型游乐设施等气象高敏感游乐项目风险预警服务。

2. 公众气象服务满意度再创新高

国家统计局调查结果显示,2021 年公众气象服务满意度达到 92.8 分,创历年新高。城市气象服务公众满意度为 92.9 分,农村气象服务公众满意度为92.7 分(表 3.3)。

从图 3.1 可以看出,公众气象服务满意度连续 8 年保持增长趋势。自2010 年以来,2021 年全国公众气象服务满意度相较提高 9.3 分,年均增长0.85 分;城市满意度提升了 10.6 分,农村满意度提升了 8.1 分,年均分别增长约 0.96 分、0.74 分。从 5 年增长分析,2021 年全国公众气象服务满意度比2016 年提高 5.1 分,年均增长约 1.0 分;城市满意度提升了 6.2 分,农村满意度提升了 3.8 分,年均分别增长 1.2 分、0.8 分。

表 3.3　2010—2021 年公众气象服务满意度评估结果(单位:分)

年份	全国满意度	城市公众满意度	农村公众满意度	农村与城市差距
2010	83.5	82.3	84.6	2.3
2011	85.7	83.9	87.3	3.4
2012	86.2	84.5	87.8	3.3
2013	86.3	84.7	88.2	3.5
2014	85.8	84.8	87.0	2.2
2015	87.3	86.3	88.4	2.1
2016	87.7	86.7	88.9	2.2
2017	89.1	88.5	89.9	1.4
2018	90.8	90.4	91.4	1
2019	91.9	91.8	92.1	0.3
2020	92.7	92.9	92.4	—0.5
2021	92.8	92.9	92.7	—0.2
平均	88.3	87.5	89.2	2.2

数据来源:中国气象局公共气象服务中心。

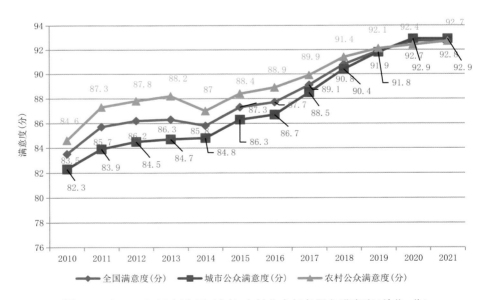

图 3.1　2010—2021 年全国、城市、农村公众气象服务满意度(单位:分)

(数据来源:中国气象局公共气象服务中心)

分析表明,2017—2021 年,全国公众气象服务满意度平均分达 91.5 分,较上个五年平均分(86.7 分)提升 4.8 分。这在一定程度上表明,全国气象系统坚持公共气象发展方向,瞄准公众需求,创新服务方式,提升气象服务有效供给的发展思路取得了明显效果,获得了公众的持续认可。同时,上述数据还表明,公众气象服务满意度的增长幅度有收窄趋势,从 2011—2021 年年均满意度提升率为 0.97%,最高的 2011 年达到 2.63%,最低的 2014 年为负增长,增长总体呈收窄趋势(图 3.2),这在一定程度上说明未来服务满意度的提升将增加难度。

图 3.2　2010—2021 年全国公众气象服务满意度增长率(%)

3. 公众对气象服务“四性”评价有新变化

公众对气象服务的“四性”评价,即公众对天气预报的准确性、气象信息的实用性、预警发布的及时性和气象信息接收的便捷性评价,是衡量气象服务人民生活成效的重要标准。2021 年,全国公众对气象服务的便捷性、实用性和准确性均较上年略有提升,分别为 96.3 分、94.5 分、84.2 分。及时性评价与上年持平,仍为 91.1 分(图 3.3)。

自 2011 年以来,公众对天气预报的准确性、气象信息的实用性评价呈波动上升趋势,公众对及时性的评价基本呈现平稳上升趋势,对气象信息接收的便捷性评价一直呈现上升趋势;2017—2021 年,准确性、实用性、及时性和便捷性评价分别平均为 83.3 分、93.9 分、91.0 分、95.8 分,分别较上个五年平均提高 3.8 分、2.1 分、3.1 分、4.3 分(图 3.4—图 3.7)。其中准确性、实用性的提

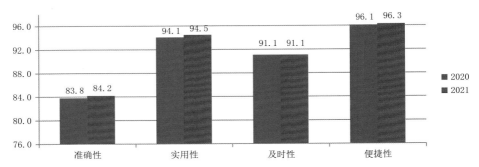

图 3.3　2020—2021 年公众气象服务分项评价结果对比图(单位:分)

(数据来源:中国气象局公共气象服务中心)

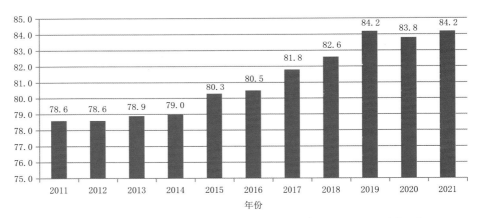

图 3.4　2011—2021 年公众对天气预报准确性的评价的对比图(单位:分)

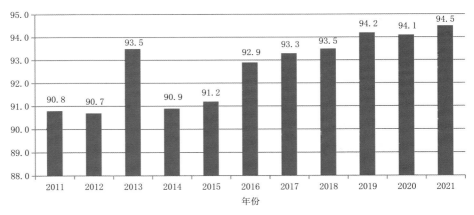

图 3.5　2011—2021 年公众对信息内容的实用性评价的对比图(单位:分)

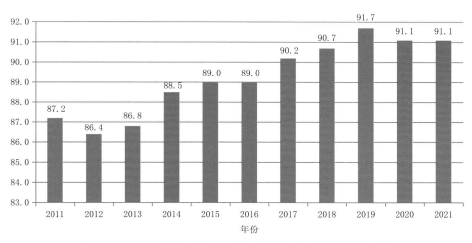

图 3.6 2011—2021年公众对及时性评价的对比图(单位:分)

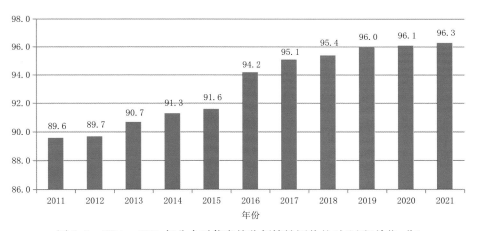

图 3.7 2011—2021年公众对信息接收便捷性评价的对比图(单位:分)

升直接涉及科学技术基础问题,提升的难度很大,继续提升更有难度;及时性和便捷性,由于基础分已经很高,增加了提升难度,同时随着智慧气象服务的发展,尤其是天气类APP的普及基本实现了对公众的零距离服务,因此气象服务的及时性和便捷性的提升空间十分有限。

4.气象科学知识普及率持续提升

气象宣传科普工作始终坚持正确的政治方向和舆论导向,围绕中心、服务大局,为气象事业高质量发展提供了有力支持。2021年,基本建成以16家国家气象科普基地、402 家全国气象科普教育基地为引领的气象科普基地体系，建成全国气象科普公园 3 家、气象科普示范校园 1 家、气象特色教育学校 16 家。

2017 年以来，全国气象科学知识普及率呈持续上升趋势(图 3.8)。2021 年，气象科学知识普及率为 80.8％，较 2014 年提高近 10.3 个百分点，年均提升率达到 2.0 个百分点，其中增长最高的 2016 年达到 7.73 个百分点，2017 年出现正常波动，2018 年增长回升，但增长总体呈收窄趋势(图 3.9)，说明继续提升气象科学普及率难度较大。

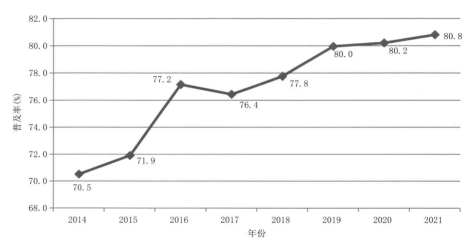

图 3.8　2014—2021 年全国气象知识普及率(单位：％)

(数据来源：中国气象局办公室)

科学规范应急气象宣传科普管理。2021 年，梳理各类气象灾害相关科普资源，形成国省共享资源清单。针对重大灾害性天气过程，第一时间在多平台推出原创科普作(产)品，总播放浏览量超 320 万。有效拓展"气象科普＋普法"新业务，参与编制《法制宣传教育 2021—2025 年规划》，制作推出多种普法动画、课件、短视频，其中动画《雷灾无常 依法防御》在新华网播放量达 48.6 万次。主动开展基层需求调研，与青海省气象局联手策划制作 4 部藏汉双语科普视频加强少数民族地区防灾减灾科普宣传。

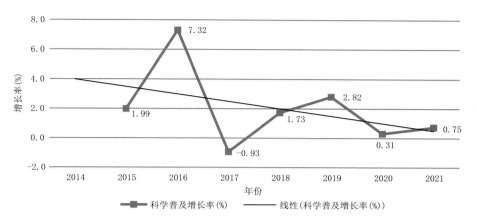

图 3.9　2014—2021 年全国气象科学普及率增长趋势

聚焦重要天气过程做好舆论引导。加强部门内外联合联动,与中央主流媒体深化合作,及时推出权威解读,滚动发布各类气象信息,有力有效回应公众关切。《人民日报》《光明日报》《经济日报》《中国日报》等中央主流媒体围绕防灾减灾、生态文明、应对气候变化、风云卫星、冬奥会气象工作等重点内容策划整版报道 10 个;中央电视台《新闻联播》播出气象新闻 100 余条,新闻频道首播气象新闻 480 余条,《焦点访谈》《新闻 1+1》《新闻周刊》《开讲啦》等央视重点栏目播出气象专题或采访报道 10 期。联合《人民日报》党史学习教育官网等刊发中国气象局党组和主要负责人署名文章 6 篇。为做好第十四届全国运动会气象保障服务宣传报道,联合陕西省气象局统筹媒体资源和新闻素材资源,人民日报客户端刊发报道并在线下约 1.6 万块数字展示屏力推,各媒体报道总量达 3800 余篇。

利用多种形式、多种平台、多种渠道开展气象科普活动。2021 年暑假期间,中国气象局、教育部、共青团中央、中国科学技术协会联合组织有关高校联合开展"气象防灾减灾宣传志愿者中国行"大型科普活动①。利用"中国航天日",全国气象系统各单位结合各自实际,联系当地国防科技工业主管部门,围

① 资料来源:中国气象局办公室。

绕风云气象卫星及其应用成果在促进气象业务科技发展、筑牢气象防灾减灾第一道防线的重要作用，以及对经济社会发展、生态文明建设和百姓生活中的贡献，利用多种形式、多种平台、多种渠道组织开展"中国航天日"活动。2021年，中国气象局会同科学技术部、中国科学技术协会、湖北省人民政府共同举办气象科技活动周，充分展示气象科技发展的最新成果和气象服务保障经济社会发展的重要贡献让气象科技创新成果更广泛地惠及人民群众、服务各行各业。在全国科技活动周期间，举办了2021年全国气象科普讲解大赛，大赛以"科技强国 气象万千"为主题，通过大赛回望中国共产党领导气象科技发展历程，宣传普及气象科学知识，倡导科学方法，传播科学思想，弘扬科学精神，提高气象科普讲解水平，提升气象科学传播能力，增强公众气象科学素质，让气象科技发展成果更多更广泛地惠及全体人民。

2021年相关调查数据显示，我国气象科学普及效果显著。公众对气象服务信息表示"理解"和"比较理解"的比例达到87.6%，"不太理解"或"不理解"的比例不足3.0%。社会公众的气象科普需求持续高涨，74.1%的公众希望获取天气气候知识，64.7%的公众希望获取防灾减灾救灾知识，78.5%的公众希望通过科普网站和新媒体普及气象知识。因此，创新气象科学普及方式，继续做好气象科学普及工作仍然是各级气象部门的重要气象服务内容。

5. 公众气象服务经济效益[①]

针对公众气象服务的经济效益，通过采用通用的支付意愿法等方法进行了调查。公众天气预报是不收费的，假设气象部门根据公众的需求为其提供全方位的气象服务，根据调查公众平均愿意支付的金额为107元/人·年。其中，有52.3%的公众愿意每月支付1~50元，有2.2%的公众愿意每月支付50元以上，有45.6%的公众不愿意支付费用。利用支付意愿法测算公众气象服务效益，经评估，2021年全国公众的气象服务支付意愿为1511亿元。

2021年，气象服务为超过五成的公众避免或减少过一定的因灾经济损失。根据气象服务为公众避免或减少因灾的损失调查结果核算，气象信息在过去

---

① 资料来源：中国气象局公共气象服务中心。

一年为我国城市公众挽回因灾(气象灾害)损失约 350 元/人,为农村公众挽回因灾损失约 548 元/人,总计为全国公众挽回的因灾损失约 5300 亿元。

(三)人工影响天气①

2021 年,气象系统人工影响天气各相关单位深入贯彻落实《国务院办公厅关于推进人工影响天气工作高质量发展的意见》(国办发〔2020〕47 号),加强科技创新,提高作业水平,不断推进人工影响天气高质量发展。

1. 人工影响天气高质量发展方案全面实施

2021 年,为全面深入贯彻落实国办 47 号文件,中国气象局牵头制定了落实举措和任务分工方案。天津、河北、广西等 29 个省(区、市)政府印发了推进人工影响天气高质量发展的实施意见或实施方案。国家人工影响天气协调会议制度成员单位等共 28 个军地有关部门分工协作,共同制定贯彻落实国办发〔2020〕47 号文件年度工作要点,组织召开国家人工影响天气协调会议制度成员单位联络员会议,总结交流 2021 年落实情况。中国气象局组织编制了《"十四五"全国人工影响天气发展规划》,并通过组织召开人工影响天气工作专题电视电话会议,部署贯彻落实举措,各省(区、市)积极推进了人工影响天气高质量发展方案的全面实施。

2. 人工影响天气现代化水平持续提升

2021 年,人工影响天气装备现代化能力大幅提升。一是人工影响天气重点工程建设取得新进展。发展改革委、财政部积极支持国家级和区域人工影响天气工程建设,西北区域工程已基本完成建设任务,中部区域工程开工建设,新增 4 架高性能人工影响天气作业飞机,人工影响天气试验示范基地建设有序推进。

二是技术先进的"天基—空基—地基"云水资源立体探测系统逐步建成。中国气象局与国防科工局成功发射风云三号 E、风云四号 B 气象卫星,优化了探测装备布局,增加了多种观测设备,积极推进云雾观测数据集和飞机探测数

---

① 资料来源:国家人工影响天气协调会议制度办公室。

据集研制。新疆强化防雹减灾为农服务体系建设,建立山区空中云水资源梯度监测系统和绿洲农业区冰雹云小型雷达监测预警网络。

2021 年,开展了精细化云预报试验,将人工影响天气业务模式水平分辨率从 3 千米提高至 1 千米并开展试用,云水资源预报在重大服务中应用。改进人工影响天气催化模式,实现飞机、火箭等多种催化作业方式的仿真模拟。提升国家级业务平台支撑能力。全国人工影响天气综合信息系统正式投入业务运行。开展国家级人工影响天气核心业务系统融入"气象大数据云平台"工作。

三是人工影响天气作业装备现代化建设取得新进展。工信部、民航局开发翼龙 2 气象无人机系统,探索大型无人机作业新手段。湖南、广西、四川等省(区)建设人工增雨防雹监测预警、装备及技术试验一体化的作业示范区。人工影响天气指挥调度和区域协同水平得到提升。中国气象局强化人工影响天气中心职能,发挥国家级龙头带动作用。军委联合参谋部、民航局、中国气象局联合研发作业指挥系统,在国家级业务单位和 14 个省(区、市)推广应用。

到 2021 年,全国人工影响天气作业可用高炮达 5281 门,较上年(5562 门)减少 281 门,较 2016 年(6320 门)减少 1039 门;可用火箭 7916 架,较上年(7122 架)增加 794 架,较 2016 年(7950 架)减少 34 架(图 3.10)。从图 3.11可以看出,2009 年开始,火箭配置呈明显增加趋势,高炮门数略有减少,但高炮更新较多。从各省份人工影响天气作业装备配置(图 3.11,图 3.12)分析,2021 年,可用高炮数量最多的是黑龙江省,达 611 门,火箭最多的是云南,达932 架。

四是人工影响天气科技创新不断增强。2021 年,大力开展人工影响天气外场观测试验,联合中科院大气所、成信大、兰州大学和江西、贵州、甘肃、宁夏、新疆等单位,联合开展贵州人工防雹、庐山云雾降水和西北地形云等外场科学试验。在贵州利用 X 波段双偏振相控阵雷达,收集到 18 次冰雹观测资料,开展整理分析工作。在庐山增加多种观测设备,取得 13 次观测个例,为试验后期分析研究提供有力保障。做好全年庐山云雾试验站的补充建设和仪器

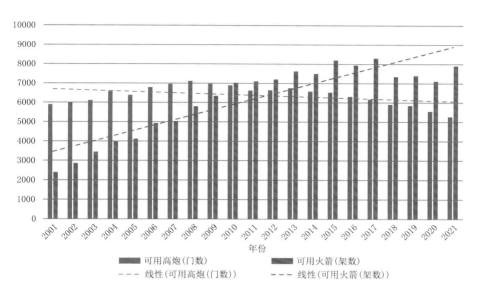

图 3.10 2001—2021 年我国人工影响天气作业可用火箭、高炮数量

（数据来源：《气象统计年鉴》，2001—2021）

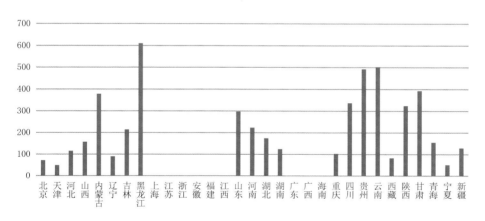

图 3.11 2021 年人工影响天气作业可用高炮数量（单位：门）

（数据来源：《气象统计年鉴》，2021）

设备运行维护工作。

2021 年，积极推进生态气象保障试验研究，重点研发项目"人工影响天气技术集成综合科学试验与示范应用"在华北开展 3 次多机联合试验，获得 2 套

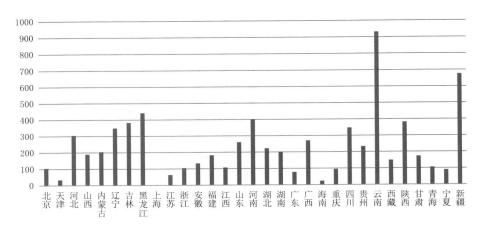

图 3.12　2021 年人工影响天气作业可用火箭数量(单位:架)

(数据来源:《气象统计年鉴》,2021)

星一空一地联合观测数据集;在西北观测试验中揭示了祁连山地形云冰雪晶的增长机制;对燃气炮的增雨效果有了初步的试验证据;基于飞机观测数据评估了数值模式中微物理方案。"云水资源评估研究与利用示范"项目取得了新进展,给出了各类不同需求区域云水资源气候评估应用及特性规律的认识;提出针对特定目标区云水资源精细评估预估及耦合开发关键技术;在典型区域开展云水资源空一陆耦合开发成套技术应用示范。完成 4 项公益性行业、2 项气象关键技术集成与应用项目验收。完成自然科学基金等各类科研项目年度研究任务。推进飞机探测资料数据集和庐山云雾观测数据集研制。同时,推进了中泰、中阿、中沙、中韩在人工影响天气领域的合作,与泰国签署了技术合作协议。组织举办 12 期云雾物理开放实验室学术交流论坛,出版《全国人工影响天气技术与方法交流会论文集(2020)》。

3. 人工影响天气安全管控进一步强化

2021 年,印发了人工影响天气飞机飞行作业规程、安全检查规范、航材库管理办法等,推动人工影响天气科学作业、精准作业、安全作业。一是推进安全生产领导责任落实。中国气象局推进人工影响天气安全列入地方各级政府安全生产管理考核体系,进一步深化省级多部门联合检查机制。应急管理部将人工影响天气安全生产工作纳入国务院安委会安全生产巡查考核范畴。工信、公安与气象等部门落实改进火箭弹存储和运输工作。江苏、陕西应急管理、气象部门联合明确人工影响天气安全管理职责。二是重点环节安全监管进一步强化。公安部将人工影响天气作业使用的炮弹、火箭弹作为民用爆炸物品进行监管。工信部继续强化对人工影响天气用燃爆器材生产企业安全监管和执法检查。中国气象局组织各省(区、市)对人工影响天气全部作业点进行安全等级评定,并开展全国人工影响天气工作安全大检查。粮食和储备局指导相关垂管局及储备仓库落实安全生产条件。民航局、中国气象局共同推进联合监管和标准规范制定,排查人工影响天气作业飞机安全隐患并组织整改。组织对新疆、陕西国家飞机托管招标文件进行技术审查,把严把牢安全运行红线。对国家飞机设备系统状态及运行开展安全巡检。调研编制飞机安全运行及管理模式等的决策服务材料。推进相关标准规范建设,编制《国家人工影响天气飞机作业规程(试行)》等三项业务规范。福建、重庆、青海协调各军分区(警备区)、粮食和物资储备部门共同做好弹药存储工作,推动多部门联合安全监管。三是安全技术水平进一步提高。中国气象局提升人工影响天气作业装备安全性能,进一步优化人工影响天气装备弹药市场环境,做好人工影响天气弹药物联网系统运行监控和作业装备行政审批技术审核,产品安全性能达到 A 级标准。国防科工局积极组织武器弹药领域相关单位开展火炸药机理研究,逐步提升人工影响天气弹药安全技术水平。另外,加强人工影响天气标准化建设,2021 年人工影响天气领域新颁布行标 2 项、国标 1 项,编辑印制 2003—2020 年度人工影响天气领域标准文集。

4. 人工影响天气服务效益显著

2021 年,人工影响天气作业取得了显著的服务效益。据统计(图 3.13),2021 年,全国气象部门针对干旱、冰雹等灾害性天气和生态环境保护与修复需求,共开展飞机人工增雨(雪)作业 1186 架次,比 2006 年(590 架次)增加 101.02%,比 2016 年(980 架次)增加 21.02%,比上年(1234 架次)减少

3.89%。2021年地面增雨作业2.3万次,防雹作业2.5万次。每年增雨和防雹作业面积主要根据当年灾情而定,2021年由于全国极端天气多、重大活动多,因此增雨作业目标区面积达500.2万千米²,比上年(416.8万千米²)增加20.0%,比2010年和2015年的增雨面积减少约3%;防雹作业保护面积达65.4万千米²,比上年(56.1万千米²)增加16.6%,比2010年(51万千米²)增加28.2%,比2015年(61.4万千米²)增加了6.5%。

各地结合本地实际需求,开展了有针对性的人工影响天气作业。河北围绕首都"护城河"、京津生态屏障等功能,实施了全力保障粮食生产、生态保护和修复等人工影响天气作业。上海、安徽等省(市)将人工影响天气工作纳入本地和区域发展规划。广东将人工影响天气工作融入防灾减灾第一道防线先行示范省建设。贵州、云南等省份推进区域级试验示范基地,提升高原特色农业保障服务能力。甘肃、青海等省组织开展常态化生态修复型作业,效果显著。

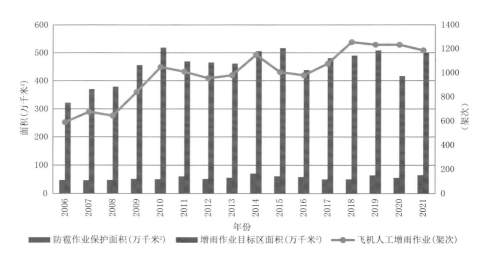

图3.13　2006—2021年人工影响天气作业量

(数据来源:《气象统计年鉴》,2006—2021)

(四)气象产业发展①

1. 气象相关企业概况

根据国家企业信用信息公示系统显示,截至 2021 年 12 月 5 日,全国正在或拟开展气象相关业务(公司名称或经营范围中包含"气象"或"天气")的在业、存续企业共有 2.67 万家。2016 年开始每年新成立企业超千家,至 2019 年底增幅较为平稳;2020—2021 年,涉气企业新增数量出现"井喷",2020 年全年新成立企业超 5000 家(较上年增长 160%),2021 年新成立企业超 1 万家(较上年增长 104%),全国涉气企业成立进入"爆发期"(图 3.14)。其中,从气象部门企业发展来看,2018 年开始,各级气象部门持续推进企业改革,严格控制对外投资,加大长期亏损企业和低效无效资产的处置力度。到 2021 年末,全国各级气象部门所属企业共 863 户,比上年减少 200 户,比最高时 2015 年(1642 户)少 779 户(图 3.15)。

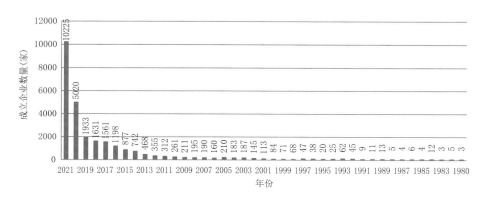

图 3.14 全国涉气企业成立时间及数量

从企业注册资本看(图 3.16),以注册资本在 2000 万元以下的全国涉气企业为主体(占比 95.2%),全国涉气企业的注册资本主要集中在 100 万~200万元(占比 19.4%)和 100 万元以下(占比 25.8%),其中 1 万元以下占比

---

① 气象部门企业数据来源:中国气象局机关服务中心。

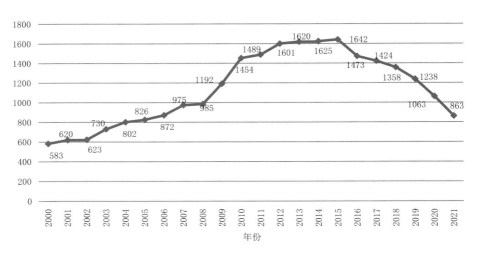

图 3.15　2000—2021 年全国气象部门所属企业户数(单位:户)

(数据来源:《气象统计年鉴》:2000—2021)

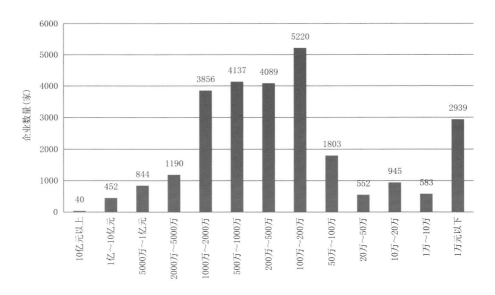

图 3.16　全国涉气企业注册资本规模情况

11.0%。这说明全国涉气企业的资金规模"小",主要以小微企业和小型企业为主。气象部门企业注册资本在 100 万元以下的企业有 745 家(占比

81.2%),1000 万元以上的企业仅有 12 家(占比 1.3%),气象部门企业资金规模"小",主要以小微企业为主(图 3.17)。

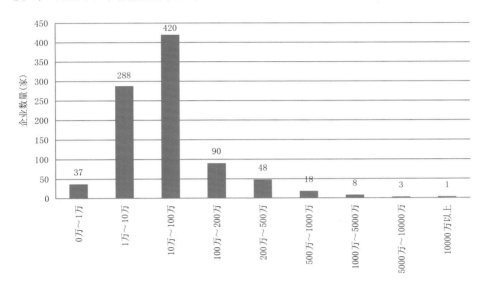

图 3.17 气象部门企业注册资本情况

从企业的省份分布来看,有 7 个省的企业数量超过 1000 家,其中山东、广东、江苏 3 个省的企业数量均接近 3000 家(占比约为 33.1%),呈现东南沿海省份多、中西部内陆省份少的地域特点(图 3.18)。

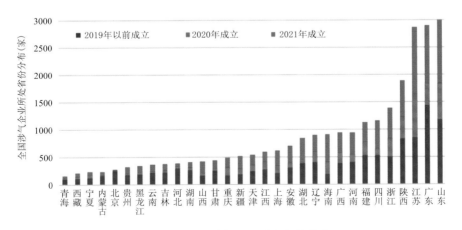

图 3.18 全国涉气企业所处省份分布

从企业所获科技资质来看,1339 家涉气企业被认定为科技型中小企业(占比 5.1%)、948 家企业被认定为高新技术企业(占比 3.6%),专精特新企业103 家,仅有极少部分科技型企业获得瞪羚企业、雏鹰企业、独角兽企业、隐形冠军企业等称号(图 3.19)。

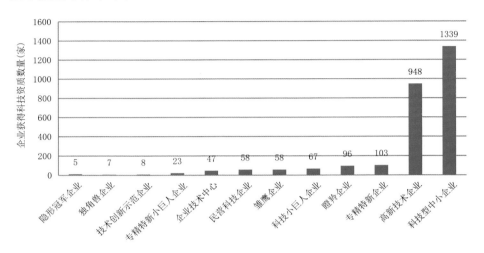

图 3.19　全国涉气企业获得科技资质情况

从企业上市及融资情况来看,96 家涉气企业登陆股票市场(气象部门企业无一上榜),其中:15 家在 A 股上市、2 家在科创板上市、25 家在新三板上市、53 家在新四板上市;111 家涉气企业开展了融资活动,其中:19 家完成了天使轮融资、26 家完成了 A 轮融资、6 家完成了 B 轮融资、3 家完成 C 轮融资、13家开展了收(并)购、44 家开展了战略投资(图 3.20)。

2. 气象产业分领域概况

(1)气象仪器装备。气象仪器装备以社会企业为主。目前观测业务中应用的气象卫星、气象雷达、高空观测、地面观测和气象计量等主力装备的生产商主要由航天科技集团、中国电科集团、航天科工集团和中国船舶集团的下属企业及部分民营企业构成,共有 30 余家。据不完全统计,其他气象观测技术装备生产和气象观测技术服务的企业已达百余家。其中,国内地面气象仪器仪表行业集中度较高,以中国华云气象科技集团公司、中环天仪股份有限公

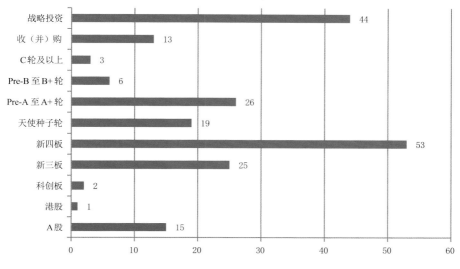

图 3.20　全国涉气企业融资及上市情况

司、上海长望气象科技有限公司、江苏省无线电科学研究所有限公司等企业占据绝对市场份额。截至上年末,气象部门从事气象仪器装备生产类企业达23 家。

（2）气象信息服务。根据相关机构统计,2018 年我国传统媒体气象服务收入占 76.01%;气象科技服务占 11.00%;专业气象服务和其他服务分别占4.02% 和 8.97%。就天气应用而言,墨迹天气、象辑科技、彩云天气占天气应用市场较大份额,并受到资本市场的青睐。虽然气象信息服务公司发展迅猛,国外公司也通过合资方式试水中国气象信息服务市场,但国内天气服务主体仍是气象部门的企事业单位。截至上年末,气象部门从事气象信息服务企业为 324 家。

（3）防雷技术服务。截至 2021 年末,具有防雷装置检测资质的企业数量有 1777 个,较上年（1908 个）减少 6.9%;其中甲级 341 个,乙级 1429 个（图3.21）。由于防雷产业进入门槛低,效益高,社会企业参与防雷业务不断增多,整个防雷产业同质化严重,缺乏主导品牌,80% 的防雷企业每年只有几百万的销售额,同行不良竞争明显。其中,中光防雷、明家科技创业板上市,雷迅、深

圳盾、欧地安、华炜、远征等企业获得资本青睐,社会防雷企业经济总量有大幅
增长。截至上年末,气象部门共有防雷企业 393 家。

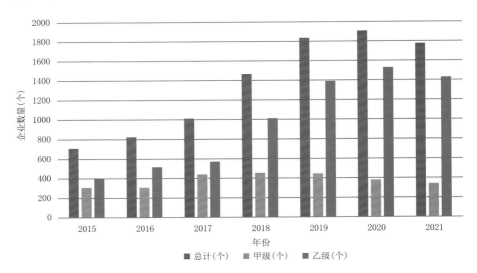

图 3.21　2015—2021 年具有防雷装置检测资质的企业数量(单位:个)

(数据来源:《气象统计年鉴》:2015—2021)

(4)气象软件及平台集成。气象软件及平台集成以社会企业为主,但缺少
相应的统计数据,无法分析。目前,气象部门从事气象软硬件集成的企业有
41 家。

3. 我国天气预报服务市场规模①

基于市场研究公司 MarketsandMarkets™ 的分析报告,其数据显示,
2016—2019 年,我国天气预报服务市场增幅为 37.4%,年均复合增长率为
11.3%,分别高出全球水平 9.9 和 2.9 个百分点,位居全球第一(图 3.22)。

我国各行业天气预报服务市场增长均衡,农业和零售业市场增幅最大。
2016—2019 年,农业、零售业的天气预报服务市场增幅都达到了 50%,在各行

---

① 本部分资料来源于市场研究公司 MarketsandMarkets™分析报告《WEATHER FORECAST-
ING SERVICES MARKET—GLOBAL FORECAST TO 2025》。MarketsandMarkets™是美国一家全
球领先的市场研究咨询公司。

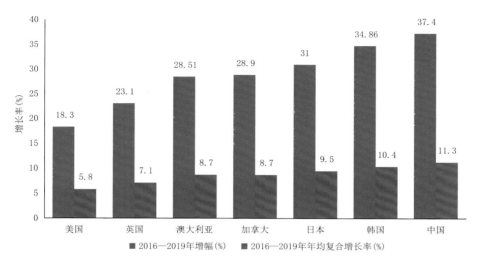

图 3.22 全球部分国家 2016—2019 年天气预报服务市场增长趋势

业中增长最多;各行业市场的增速均衡,年均复合增长率为 10.3%~12.2%;能源与公用事业天气预报服务市场增速最快,年均复合增长率为 12.2%,其次是媒体、农业、海洋等行业天气预报服务市场(表 3.4)。

表 3.4 我国 2016—2019 年天气预报服务市场规模(单位:百万美元)

行业	2016 年	2017 年	2018 年	2019 年	2019 年占比 (%)	年均复合 增长率(%)	增幅 (%)
航空	9	9	10	12	8.82	11.60	33.33
农业	4	5	5	6	4.41	11.90	50.00
交通运输与物流	5	5	5	6	4.41	10.40	20.00
海洋	11	12	14	15	11.03	11.70	36.36
油气	16	18	19	22	16.18	10.30	37.50
能源与公用事业	18	20	23	25	18.38	12.20	38.89
保险	6	6	7	8	5.88	11.00	33.33
零售	4	5	5	6	4.41	11.10	50.00
媒体	7	8	9	10	7.35	12.10	42.86
建筑与采矿	13	14	15	17	12.50	10.70	30.77
其他	6	6	7	8	5.88	11.20	33.33
总计	99	108	118	136		11.30	37.37

三、评价与展望

在党中央、国务院的坚强领导下，在全国气象系统的共同努力下，我国公共气象服务能力显著增强，气象服务成为受众面最广、社会普及度最高的公共服务之一。

面对新的形势和新的需求，气象服务发展仍然面临一些短板。一是气象服务需求深入分析不足、高质量服务供给客观存在跟进不足，气象服务发展空间有待拓展。二是气象服务中或多或少存在以"不变应万变"的想法，以用户为中心的理念落地落实不够，气象服务主动性、敏感性有待增强。三是服务个性化水平不高，产品多而不精，服务广而不深，针对性不强，有效性不足，智能化水平升级滞后等问题比较明显。由于服务技术、手段和产品对新技术的应用滞后，气象服务数字化、智能化水平还难以满足新发展阶段的需求。四是气象服务机制有待优化。气象预警与响应联动机制有待完善；服务与观测、预报及科研的统筹衔接有待加强；社会力量参与的政策引导不足，气象服务质量第三方评价与效果还不够理想。

未来公共气象服务的发展，需要重点推进《公共气象服务发展规划(2021—2025)》的实施。一是丰富气象服务产品供给，面向公众衣食住行游购娱学康等生活需要，不断丰富产品内涵；建立智慧城市生活气象保障产品体系，开发精准消费气象产品体系；创新气象服务内容，重视 5G 技术对服务创新的价值挖掘。二是基于大数据创新气象服务产品，构建细分场景、智能感知的分众气象服务体系；推动气象服务融入智慧家居、无人驾驶、智慧出行等公众生活领域；打造高质量的媒体气象服务，拓展气象服务覆盖面。提升公民气象科学素养，繁荣科普创作，加强气象科普基础设施多元化建设和改善力度，促进气象科普事业和产业融合发展。三是融入生产发展，构建现代为农气象服务体系，优化农业气象站网布局与观测项目，开展重点领域关键技术研发，加快农业气象服务供给侧改革；增强综合交通气象保障，聚焦公路、铁路、内河航运、海洋、物流五大重点方向建设跨行业的交通气象大数据平台，持续推动交通气象服务关键技术攻关,发展深度融合交通生产、运输、调度、维护等各个环节的智慧交通气象服务体系。强化和拓展旅游、森林草原火险、能源电力、金融保险等行业气象服务。同时,有针对性解决气象服务发展面临的一些短板问题。

第四章　气象保障生态良好[*]

　　生态气象保障是面向政府决策部门、社会公众、相关行业提供的与人民健康直接相关、与人类活动密切联系的生态和大气环境质量监测、预报、预警、评估等气象服务保障活动。2021年,气象部门加快发展生态气象服务业务,积极开展生态气象预报预警和评估服务,进一步发挥加强生态保护和修复利用气象保障,积极提供大气污染防治气象服务,进一步提升了生态气象服务水平,气象服务在生态文明建设中的作用更加显著。

一、2021年生态气象保障概述

　　2021年,生态系统保护和修复气象服务积极推进。气象部门积极开展生态系统保护和修复气象服务,基本形成了四级生态气象监测评估和预报预警服务体系。基本建立全国植被生长状况、生态质量逐月动态监测和年度气象影响评估业务,以及全国重点湖泊湿地水体面积、太湖蓝藻水华以及森林草原火险、沙尘暴监测业务。构建国省两级生态气象业务服务平台,定期发布年度生态气象监测评估公报,部分省份甚至实现市县定期发布生态气象监测评估产品,部分省份实施了生态人工增雨作业。生态气象决策服务取得了显著效益。2021年,中国气象局通过积极组织开展气象条件对全国植被生态质量、主要生态系统、重点区域生态的利弊影响分析评估,向党中央、国务院报送生态

---

　　* 执笔人员:林霖　张小锋　樊奕茜　杨丹　李萍

文明气象保障服务专题材料 130 期,其中 40 期生态气象评估等材料被中办、国办采纳;《2020 年全国生态气象公报》《2020 年全国环境气象公报》被中央政府网、人民日报、新华网等媒体广泛转载和报道,取得了良好的社会效益,发挥了气象在生态系统保护和修复中的保障支撑作用、在绿色发展中的趋利增效作用、在环境治理中的预警先导作用。

2021 年,气候资源利用服务效益明显。气象部门积极参与国家和地方风能、太阳能等新能源发展规划编制工作。风能太阳能预报系统实现了业务化,完成了全国 1 千米分辨率精细化太阳能资源评估,为 1147 个风电场太阳能电站做好选址评估和预报服务。开展光伏扶贫电站太阳能资源实时监测,为国家扶贫主管部门提供技术支撑。针对 2016—2020 获评为"中国天然氧吧"的194 个地区,开展了新建立植被覆盖度、耗氧量和氧平衡指标的应用分析,完成了 2021 年中国天然氧吧绿皮书相关的卫星遥感产品指标的分析评估,充分挖掘各地生态气候资源,促进地方旅游经济发展。

2021 年,气象部门继续深度参与大气污染防治工作。全国气象部门基本建成国、省、市三级协同的环境气象业务服务体系,依托自主开发的大气环境数值模式,建成从小时到月、季尺度的环境气象预报预测系统。加强与生态环境部合作,推进大气环境立体综合监测体系建设,拓展延伸空气质量监测,进一步提升空气质量预测预报准确率,提升了改善大气环境质量气象保障水平。

二、2021 年气象保障生态良好主要进展

(一)生态系统保护和修复气象保障

1. 开展重点生态功能区气象服务

2021 年,围绕全国重要生态系统保护和修复重大工程需求,气象部门强化了面向"三区四带"、自然保护地和国家公园等重点区域的生态气象监测评估和预报预警服务,开展了重点生态功能区精细化生态气象监测评估服务。探索开展黄土高原土壤保持生态功能的定量化监测评估,强化察汗淖尔、秦岭等

重点生态区气象服务;开展东北林区生态服务价值监测评估服务和重点林牧区森林草原火灾气象监测预报预警服务;加强了沙尘天气预警服务业务,针对2021年多次高影响沙尘天气过程,提前预报,适时预警,减轻沙尘危害,及时面向公众发布权威解读,开展全过程沙尘天气综合分析评估;开展京津冀海河流域水源涵养功能定量化监测评估;提高鄱阳湖、洞庭湖、太湖等国内主要湖泊湿地水生态气象监测业务能力;开展了青藏高原湖泊水体面积变化特征及其对青藏高原生态效应影响评估分析。陕西、内蒙古、广西、甘肃、青海等省(区)气象局为京津风沙源治理、黄土高原地区综合治理、石漠化综合治理、沙化土地封禁保护试点、三北防护林建设、国家公园试点等重点生态保护修复工程提供生态气象监测预测服务和评估,取得了良好服务效益和生态效益。

全国重点生态功能区域气象影响评估结果表明,2021年三江源地区降水量较2020年减少,但较常年偏多,仍为丰水年型,植被生态质量持续改善,主要湖泊面积增加。祁连山区降水偏少,植被生态质量有所下降,居延海水体面积略有减小,但整个区域主要湖泊水库蓄水、植被生态质量向好的趋势没有发生改变。东北地区大部降水偏多,2000—2021年林区大部水土保持功能提升;呼伦湖水体面积达2002年以来最高;扎龙湿地植被生态质量达2000年以来最好。2021年海河流域大部降水偏多,涵养水量高于常年和2020年。黄土高原和秦岭大部2000—2021年降水增多,植被生态质量提高,水土保持功能增强。武夷山区2000—2021年水热条件利于植被生长,大部植被生态质量、水源涵养功能提升。洞庭湖水体面积与1998—2020年均值持平,区域植被生态质量好于常年和2020年;鄱阳湖水体面积明显小于1998—2020年均值,区域植被长势好于2020年;2021年太湖气象条件利于抑制蓝藻水华发生,发生强度为近五年最小。全国重点生态功能区域生态状况总体不断趋好。

2. 开展生态保护红线监管气象服务

2021年,中国气象局出台了《"十四五"生态气象服务保障规划》,加大了生态保护红线气象保障服务的工作力度。围绕生态保护红线监管需求,在国省两级建立生态保护红线监管气象服务业务,开展生态气候承载力评估服务,分析评价气象条件对植被生产力、生物多样性维护、防风固沙、水土保持、水源涵养、气候调节等生态服务功能的影响,定量区分气象和人为因素影响,为红线区生态环境准入、绩效考核、生态补偿和监管提供气象支撑。围绕生态保护红线监管气象服务,国家气象中心与生态环境部红线监管部门多次对接服务需求,国家卫星气象中心面向湖南省气象局生态保护红线卫星遥感监测的应用需求,开展了生态保护红线卫星遥感监测软件的本地化适应性改造。辽宁、上海、江西、贵州等 14 个省(区、市)气象局在生态保护红线等"三线一单"的编制、生态园林城区创建、政府"碳"排放管理目标责任考核等方面开展了气象服务试点示范,取得良好社会效益和生态效益。

面对生态红线监管绩效考核,气象部门改进完善"生态文明绩效考核气象条件贡献率评价系统",中国气象科学研究院在原有 6 个省份的基础上,在 14 个省份开展生态文明建设绩效考核气象评价产品试用。强化长三角区域生态环境保护气象服务,印发《中国气象局关于落实长三角生态环境保护 2021 年要点工作的方案》。组织长三角三省一市气象局和国家级业务单位开展区域气候变化风险评估、大气和水污染防治气象保障、生态质量监测网络建设、生态保护红线管控气象服务、碳达峰碳中和研究等。

围绕北方荒漠区,开展了我国荒漠化区域气候变化和极端事件的变化特征,以及对荒漠化的影响评估,气候变化对中国荒漠化地区植被状况和湖泊水体的影响评估,对重点荒漠化地区气候变化对植被生长状况和水资源的影响进行了分析,以及未来气候变化情景下对荒漠化地区生态环境的影响预估,撰写《近 60 年来中国荒漠化地区气候变化及生态环境影响分析》报告。围绕黄河流域生态保护服务需求,开展了气候变化对黄河流域生态环境影响评估,具体分析了近 20 年来黄河流域湖泊湿地面积、植被长势,以及水源涵养、生物多样性、水土流失等生态系统服务功能的时空动态变化特征,进一步完善了《气候变化对黄河流域生态环境的影响及适应对策研究报告》,为黄河流域生态环境保护和修复提供决策依据,助力推进黄河流域生态保护和高质量发展气象保障工作进程。同时,分析了气候变化对湖泊生态系统的影响,完成中国气象局重大决策服务材料《部分湖泊面积增大可能引发生态连锁反应》。开展中国陆地生态系统碳中和能力及其与气候变化的关系研究,分析了近 40 年我国陆地生态系统碳吸收能力的时空变化,评估了我国陆地生态系统的固碳强度及其空间格局。

3. 开展生态安全气象风险预报预警服务

加强气象灾害对生态系统影响的风险预警。面向国家生态安全气象服务保障需求,依托生态气象综合业务服务平台,在国家、区域、省、市、县开展气象灾害对生态系统影响的风险预警服务,提升森林、草地、农田、荒漠、湿地、河湖、城市等生态系统气象监测评估精细化水平。开展干旱、低温雨雪冰冻灾害影响预警预估能力建设。构建了未来 30 天全国植被干旱预报技术、低温雨雪冰冻灾害监测及其对森林生态系统影响评估技术;初步建立气候条件及干旱、低温雨雪冰冻等灾害对我国生态系统影响预警平台。积极做好沙尘天气评估预警服务,减轻沙尘危害。加强沙尘天气预警服务和分析评估。针对 2021 年多次高影响沙尘天气过程,提前预报,适时预警,减轻沙尘危害,及时面向公众发布权威解读,开展全过程沙尘天气综合分析评估。与林草部门联合实地调研,开展春季沙尘天气总结分析及沙尘溯源研究。提升林草病虫害气象发生发展预报能力。持续推进森林草原主要病虫害气象风险预警模型研发及生态系统病虫害气象风险预警能力建设,实现了东北地区松毛虫、华北地区杨树烂皮病发生发展气象等级预报能力,与国家林业草原局联合发布美国白蛾预报预警信息,有力提升了生态系统病虫害气象风险监测评估和预报预警水平。初步建立了生态气候预测预估系统,开展了东北林区、三江源及黄河流域生态服务价值预测预估业务服务。

增强森林草原防灭火气象服务。建立健全了森林草原火灾气象监测预报预警服务业务,开展东北林区生态服务价值监测评估服务和重点林牧区森林草原火灾气象监测预报预警服务,针对我国东北、华北、西北、华中、华南、西南全国 6 大林区,和东北、华北、西北和西南 4 大草原区,定期发布月和季节时间尺度的全国森林草原火险预测产品,优化森林火险气象预报模型,提升森林火险客观预报精细化程度,开展延伸期(15~30 天)森林火险气象预报服务,全年制作发布高森林火险预警产品,全年向应急管理部提供火灾应急气象保障服务产品达 130 次;国家级向各省(区、市)下发了森林火险延伸期服务产品。中国气象局公共气象服务中心联合应急管理部、国家林业和草原局开展森林草原火险预报预警气象服务；针对北京、山西、河北、辽宁、四川、云南、西藏等地发生的森林火灾，联合省级气象部门累计提供火灾气象保障服务 128 次，为森林草原防灭火提供支撑，确保了全国森林防灭火总体形势平稳，有效维护森林资源和人民生命财产安全。

4. 深入推进生态气象影响评估

2021 年，全国气象部门继续深化生态气象影响评估业务。构建国家、区域、省三级生态气象保障服务体系，国家级业务单位为区域、省级和地市气象部门开展技术指导和平台支撑，推动业务协同发展。推进了生态气象服务能力建设，研发了水源涵养、土壤保持、防风固沙等重要生态功能评估模型，探索集约化生态气象业务支撑平台建设。加强生态气象评估业务能力，基本建立全国植被生长状况、生态质量逐月动态监测和年度气象影响评估业务，全国重点湖泊湿地水体面积、太湖蓝藻水华以及森林草原火险、沙尘暴监测业务。建立了重点生态功能区精细化生态气象监测评估服务业务。研发了森林草地生态系统服务功能定量评估技术，形成了 6 个重点区域生态气象影响的评估业务。探索开展生态气象灾害预警和影响评估，研发森林草原主要病虫害气象风险预警模型，初步建成北方春季(3—5 月)沙尘预测业务体系。

目前，已经形成了丰富实用的生态气象评估产品。干旱、低温雨雪冰冻灾害影响预警预估，初步建立气候条件及干旱、低温雨雪冰冻等灾害对我国生态系统影响预警平台；鄱阳湖、洞庭湖、太湖等国内主要湖泊湿地水生态气象监测评估实现了常态化产品。根据春季植树造林适宜期、树木展叶和落叶期，制作了气象保障服务产品。《草地生态气象监测评估月报》《森林生态气象监测评估夏季报》等林草气象业务服务产品，为全国林草植被生态建设提供气象服务保障。研发全国生态气象监测评估产品。研制年度《全国生态气象公报》，定期制作年度生态气象监测评估产品，部分省份实现市县定期制作生态气象监测评估产品。形成了农田防护林在气象灾害防御中的效益评估、青藏高原湖泊水体面积变化特征及其对青藏高原生态效应影响评估分析产品，暖温带和亚热带树种春季植树造林适宜范围监测预估和红叶生态景观气象监测预测服务,为全国绿化委、国家林草局等部门指导植树造林、生态景观资源开发提供有力气象保障。重点关注三江源地区、祁连山区、东北地区、海河流域、黄土高原、秦岭、西南石漠化区、武夷山区、洞庭湖和鄱阳湖、太湖等区域,开展了生态质量和生态服务功能的气象影响评估,为重点区域生态建设决策提供了科学依据。

根据评估,2021年全国大部地区气象条件较好,利于森林、草原、荒漠等植被和农作物生长,全国植被生态质量指数为68.8,较常年(2000—2020年均值)提高7.7%,生态质量处于较好和很好等级(中华人民共和国国家质量监督检验检疫总局,2017)的面积比例达72%。2021年全国植被净初级生产力①(net primary productivity,NPP)和平均植被覆盖度②分别为453克碳/米²和35.6%,较常年均值分别增加39克碳/米²和3.6个百分点。与上年相比,2021年全国植被生态质量指数增加0.4%,其中全国植被覆盖度增加0.6个百分点,植被净初级生产力增加0.7克碳/米²。与近5年平均值(428.2克碳/米²)比,2021年全国植被生态质量指数增加24.8克碳/米²,增长5.79%(表4.1,图4.1)。这充分说明,我国生态总体趋势向好,生态建设成效明显。但在新疆北部、内蒙古中部偏西地区、甘肃东部、辽宁东部、黑龙江东部、广东东北部等地植被生态质量指数出现下降3‰~15‰,植被覆盖度减少3‰~10‰。

表 4.1　2017—2021 年全国植被 NPP 和覆盖度情况

年份	植被净初级生产力		植被	
	NPP(克碳/米²)	增减率(%)	覆盖度(%)	增减率(%)
2017	394	—	35.5	—
2018	406	3.05	34.5	1.0
2019	431	6.16	35.1	0.6
2020	457	6.03	35.0	−0.1
2021	453	−0.88	35.6	0.6

---

①　植被净初级生产力:绿色植物在单位面积、单位时间内所能累积的有机物数量,一般以每平方米干物质的含量(克碳/米²)来表示,简称植被 NPP。

②　植被覆盖度:植被地上部分垂直投影面积占地面积的百分比。

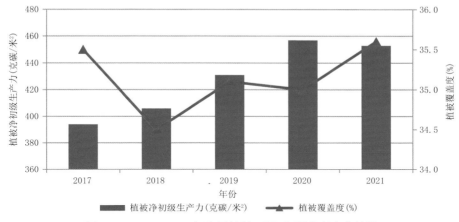

图 4.1 2017—2021 年全国植被 NPP 和覆盖度变化情况

全国主要生态系统气象影响评估结果表明,2021 年全国林区气象条件总体偏好,森林植被生态质量达 2000 年以来第二高;2021 年全国草原区大部降水偏多,水热条件利于牧草生长,草原产草量较 2020 年增加 0.6‰,达 2000 年以来最高;2021 年全国农区气象灾害影响总体偏轻,加之农业措施得力,粮食平均单产创 2000 年以来新高;北方大部地区 2021 年降水偏多,植被生长偏好,防风固沙能力提升,高度易起沙尘和极易起沙尘面积比例较 2020 年减少 0.9 个百分点,荒漠化区大部地表生态持续向好。

(二)气候资源开发利用保障

1. 太阳能开发利用气象服务

(1)太阳能资源年辐射总量评估

根据太阳能监测数据评估,全国太阳能资源总体为偏小年景。2021 年全国陆地表面平均的水平面总辐射年辐照量为 1493.4 千瓦时/米², 较近 10 年(2011—2020 年)偏低 19.3 千瓦时/米², 比 2020 年偏低 40 千瓦时/米²。

2021 年,新疆、西藏、西北中部西部、西南地区西部、内蒙古中部西部、华北西北部、华南东南部、华东南部部分地区年水平面总辐射年总量超过 1400 千瓦时/米², 其中,西藏大部、四川西部、内蒙古西部、青海西北等地的局部地区年水平面总辐射年辐照量超过 1750 千瓦时/米²,太阳能资源最丰富。新疆大部、内蒙古中部西部、西北中部西部、山西北部、山西北部、河北北部、西藏东部、云南大部、福建南部、广东东部、海南大部等地水平面总辐射年辐照量 1400～1750 千瓦时/米²,太阳能资源很丰富。西北东南部、内蒙古东北部、东北大部、华北东部南部、华东大部、台湾、广西、广东西部、华中大部、四川中部、云南东部及贵州西南部等地年水平面总辐射年辐照量 1050～1400 千瓦时/米²,太阳能资源丰富。四川东部、重庆、贵州中北部、湖南西北部及湖北西南部地区年水平面总辐射年辐照量不足 1050 千瓦时/米²,为太阳能资源一般区。

从全国水平面总辐照量距平分布看,新疆中部南部、西藏北部、甘肃西北部、内蒙古中东部、黑龙江中部、吉林中部、河北南部、山西东部西部、山东中部、江苏北部、云南南部、重庆、湖北、浙江等地偏小;新疆中部南部区域、西藏东部、青海中东部、甘肃南部、宁夏南部、山西西部、内蒙古东北部、黑龙江南部、辽宁中部、河北北部、湖北北部、山东东部、浙江东部、云南南部等地明显偏小;西藏南部部分区域、内蒙古东北部部分区域、辽宁部分区域、黑龙江南部部分区域、青海中部、宁夏西部、山东东北部区域等地异常偏小。新疆北部部分区域、西藏西部南部部分地区、四川中西部、贵州东部、安徽南部、湖南南部、江西中部、福建北部、广西北部中部等地偏大,部分地区明显偏大,其中,西藏南部东北部部分区域、四川西部、云南西部中部部分区域、广西东部、广东大部、福建南部等地异常偏大(中国气象局风能太阳能中心,2022)。

(2)光伏发电增长明显

2021 年全国光伏新增并网容量 5488 万千瓦,其中集中式光伏电站新增 2560.07 万千瓦、分布式光伏新增 2927.9 万千瓦。截至 2021 年底光伏发电累计并网容量 3.06 亿千瓦,其中集中式光伏电站累计装机 1.98 亿千瓦、分布式光伏累计装机 1.08 亿千瓦(表 4.2)。从新增装机布局看,装机占比较高的区域为华北、华东和华中地区,分别占全国新增装机的 39%、19% 和 15%[①]。

[①] 资料来源:国家能源局,2021 年光伏发电建设运行情况,http://www.nea.gov.cn/2022－03/09/c_1310508114.htm

表 4.2　2011—2021 年光伏发电发展情况

年份	新增光伏发电装机量（万千瓦）	光伏发电累计装机量（万千瓦）	光伏发电量（亿千瓦时）
2011	196	212	6
2012	129	341	36
2013	1248	1589	84
2014	897	2486	235
2015	1732	4218	395
2016	3413	7631	665
2017	5311	12942	1166
2018	4421	17363	1775
2019	3022	20385	2238
2020	4820	25205	2605
2021	5488	30693	3259

数据来源：国家能源局。

2. 风能开发利用气象服务

(1)2021 年全国风能资源评估

2021 年，气象部门利用全国陆地 70 米高度层水平分辨率 1 千米×1 千米的风能资源数据，得到 2021 年全国陆地 70 米高度层的风能资源年景。

根据风观测数据评估，2021 年全国陆地 70 米高度层平均风速均值为 5.5 米/秒。大于 6.0 米/秒的地区主要分布在东北大部、华北北部、内蒙古大部、宁夏中南部、陕西北部、甘肃西部、新疆东部和北部的部分地区、青藏高原大部、云贵高原和广西等地的山区、东南沿海等地，其中，东北西部和东北部、内蒙古中东部、新疆北部和东部的部分地区、甘肃西部、青藏高原大部等地年平均风速达到 7.0 米/秒，部分地区甚至达到 8.0 米/秒以上。山东西部及东部沿海、江苏大部、安徽东部等地年平均风速也可达到 5.0 米/秒以上(中国气象局风能太阳能中心，2022)。

2021 年，70 米高度年平均风速偏小的区域主要在新疆北部和西南部、青海大部、甘肃西部、贵州大部、广西南部、广东沿海、海南北部、山东北部和半岛地区、河北北部、黑龙江东部的部分地区;偏大的区域主要在黑龙江北部、内蒙古中部和东部的部分地区、山西大部、陕西北部、宁夏中北部、山东西部、江苏北部、四川西部等地。更好利用风电资源,降低碳排放量,有助于实现生态环境可持续发展。

（2）全国风电保持良好势头

2021年,全国风电新增并网装机4757万千瓦,其中陆上风电新增装机3067万千瓦、海上风电新增装机1690万千瓦。从新增装机分布看,中东部和南方地区占比约61%,"三北"地区占39%,风电开发布局进一步优化。到2021年底,全国风电累计装机3.28亿千瓦,其中陆上风电累计装机3.02亿千瓦、海上风电累计装机2639万千瓦。

2021年,全国风电发电量6526亿千瓦时,同比增长40.5%（表4.3）;利用小时数2246小时,利用小时数较高的省（区）中,福建2836小时、内蒙古西部2626小时、云南2618小时。

表4.3　2011—2021年风能发电发展情况

年份	新增风能发电装机量（万千瓦）	风能发电累计装机量（亿千瓦）	风能发电量（亿千瓦时）
2011	1763	0.46	741
2012	1296	0.61	1030
2013	1609	0.77	1383
2014	2320	0.97	1598
2015	3297	1.31	1856
2016	1930	1.47	2409
2017	1966	1.63	3034
2018	2059	1.84	3660
2019	2574	2.1	4057
2020	7167	2.81	4665
2021	4757	3.28	6526

数据来源:国家能源局。

3. 气候资源国家标志评价

国家气候标志,是由独特的气候条件决定的气候宜居、气候生态、农产品气候品质等具有地域特色的优质气候品牌的统称,是衡量一地优质气候生态资源综合禀赋的权威认定,是挖掘气候生态潜力和价值的重要载体。国家气候标志评价是对一定地域范围内具有开发利用价值的气候资源进行监测和评估,并根据相关标准规范,对在生态、旅游、农业、健康等领域有显著积极影响的优质气候资源授予特定称号的气象服务工作。国家气候标志评价对科学挖掘气候价值,保护气候生态具有重要意义。通过开展国家气候标志评定工作,引导人们科学认识气候、主动适应气候、合理开发利用气候资源,挖掘气候生态价值,促进气候生态价值实现,发展气候生态产业,同时保护气候生态环境,创新气候服务模式,推动经济社会可持续发展。为促进气候资源开发利用,更好地推动国家气候标志评价工作的规范化、集约化和品牌化发展,中国气象局专门成立国家气候标志评价工作领导小组,并制定实施了《国家气候标志评价标准技术体系建设计划(2020—2021年)》,明确提出开展宜居城市、中国天然氧吧、气候好产品等优质气候品质评价系列标准研制,建立国家气候标志业务平台。

中国天然氧吧是中国气象局国家气候标志首批品牌之一。该品牌通过挖掘高质量的生态旅游气候资源开展生态产品价值评价,是贯彻国家生态文明建设和乡村振兴战略、落实国务院关于建立健全生态产品价值实现机制的一项创新举措。2021年,中国气象局公共气象服务中心修订了《中国天然氧吧评价工作实施细则》,并联合中国气象服务协会、成都信息工程大学等单位发布了《2021中国天然氧吧绿皮书》,全国56个地区获2021年度"中国天然氧吧"称号,76%的中国天然氧吧年均负(氧)离子浓度超过2000个/米^3,75%中国天然氧吧空气优良天数占比≥90%[①]。共有22个市县通过了"中国气候宜居城市(县)"资格初审,13个市县通过评审。截至2021年底,全国共有250个中国天然氧吧地区(表4.4)。中国天然氧吧评价工作得到了各地政府积极响应、各级气象部门热情参与、社会媒体大力助推,品牌效益显著提升,有力促进了

---

① 资料来源:2021中国天然氧吧绿皮书。

各地经济社会发展。

表 4.4　全国天然氧吧、气候标志县、气候宜居城市认证进展(单位:个)

年份	天然氧吧市县总数	气候标志市县总数	气候宜居城市总数
2016	9	—	—
2017	19	—	—
2018	36	23	3
2019	51	2	2
2020	79	—	4
2021	56	13	13
总计	250	38	40

数据来源:中国气象服务协会、国家气候中心。

2021 年,各地积极探索气候资源价值转化。北京、江西、黑龙江、湖北、云南、重庆等地不断强化"中国天然氧吧"创建及品牌利用,为当地经济社会发展贡献气象力量。江西、福建、安徽、广东、辽宁、云南等地推进"中国气候宜居城市"创建。其中,江西、安徽举办认定一批"避暑旅游目的地""避暑旅游休闲目的地",福建、广东举办"清新福建·气候福地""岭南生态气候标志"等活动;辽宁丹东市获评北方唯一"中国气候宜居市"国家气候标志。内蒙古、甘肃、河南、新疆、云南深化"气候好产品"品牌效应,开展特色农产品气候品质认证,助力区域经济产业发展成果丰硕。

(三)大气污染防治气象保障

1. 多尺度污染天气气象条件监测预报预警

(1)环境气象业务体系基本建成。到 2021 年,气象部门基本建成国、省、市三级协同的环境气象业务服务体系。国家级环境气象业务基于数值天气预报和环境气象数值预报产品,结合天气分析、概念模型判断、释用技术和检验评估分析等技术方法,持续制作并发布全国空气污染气象条件、全国地级以上城市空气质量、能见度、雾、霾以及沙尘落区预报预警产品。针对春节节日,开展烟花爆竹燃放气象指数预报业务。同时,中央气象台还与国家环境监测总站联合开展京津冀及周边地区重污染天气监测预警业务。制作并发布《环境气象公报》,打造集监测、分析、评估、预报和预警为一体的国家级环境气象综合产品。建立形成了每天滚动发布每周全国八大区域,即京津冀及周边区域、长三角区域、汾渭平原区域、珠三角区域、华中区域、西南区域、东北区域、西北区域涉及大气扩散、空气污染、臭氧污染气象条件和扬沙或浮尘等内容的环境气象公报。全国省级以上气象部门已经形成了利用大气成分及相关气象观测数据,对大气污染实况、污染天气、气象条件的特征及变化趋势进行客观分析,利用历史比对及数值模拟的方法,对大气污染防治措施效果进行评估,为相关决策部门提供大气污染防治对策及建议,形成评估报告。

2021 年,推动河南省开展市级环境气象服务试点,河南省气象局制定了年度试点工作方案,编研了《环境气象业务"应知应会"手册》,举办了"全省环境气象业务培训班",建成河南省环境气象业务服务省市一体化平台,实现实况监测、精细化预报、预报产品检验、服务产品制作等模块功能,有效支撑了大气污染防治气象服务保障工作。河南省构建了大气自净能力 168 小时预报,实现了大气自净能力等的客观预报。持续推进业务规范化标准化建设,规范环境气象服务材料制作发布流程以及细化岗位业务流程,推进环境气象评估服务业务标准化建设。漯河市气象局加入当地"一市一策"专家团队开展气象服务工作,提供了 2019 年漯河市 $PM_{2.5}$ 化学组分污染特征及来源解析报告。开封市开展了小麦收割过程中的大气污染分布扩散影响研究分析工作,快速得到麦收区域的大气污染分布结果,为气象、环境影响决策管理提供数据支撑,为空气质量改善提供准确"抓手"。

(2)环境气象保障服务能力显著提升。2021 年,进一步推进了全国环境气象保障服务能力建设。一是修订了国家级空气质量预报及检验评估业务规范和城市空气质量预报检验评估考核办法,推动环境空气质量业务预报时效由 3 天提升至 7 天,考核时段由 1 天提升至 3 天。依托自主开发的大气环境数值模式,建成从小时到月、季尺度的环境气象预报预测系统。组织围绕 $PM_{2.5}$ 和臭氧协同控制需求,研发气象条件对 $PM_{2.5}$ 和臭氧污染来源以及臭氧浓度影响评估产品,在北京、安徽、河南、广东等省(市)开展试用,实现了气象条件和源头排放对于当地臭氧浓度变化相对贡献的定量评估。组织完成全国及主要区域和城市空气质量（$PM_{2.5}$、PM_{10}、O_3）次季节逐日预测的逐日滚动更新。二是强化长三角区域生态环境保护气象服务,印发《中国气象局关于落实长三角生态环境保护 2021 年要点工作的方案》。组织长三角三省一市气象局和国家级业务单位开展区域气候变化风险评估、大气和水污染防治气象保障、生态质量监测网络建设、生态保护红线管控气象服务、碳达峰碳中和研究等。三是进一步完善国省级联动、区域联防的大气污染防治气象服务机制。加强多尺度污染天气监测预报预警。着力构建国家、区域、省、市四级污染天气监测预报预警体系,提高环境气象业务精细化和定量化水平。加强大气颗粒物与臭氧协同控制气象预报预警能力。发展全球大气环境监测预报服务能力。四是提升核及危化品泄露气象应急保障能力,建立国家、省、市三级的危化品泄露应急气象保障联动机制,提供高时空分辨率的污染区风险预报服务。加强沙尘天气监测预报预警。建立国家、区域、北方地区省份沙尘天气监测预报预警体系,提升沙尘天气精细化预报预警能力。加强全球及"一带一路"沿线主要国家沙尘暴天气预报预警及溯源能力,提供全球沙尘暴气溶胶质量浓度产品,实现对全球主要沙尘天气影响区的预报预警服务。五是通过深化气象和环保部门业务合作,中国气象局与生态环境部推动双方在《蒙特利尔议定书》受控物质监测评估和生态红线监管领域合作。推动空气质量业务预报时效提升至 7 天。围绕细颗粒物和臭氧协同控制气象保障需求,研发 $PM_{2.5}$ 和臭氧污染来源解析以及臭氧气象条件评估指数技术产品,并在北京、安徽、河南、广东四省（市）气象局开展试用。在生态环境部门夏季臭氧攻坚行动效果评估工作中,牵头气象条件评估部分。

2021 年,环境气象落区预报评分基本提高,大雾预报评分略微升高,为 0.172;霾预报评分略有下降,为 0.39;沙尘天气预报评分达新高,为 0.406,沙尘天气预报能力明显提升（图 4.2）。

2. 大气污染气象条件分析为治理提供了支撑

气象条件有利 $PM_{2.5}$ 污染趋降。2021 年全国平均 $PM_{2.5}$ 污染气象条件与上年基本持平（表 4.4）,其中北方大部地区气象条件有利于 $PM_{2.5}$ 浓度下降,南方部分地区气象条件有利于 $PM_{2.5}$ 浓度升高。2021 年,全国平均气象条件

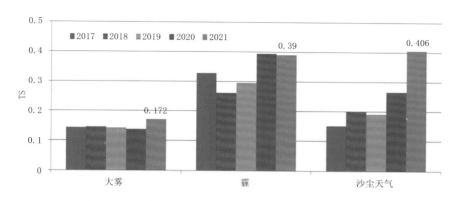

图 4.2　环境气象落区预报评分(2017—2021 年)(单位:分)

(来源:国家气象中心)

可使 $PM_{2.5}$ 较上年升高 0.4%、较近 5 年平均下降 3.3%。其中冬季平均气象条件可使 $PM_{2.5}$ 较上年和近 5 年同期平均分别下降 2.0%和 5.7%。

京津冀地区:2021 年平均气象条件可使 $PM_{2.5}$ 较上年和近 5 年平均分别下降 6.4%和 5.5%。其中冬季平均气象条件可使 $PM_{2.5}$ 较上年和近 5 年同期平均分别下降 13.4%和 5.6%。汾渭平原地区:2021 年平均气象条件可使 $PM_{2.5}$ 较上年和近 5 年平均分别下降 1.9%和 7.2%。其中冬季平均气象条件可使 $PM_{2.5}$ 较上年和近 5 年同期平均分别下降 12.1%和 13.2%。长三角地区:2021 年平均气象条件可使 $PM_{2.5}$ 较上年和近 5 年平均分别下降 0.1%和 7.0%。其中冬季平均气象条件可使 $PM_{2.5}$ 较上年同期升高 0.1%、较近 5 年同期平均下降 3.6%。珠三角地区:2021 年平均气象条件可使 $PM_{2.5}$ 较上年和近 5 年平均分别升高 10.4%和 2.5%。其中冬季平均气象条件可使 $PM_{2.5}$ 较上年和近 5 年同期平均分别升高 14.9%和 8.3%。其他区域:2021 年,东北、华中、西南等地区平均气象条件均使 $PM_{2.5}$ 浓度较上年升高(图 4.3,图 4.4)。

2021 年,全国气象条件总体有利臭氧污染下降。5—9 月,京津冀等北方部分地区较上年同期降水日数偏多、高温和辐射偏弱,气象条件有利于臭氧浓度下降;珠三角等南方大部地区较上年同期高温和辐射偏强,气象条件不利于臭氧浓度下降;西部大部地区较上年同期降水日数偏少、高温和辐射偏强,气

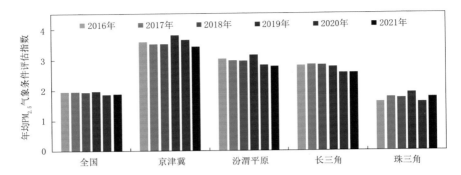

图 4.3　2016—2021 年全国及重点区域 PM₂.₅气象条件评估指数变化

（资料来源：中国气象局，2021年大气环境气象公报）

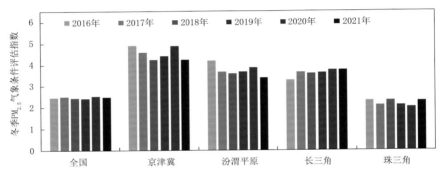

图 4.4　2016—2021 年全国及重点区域冬季 PM₂.₅气象条件评估指数变化

（资料来源：中国气象局，2021年大气环境气象公报）

象条件不利于臭氧浓度下降。2021 年，全国气象条件不利抑制沙尘天气。春季，影响我国的主要沙源地的气象条件总体有利于沙尘天气的发生。冷空气和大风日数较常年同期偏多，起沙动力条件强；上年主要沙源地夏秋季降水量较往年明显偏少，不利于植被生长，同时 2021 年春季沙源地积雪覆盖面积偏少，均导致地表状况对起沙抑制作用偏弱。气象条件整体有利于 2021 年春季沙尘天气偏多偏强。华北、黄淮等地春季大风日数较上年偏多，有利于沙尘粒子的传输，导致 2021 年我国沙尘天气影响面积偏大。

3. 多污染物协同控制评估

2021 年，继续开展多污染物协同控制评估。面向重点区域多污染物协同控制需求,加强国家、区域、省、市环境气象精细化评估能力,开展酸雨、大气颗粒物、臭氧及其前体物、霾天气、生物质燃烧烟雾等气象条件影响分析评估。提升大气污染与天气、气候变化相互影响评估能力。

(1)雾霾与沙尘监测评估总体趋平稳

雾霾天气过程总体趋降。2021年全国共出现6次大范围霾天气过程(表4.5),与上年减少1次,较2016年平均减少5次。2021年霾天气过程主要发生在京津冀及周边和汾渭平原。2021年共发生轻度霾过程1次、中度霾过程3次、重度霾过程2次。

表4.5　2021年霾天气过程纪要表

编号	起止时间	过程强度	主要影响区域
202101	1月21—27日	重度	陕西关中、山西、河南、山东、河北、北京、天津、湖北、江苏、安徽、辽宁中西部
202102	2月10—14日	重度	北京、天津、河北、河南、陕西关中、山西、四川、辽宁
202103	3月9—12日	中度	北京、天津、河北、山东北部、辽宁南部
202104	11月4—6日	中度	北京、河北、天津、山东、河南、辽宁南部、陕西关中
202105	11月16—19日	轻度	山东、河南、河北、北京、天津、陕西关中、山西、辽宁、安徽北部
202106	12月9—11日	中度	北京、天津、河北、山东、河南、陕西关中、山西、江苏、安徽、湖北、湖南

注:相邻三个及以上省大部分地区持续三天及以上出现中度及以上霾天气记为一次霾天气过程(参照《霾天气过程划分:QX/T513—2019》)。

资料来源:中国气象局,2021年大气环境气象公报。

2000年以来,全国霾天气过程次数呈现先上升再下降后趋于平稳的变化。2000—2013年呈上升趋势,2013年达到峰值(15次);此后至2017年呈下降趋势;2017—2021年霾天气过程基本稳定在5~7次,受气象条件变化略有波动(图4.5)。

全国及重点区域平均霾日数长期变化均呈现先上升后下降的趋势。各重点区域转为明显下降的时间存在差异。全国平均霾日数自2016开始明显下降,其中珠三角自2012年开始明显下降,京津冀和长三角区域自2014年开始

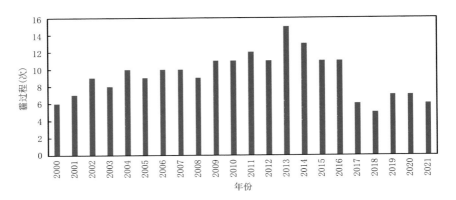

图 4.5　2000—2021 年全国霾天气过程次数

(资料来源:中国气象局,2021 年大气环境气象公报)

明显下降,汾渭平原自 2015 年开始明显下降(图 4.6)。

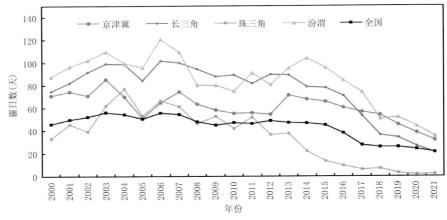

图 4.6　2000—2021 年全国及重点区域霾日数

(资料来源:中国气象局,2021 年大气环境气象公报)

　　沙尘天气过程呈波动略增。2021 年我国共出现了 13 次沙尘天气过程,较上年(10 次)偏多 3 次(图 4.7),较近 5 年平均(12.2 次)偏多 0.8 次。其中扬沙天气过程 8 次、沙尘暴天气过程 3 次、强沙尘暴天气过程 2 次。2021 年首次沙尘天气过程发生在 1 月 10 日(表 4.6),较近 5 年平均(2 月 16 日)偏早 37 天,比上年(2 月 13 日)偏早 34 天,为 2002 年以来最早。

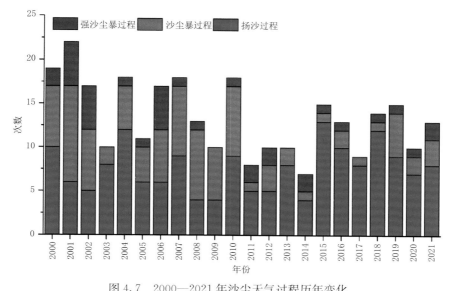

图 4.7　2000—2021 年沙尘天气过程历年变化

（资料来源：中国气象局，2021 年大气环境气象公报）

表 4.6　2021 年沙尘天气过程简表

序号	起止时间	过程类型	影响范围
1	1 月 10—16 日	扬沙	内蒙古中西部、甘肃中北部、青海北部、宁夏中北部、陕西北部、山西、河北、北京、天津、河南、山东、江苏北部、安徽北部、湖北中部、湖南北部、江西西北部等地出现扬沙或浮尘天气，内蒙古西部、甘肃中部的部分站点出现沙尘暴，内蒙古额济纳旗出现强沙尘暴。
2	1 月 27—28 日	扬沙	内蒙古西部、甘肃河西、宁夏、陕西中北部、山西、河南、安徽等地出现扬沙或浮尘天气，内蒙古吉兰太出现沙尘暴。
3	2 月 26—28 日	扬沙	新疆东部和南疆盆地，青海北部、甘肃、内蒙古西部和东部、宁夏、辽宁中西部、吉林中西部、黑龙江西部等地的部分地区出现扬沙或者浮尘天气，新疆南疆盆地东部、青海柴达木盆地的部分地区出现沙尘暴。

续表

序号	起止时间	过程类型	影响范围
4	3月13—18日	强沙尘暴	新疆东部和南疆、甘肃大部、青海东北部及柴达木盆地、内蒙古大部、宁夏、陕西、山西、北京、天津、河北、黑龙江中西部、吉林中西部、辽宁中部、山东、河南、江苏中北部、安徽中北部、湖北西部等地出现大范围扬沙或浮尘天气，其中，内蒙古中西部、甘肃西部、宁夏、陕西北部、山西北部、河北北部、北京、天津等地出现沙尘暴，内蒙古中西部、宁夏、陕西北部、山西北部、河北北部、北京等地的部分地区出现强沙尘暴
5	3月19—21日	扬沙	新疆南疆、内蒙古中西部、甘肃、青海北部、宁夏、陕西中北部、山西、河北中南部、河南、安徽北部、湖北中部、湖南北部等地出现扬沙或浮尘天气
6	3月27日—4月1日	强沙尘暴	新疆东部和南疆盆地、青海北部、甘肃大部、宁夏、内蒙古中西部、黑龙江西南部、吉林、辽宁、陕西大部、山西、北京、天津、河北、河南、山东、湖北北部、安徽北部、江苏、上海、浙江北部等地出现扬沙或浮尘天气，内蒙古中部、陕西北部、河北西北部的部分地区出现沙尘暴，内蒙古中部出现强沙尘暴。
7	4月14—16日	沙尘暴	新疆东部和南疆盆地、青海北部、甘肃北部、宁夏、内蒙古大部、黑龙江西南部、吉林西部、辽宁西北、陕西北部、山西、北京、天津、河北、河南、山东、安徽北部、江苏北部等地出现扬沙或浮尘天气，内蒙古中西部局地出现沙尘暴。
8	4月25—27日	扬沙	新疆南疆盆地、青海东北部、内蒙古大部、甘肃河西、陕西北部、宁夏、山西北部、河北北部和中部、山东中北部、黑龙江西部局地、吉林西部等地出现扬沙或浮尘天气，内蒙古西部、甘肃中部的部分地区出现沙尘暴。
9	5月1—3日	扬沙	新疆东部和南疆盆地、青海西北部、内蒙古西部、甘肃中部、宁夏北部、陕西北部、山西北部出现扬沙或浮尘天气，新疆南疆盆地的部分地区出现沙尘暴，于田、且末出现强沙尘暴。

续表

序号	起止时间	过程类型	影响范围
10	5月6—8日	沙尘暴	新疆南疆盆地西部、内蒙古中西部和东南部、宁夏、陕西中北部、山西、河北、北京、天津、山东、河南、安徽北部、江苏、上海、辽宁等地出现扬沙或浮尘天气,内蒙古西部和东南部的部分地区有沙尘暴,乌拉特中旗、达尔罕茂明安联合旗出现强沙尘暴
11	5月11—12日	扬沙	新疆南疆盆地、青海西北部、内蒙古西部、甘肃河西的部分地区出现扬沙或浮尘天气,新疆南疆盆地的部分地区出现沙尘暴,铁干里克、塔中出现强沙尘暴。
12	5月22—24日	扬沙	内蒙古中西部、宁夏、山西北部、河北、北京、天津、山东中北部出现扬沙或浮尘天气,内蒙古中部出现沙尘暴。
13	11月5—6日	沙尘暴	新疆东部和南疆盆地、甘肃中西部、内蒙古西部、宁夏、陕西中北部等地出现扬沙或浮尘天气,新疆南疆盆地部分地区出现沙尘暴,若羌、塔中出现强沙尘暴。

资料来源:中国气象局,2021年大气环境气象公报。

(2)大气颗粒物浓度总体趋降

根据中国环境监测总站资料分析显示,2021年全国PM_{10}平均浓度为54微克/米^3,比上年下降3.6%,比2016年下降23.9%。2021年,京津冀地区PM_{10}平均浓度为69微克/米^3,比上年下降10.4%;长三角地区PM_{10}平均浓度为56微克/米^3,与上年持平;汾渭平原PM_{10}平均浓度为76微克/米^3,比上年降低8.4%;珠三角地区PM_{10}平均浓度为41微克/米^3,比上年下降7.9%。

中国气象局国家大气本底站观测资料显示,2021年阿克达拉、香格里拉、金沙、临安和龙凤山站PM_{10}浓度分别为20.2微克/米^3、7.2微克/米^3、35.4微克/米^3、45.6微克/米^3、27.7微克/米^3,较上年分别下降15.4%、增加30.8%、增加1.7%、下降3.0%、增加70.7%,即呈"二减三增"。

根据中国环境监测总站资料分析显示,2021年全国$PM_{2.5}$平均浓度为30微克/米^3,比上年下降9.1%,比2016年下降28.6%。2021年,京津冀地区

PM$_{2.5}$平均浓度为 38 微克/米^3，比上年下降 13.6%；长三角地区 PM$_{2.5}$年均浓度为 31 微克/米^3，比上年下降 11.4%；汾渭平原 PM$_{2.5}$年均浓度为 42 微克/米^3，比上年下降 12.5%；珠三角地区 PM$_{2.5}$年均浓度为 21 微克/米^3，与上年持平。

中国气象局国家大气本底站观测资料显示，2021 年金沙、香格里拉、阿克达拉、上甸子站 PM$_{2.5}$浓度分别为 27.1 微克/米^3、5.5 微克/米^3、10.2 微克/米^3、25.2 微克/米^3，较上年分别上升 16.9%、上升 31.6%、下降 21.9%、上升 17.7%。

(3)臭氧浓度不同区域有降有升

根据中国环境监测总站资料分析显示，2021 年全国臭氧浓度为 137 微克/米^3，较上年下降 0.7%，较 2016 年上升 8.7%。2021 年，京津冀地区臭氧浓度为 165 微克/米^3，较上年下降 8.5%；长三角地区臭氧浓度为 151 微克/米^3，较上年下降 0.7%；汾渭平原臭氧浓度为 165 微克/米^3，较上年上升 2.5%；珠三角地区臭氧浓度为 153 微克/米^3，较上年上升 3.4%。

(4)大气酸沉降总体趋好

2021 年，全国平均降水 pH 值为 6.03，平均酸雨频率为 22.0%，保持了近年来酸雨改善的较好水平。2021 年，全国酸雨区(降水 pH 值低于 5.60)主要位于江淮、江南、华南大部及西南的局部地区，其中江西北部、湖南东部和南部等地平均降水 pH 值低于 5.00，酸雨污染较明显；酸雨频发区(酸雨频率高于 50%)主要位于江南中部、华南中部等南方地区，其中江西北部、湖南东北部等地区酸雨频率高于 80%，为酸雨高发区。

气象部门 74 个酸雨观测站的长期观测资料显示，自 1992 年以来，全国酸雨污染经历了改善、恶化、再次改善的阶段性变化。1992—1999 年为酸雨改善期，平均降水 pH 值、酸雨频率、强酸雨频率的年变率分别为 0.03/年、−0.7%/年、−0.7%/年；2000—2007 年酸雨污染恶化，平均降水 pH 值、酸雨频率、强酸雨频率的年变率分别为 −0.06/年、2.1%/年、1.6%/年；2008 年以来酸雨污染状况再度改善，平均降水 pH 值、酸雨频率、强酸雨频率的年变率分别为 0.05/年、−1.8%/年、−1.3%/年(图 4.8)。

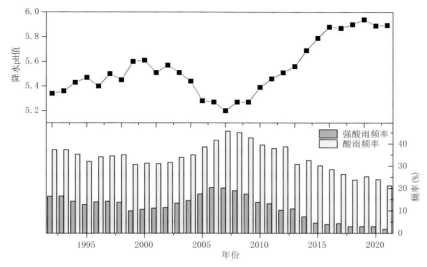

图 4.8　1992—2021 年全国平均降水 pH 值、酸雨频率和强酸雨频率时间序列

（资料来源：中国气象局，2021 年大气环境气象公报）

4. 大气环境容量总体趋强

大气自净能力反映大气对污染物的通风扩散和降水清除能力。2021 年，全国平均大气自净能力指数 3.2 吨/（天·千米^2），较 2001—2020 年平均值偏高 12.4%，较 2013 年（"大气国十条"实施初期）偏高 12.3%，大气自净能力总体偏强。

东北中南部、华北北部及内蒙古东部、海南大部、四川西部、西藏大部、青海南部等地的大气自净能力在 3.6 吨/（天·千米^2）以上，大气对污染物的清除能力较强；新疆西南部和中部局地、四川中部局地大气自净能力小于 1.6 吨/（天·千米^2），大气对污染物的清除能力较差；全国其余大部地区大气对污染物的清除能力一般。除青海、西藏大部、四川中西部以及云南西北部偏低外，全国大部地区大气自净能力指数偏高或接近 2001 年平均值，其中黑龙江中部、吉林中部和西部、河北南部、山东西部、河南中东部、湖南北部、贵州北部、重庆大部等地偏高 30% 以上[1]。

---

[1]　资料来源：中国气象局国家气候中心，《中国气候公报 2021》。

三、评价与展望

　　近些年来,我国生态文明建设气象服务取得了重大进展,生态气象发展成效显著。但一定程度上还存在生态气象"趋利"服务不足、生态气象资产评估滞后、基层生态气象服务能力较弱、生态气象人才和投入保障机制不够健全、生态气象研究与成果转化不足等问题①。还需要从以下方面推进生态气象保障能力建设。

　　一是加强生态气象"趋利"服务。从过去注重"避害"向"趋利""避害"并重转变,应深入挖掘生态气象服务的经济价值,积极开发利用气候资源,提高气象资源安全保障水平,根据山水林田湖草等生态保护和修复需求,建立生态修复型人工影响天气服务业务,提高降水对生态系统修复的效用,降低生态保护、修复和灾害防治成本。

　　二是积极推进生态气象资产评估。完善生态气象资产系统评估理论与方法,加紧建立生态气象资产评估指标、技术与标准体系,融入国家"双碳"目标,推进省市县级生态气象资产评估试点,建立健全部门之间沟通协调机制,推进新技术新方法应用。

　　三是提升基层生态气象服务能力。针对地方生态气象服务需要,增强属地化生态气象服务能力,解决基层生态气象业务发展碎片化状况,明确省市县三级气象部门生态气象服务职责,形成一批可复制可推广的生态气象服务示范样板。

　　四是推进生态气象研究与成果转化。加强面向国土空间开发的生态气象技术支撑,强化生态气象监测评价预警体系建设,找准生态服务的关键气象技术指标,推进生态科技成果协同开发与利用。

---

　　①　资料来源:国家发展改革委、科技部、财政部、自然资源部、生态环境部、水利部、农业农村部、应急管理部、中国气象局、国家林草局,《生态保护和修复支撑体系重大工程建设规划(2021—2035年)》。

第五章 应对气候变化[*]

  2021 年,气候变化导致全球多地极端天气多发强发广发并发,多地发生暴雨洪水、高温野火、干旱热浪等灾害。气候变化正在给不同地区带来多种不同的变化,这些变化都将随着全球变暖的进一步加剧而加剧。随着 IPCC 发布 AR6 WGI 评估报告、《格拉斯哥气候协议》的达成,应对气候变化更加引起国际社会的关注。中国积极展现大国担当,多措并举推进碳达峰、碳中和,努力为全球气候治理贡献中国力量。

一、2021 年国内外应对气候变化概述

  世界气象组织(WMO)发布的《2021 年全球气候状况》报告指出,温室气体浓度、海平面上升、海洋热量和海洋酸化等四项关键气候变化指标,在 2021 年创下新纪录。全球平均气温继续升高,海平面加速上升,海洋热量创历史新高,海洋酸化现象不断加剧。WMO 表示,这是人类活动造成全球规模变化的又一明确迹象,将对可持续发展和生态系统产生有害和持久的影响。气候变化对人类发展造成严重威胁,导致全球多地极端天气频发,对人类健康的威胁持续上升,促使全球必须采取行动,积极应对气候变化。

  全球应对气候变化国际协议达成。2021 年,联合国气候变化框架公约第二十六次大会(COP26)上近 200 个国家达成《格拉斯哥气候协议》。根据联合

---

  * 执笔人员:李萍 杨丹

国声明,各缔约方认可《巴黎协议》提出的"将气温上升控制在1.5℃之内"的目标;承诺到2030年将全球二氧化碳排放量削减将近一半。作为COP26最突出的成果之一,各国还同意加快减排步伐,在2022年提出新的"国家自主决定贡献"(NDC)排放目标,并接受一年一度的审查,确认目标完成进度。

本次大会上达成多项国际间承诺,包括印尼、韩国、乌克兰等煤炭大户在内的46个国家签署了《全球煤炭向清洁能源转型的声明》。其中,发达国家承诺在2030年之前逐步淘汰煤炭,发展中国家承诺在2040年前逐步淘汰煤炭;拥有85%森林面积的100多个国家承诺,到2030年之前阻止和逆转森林和土地退化的趋势,包括"地球绿肺"巴西;90多个国家加入"全球甲烷承诺",计划到2030年将甲烷排放减少至2020年的70%。

大会期间,中国和美国发布《中美关于在21世纪20年代强化气候行动的格拉斯哥联合宣言》,双方赞赏迄今为止开展的工作,承诺继续共同努力,并与各方一道,加强《巴黎协定》的实施。双方同意建立"21世纪20年代强化气候行动工作组",推动两国气候变化合作和多边进程。双方计划在以下方面开展合作:21世纪20年代减少温室气体排放相关法规框架与环境标准;将清洁能源转型的社会效益最大化;推动终端用户行业脱碳和电气化的鼓励性政策;循环经济相关关键领域,如绿色设计和可再生资源利用;部署和应用技术,如碳捕集、利用、封存和直接空气捕集。

中国积极推进碳达峰、碳中和行动。2021年,《中共中央国务院关于完整准确全面贯彻新发展理念做好碳达峰碳中和工作的意见》以及《2030年前碳达峰行动方案》发布,标志着碳达峰、碳中和"1+N"政策体系正在加快形成。坚定走绿色低碳发展道路,实施减污降碳协同治理,积极探索低碳发展新模式。加大温室气体排放控制力度,有效控制重点工业行业温室气体排放,推动城乡建设和建筑领域绿色低碳发展,构建绿色低碳交通体系,持续提升生态碳汇能力。

2021年9月,习近平主席出席第七十六届联合国大会一般性辩论时提出,中国将大力支持发展中国家能源绿色低碳发展,不再新建境外煤电项目,展现了中国负责任大国的责任担当。10月,习近平主席出席《生物多样性公约》第十五次缔约方大会领导人峰会并发表主旨讲话,强调为推动实现碳达峰、碳中和目标,中国将陆续发布重点领域和行业碳达峰实施方案和一系列支撑保障措施,构建起碳达峰、碳中和"1+N"政策体系。中国将持续推进产业结构和能源结构调整,大力发展可再生能源,在沙漠、戈壁、荒漠地区加快规划建设大型风电光伏基地项目,第一期装机容量约1亿千瓦的项目已有序开工。

中国积极参与气候变化国际谈判。中国推动发起建立了"基础四国"部长级会议和气候行动部长级会议等多边磋商机制,积极参加二十国集团(G20)、国际民航组织、国际海事组织、金砖国家会议等框架下气候议题磋商谈判,调动发挥多渠道协同效应,推动多边进程持续向前;积极同广大发展中国家开展应对气候变化南南合作,尽己所能帮助发展中国家特别是小岛屿国家、非洲国家和最不发达国家提高应对气候变化能力,减少气候变化带来的不利影响;2021年,中国与28个国家共同发起"一带一路"绿色发展伙伴关系倡议,促进共建"一带一路"国家开展生态环境保护和应对气候变化,为全球气候治理贡献中国方案。

二、2021年应对气候变化主要进展

(一)适应与减缓气候变化

2021年,我国继续积极采取适应与减缓气候变化措施,在农业、水资源、森林和其他生态系统、海岸带和沿海生态系统、城市建设、气候变化决策支撑保障、综合防灾减灾等领域,积极推进适应气候变化取得新的进展;在减少碳排放、优化能源结构、增加碳汇等方面持续采取一系列措施,减缓气候变化取得积极成效。

1. 积极适应气候变化

(1)推行农业绿色生产方式[①]。2021年,继续抓好农业深度节水控水,支

---

① 参考资料:《"十四五"全国农业绿色发展规划》《农业农村部关于落实好党中央、国务院2021年农业农村重点工作部署的实施意见》。

持黄河流域等重点区域发展节水农业、旱作农业,分区域分作物推行定额灌溉。实施新一轮草原生态保护奖励补助政策。支持农业绿色发展先行区建设,构建农业绿色发展支撑体系,推进农业绿色发展综合试点,认定一批国家农业绿色发展长期固定观测试验站。推进退化耕地治理,建设集中连片示范区。实行污染耕地分类管理。扩大耕地轮作休耕试点范围。强化农业废弃物资源化利用。加快推广应用可降解农膜,推进农药包装物回收利用,统筹抓好农业农村减排固碳。

(2)加大水资源管理力度①。2021年,水生态保护治理全面加强。清理整治河湖乱占、乱采、乱堆、乱建问题2.6万个。全面完成水利普查名录内河湖管理范围划界工作,持续推进华北地区地下水超采综合治理,治理区地下水位总体回升。全国地表水优良水质断面比例达到84.9%,同比上升1.9个百分点;劣Ⅴ类水质断面比例为1.2%,同比下降0.6个百分点②。完成水土流失治理面积6.2万千米²。开展向乌梁素海应急生态补水、望虞河引江济太调水,河湖生态环境稳定向好。

(3)深入实施重点生态工程③。2021年,实施山水林田湖草沙一体化保护和修复工程。支持青藏高原和黄河流域重点区域实施历史遗留矿山生态修复。谋划启动66个林草区域性系统治理项目。完成天然林抚育113.33万公顷。退耕还林、退耕还草分别完成38.08万公顷和2.39万公顷。长江、珠江、沿海、太行山等重点防护林工程完成造林34.26万公顷。三北工程完成造林89.59万公顷。京津风沙源治理工程完成造林21.25万公顷,工程固沙0.67万公顷。完成石漠化综合治理33万公顷。建设国家储备林40.53万公顷。开展草原生态修复156.26万公顷。新增水土流失治理面积6.2万千米²。湿地保护修复持续强化,新增和修复退化湿地7.27万公顷,实行了湿地生态效益补偿。已指定64处国际重要湿地,建立602处湿地自然保护区、899处国家

① 参考资料:《李国英在2022年全国水利工作会议上的讲话》。
② 参考资料:《生态环境部部长黄润秋在2022年全国生态环境保护工作会议上的工作报告》。
③ 参考资料:全国绿化委员会办公室,2022.2021年中国国土绿化状况公报。

湿地公园。沙漠化防治稳步推进。

（4）扎实推进碧水保卫战[①]。2021年，建立健全长江流域水生态考核指标体系。开展长江经济带工业园区污水处理设施整治专项行动"回头看"。加大长江入河排污口监测、溯源、整治工作力度。全面完成黄河干流上游和中游部分河段5省区18个地市7827千米岸线排污口排查。积极推动全国乡镇级集中式饮用水水源保护区划定，全年累计划定19132个。深入推进黑臭水体整治，持续提升城市黑臭水体治理成效。加强入海排污口管理，推进海水养殖生态环境监管和海洋垃圾污染防治，强化海洋工程和海洋倾废制度建设，与有关部门共同开展"碧海2021"海洋生态环境专项执法。

（5）统筹开展城市绿化[②]。2021年，新增43个城市开展国家森林城市建设。全国累计建设"口袋公园"2万余个，建设绿道8万余千米。大力推进"无废城市"建设，中共中央办公厅、国务院办公厅印发《关于深入打好污染防治攻坚战的意见》，生态环境部等18部门联合印发《"十四五"时期"无废城市"建设工作方案》，提升固体废物治理体系和治理能力，充分发挥减污降碳协同增效作用。各地积极响应中央"无废城市"建设精神，结合当地实际积极推进了"无废城市"建设。

（6）不断提升气候变化科技支撑能力。2021年，完善气候变化工作体系，深化气候变化业务技术体制改革，推进国省级气候变化监测评估工作，推动完善温室气体观测站布局、新建冰川综合监测站、强化风能太阳能监测。围绕极端天气气候事件和气候变化热点问题，加强国、省两级气候变化决策咨询能力建设。参与碳达峰、碳中和"1＋N"政策研究，将科学研究、国际交流、二氧化碳统计核算、科普宣传等工作纳入国家双碳工作整体部署。积极参与科技部《科技支撑引领碳达峰碳中和行动方案（2021—2030年）》、"碳达峰碳中和关键技术研究与示范"重点专项编制。推动气候变化监测评估工作、政府间气候变化专门委员会（IPCC）相关工作、青藏高原气候变化应对工作等重点任务组织实

---

① 参考资料：《生态环境部部长黄润秋在2022年全国生态环境保护工作会议上的工作报告》。
② 参考材料：全国绿化委员会办公室，2022.2021年中国国土绿化状况公报。

施并印发工作方案。发布《2019年中国温室气体公报》《中国气候变化蓝皮书(2021)》《应对气候变化绿皮书》等权威产品,应对气候变化决策支撑保障能力提升。

(7)积极推进应急管理能力建设①。2021年,进一步理顺防汛抗旱、森林草原防灭火等专项指挥机制。加强国家综合性消防救援队伍建设,新组建了灾害应急专业队伍,建成森林消防特种救援大队和快反分队,重型救援装备陆续列装。健全国家航空应急救援体系,启动国家航空消防关键力量建设。组建国家应急医学研究中心。进一步优化物资储备品种和布局,完善应急资源管理平台,健全快速调拨机制。深入推进自然灾害防治重点工程、国家应急指挥总部、区域救援中心建设。第一次全国自然灾害综合风险普查全面铺开。国家灾害综合监测预警平台初步建成,地震预警网在重点地区推广覆盖。全面开展城市安全风险综合监测预警平台建设。成功举办"一带一路"自然灾害防治和应急管理国际合作部长论坛、首届中国—东盟灾害管理部长级会议。

2. 努力减缓气候变化

(1)碳排放持续下降

2021年,全国万元国内生产总值二氧化碳排放下降3.8%,万元国内生产总值能耗②比上年下降2.7%。近年来中国单位国内生产总值(GDP)能耗不断下降,2015—2021年,单位GDP能耗分别下降5.3%、4.8%、3.5%、3.0%、2.6%、0.1%和2.7%(图5.1)。2015—2021年平均降幅为3.1%,2021年能耗降低幅度增大,生态环境保护取得新成效。

2021年,天然气、水电、核电、风电、太阳能发电等清洁能源消费量占能源消费总量的25.5%,上升1.2个百分点。2014—2021年清洁能源消费量占能源消费总量的比重逐年上升,分别为17.0%、18.0%、19.5%、20.5%、22.1%、23.3%、24.3%、25.5%(图5.2),清洁能源比重呈明显稳步提升,能源消费结

---

① 参考资料:应急管理部,2022年全国应急管理工作会议。
② 2021年全国万元国内生产总值能耗按2020年价格计算。万元国内生产总值能耗降低率=［(本年能源消费总量/本年国内生产总值)/(上年能源消费总量/上年国内生产总值)−1］×100%。

构不断优化。

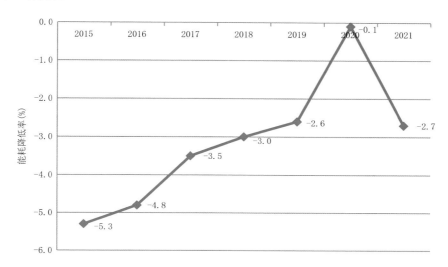

图 5.1   2015—2021 年万元国内生产总值能耗降低率(单位:%)

(数据来源:2015—2021 年国民经济和社会发展统计公报)

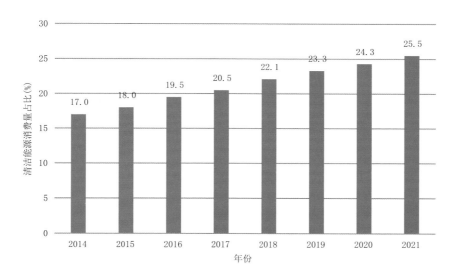

图 5.2   2014—2021 年清洁能源消费量占能源消费总量的比重(单位:%)

(数据来源:2014—2021 年国民经济和社会发展统计公报)

2021年,空气质量达标城市数量、优良天数比例持续上升,主要污染物浓度全面下降。339个地级及以上城市中,218个城市环境空气质量达标,占64.3%,同比上升3.5个百分点;全国地级及以上城市优良天数比例为87.5%,同比上升0.5个百分点。细颗粒物($PM_{2.5}$)、可吸入颗粒物(PM_{10})、臭氧(O_3)、二氧化硫(SO_2)、二氧化氮(NO_2)和一氧化碳(CO)六项指标年均浓度同比首次全部下降,其中,细颗粒物($PM_{2.5}$)浓度为30微克/米^3,同比下降9.1%,"十三五"以来,已实现"六连降";臭氧(O_3)浓度为137微克/米^3,同比下降0.7%,细颗粒物($PM_{2.5}$)和臭氧(O_3)浓度连续两年双下降。单位GDP二氧化碳排放指标达到"十四五"序时进度要求[①]。京津冀及周边地区、长三角地区、苏皖鲁豫交界地区、汾渭平原等重点区域空气质量改善明显。

(2)森林碳汇能力增加

2021年完成造林面积360万公顷(图5.3),其中人工造林面积134万公顷,占全部造林面积的37.1%。种草改良面积307万公顷,治理沙化、石漠化土地144万公顷,实现"十四五"良好开局(全国绿化委员会办公室,2022)。截至2021年末,国家级自然保护区474个。新增水土流失治理面积6.2万千米^2。

到2021年,全国森林面积达2.2亿公顷,森林覆盖率达到23.04%,森林蓄积量超175亿米^3,全国森林植被总碳储量达92亿吨,天然林和天然草原得到休养生息。2021年9月发布的《"十四五"林业草原保护发展规划纲要》强调,到2025年,我国森林覆盖率将提升到24.1%,森林蓄积量将达到190亿米^3,草原综合植被盖度将达到57%,湿地保护率将达到55%,以国家公园为主体的自然保护地面积占陆域国土面积的比例将超过18%。

(3)碳排放交易活跃[②]

2021年,进一步规范了全国碳排放权登记、交易、结算活动。从1月1日到12月31日为全国碳市场第一个履约周期,共纳入发电行业重点排放单位

---

① 参考资料:生态环境部部长黄润秋在2022年全国生态环境保护工作会议上的工作报告。
② 资料来源:http://www.gov.cn/xinwen/2022-01/04/content_5666282.htm

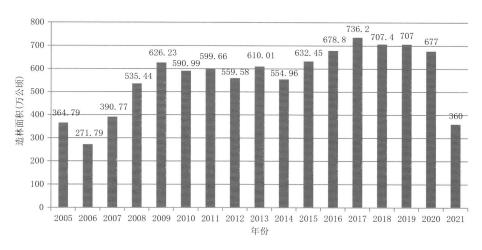

图 5.3　2005—2021 年全国造林面积(单位:万公顷)

(资料来源:2005—2021 年中国国土绿化状况公报)

2162 家,年覆盖温室气体排放量约 45 亿吨二氧化碳,是全球规模最大的碳市场。自 2021 年 7 月 16 日全国碳排放权交易市场正式启动上线交易以来,全国碳市场累计运行 114 个交易日,碳排放配额(CEA)累计成交量 1.79 亿吨,累计成交额 76.61 亿元。其中,四分之三的交易发生在 12 月份。2021 年 12 月 31 日收盘价 54.22 元/吨,较 7 月 16 日首日开盘价上涨 13%,市场运行健康有序,交易价格稳中有升,促进企业减排温室气体和加快绿色低碳转型的作用初步显现。

(二)应对气候变化科技支撑

2021 年,气象部门在气候变化检测归因、气候变化影响评估、适应性分析、决策支撑等方面的关键技术研发取得明显进展,持续为应对气候变化决策提供科技支撑。

1. 气候变化研究扎实推进

2021 年,完成了全球极端降水、中国湿球温度和极端温度长期变化的归因研究,定量评估了温室气体、人为气溶胶、城市化等因子的贡献。基于动力和统计联合降尺度方法,研制中国区域不同排放情景下的高分辨率气温和降水预估数据产品。开发了第三极亚洲高山区气温和降水、积雪等监测产品及月季尺度气温、降水确定性预报及概率预报试验产品。启动气候变化监测评估与生态气象保障工程等重点工程设计。

气候变化研究实现了前沿理论突破。挑战检测归因重要基础理论领域,量化人类活动对中国区域重大极端事件发生概率的影响,改变了检测归因领域主要由发达国家主导的局面;气候变化检测归因研究等成果被 IPCC 评估报告引用,为气候变化相关国内国际政策的制定提供了重要支撑。气候模式创新,自主研发的气候系统模式业务运行,并深度参与第六次国际耦合模式比较计划(CMIP6),模式预测能力进入国际先进行列;形成中国未来气候和极端气候预估数据集,完成 1.5℃ 和 2℃ 升温情景下干旱、极端降水和极端温度变化预估及其影响风险评估。

省级气候变化研究能力不断提升。2021 年,北京拓展环境气象服务,开展减污降碳背景下区域气候变化响应和应对策略研究,《气象景观人工智能识别与预报技术研究与应用示范》课题正式立项。江西研发智能气候预测系统,明显提升了气候预测水平,其降水气候预测排名全国第 2,温度预报准确率排名全国前 5。内蒙古开展可变网格多尺度气候预测和第三代气候模式产品释用技术研究。天津研发环境模式空间预报优化技术,$PM_{2.5}$ 和 O_3 预报准确率分别提升 12% 和 25%。甘肃、黑龙江、青海等地成立应对气候变化专项工作组,编制实施"加强气候变化工作实施方案""应对气候变化 5 年行动计划"等。

2. 温室气体监测评估业务基本建立

(1)温室气体观测网对碳排放总量实现全面监测

2021 年,中国气象局基本建成了全国温室气体观测网,提升了对温室气体的监测评估能力,为碳监测、核查提供了重要的技术支持。

推动完善温室气体观测网布局,温室气体观测网由 1 个全球本底站、6 个区域本底站和 52 个温室气体监测站组成,其中青海瓦里关温室气体全球本底站是在国家发改委支持下于 20 世纪 90 年代建成的。此后北京上甸子区域本底站、浙江临安区域本底站、黑龙江龙凤山区域本底站、云南香格里拉区域本底站、新疆阿克达拉区域本底站和湖北金沙区域本底站等也相继建成，并在江苏、山西、辽宁、江西、浙江、安徽、上海等省（市）建设了52个温室气体监测站。推动新建冰川综合监测站、强化风能太阳能监测。

国家温室气体观测网包含60个高精度观测为主的台站，其中国家级站点43个、省级站点17个，覆盖全国主要气候关键区，观测要素涵盖《京都议定书》中规定的二氧化碳、甲烷、氧化亚氮、氢氟碳化物、全氟碳化、六氟化硫和三氟化氮等7类温室气体要素。同时，启动建设25个高精度温室气体观测站。依托国家温室气体观测网温室气体在线监测站的高精度二氧化碳浓度数据以及碳卫星二氧化碳柱总量数据建成的碳监测核查支持系统，可为全球、全国、省、市及格点尺度人为碳排放总量变化、自然碳汇变化提供客观、全面和及时的监测与核查支持①。

2021年，编制了《温室气体观测系统建设发展方案（2021—2025年）》《温室气体监测站建设技术规范》；组织大气本底站业务技术交流会，加强大气成分观测技术培训。组织北京等7个探空站开展臭氧探空试验。组织推动国产化二氧化碳和甲烷在线观测技术装备研发和试验。

（2）温室气体及碳中和监测评估中心成立助力实现"双碳"目标

2021年，深化气候变化业务技术体制改革，组建中国气象局气候变化中心，在中国气象局成立温室气体及碳中和监测评估中心后，江西、福建、广东、湖北、江苏、青海、云南等地相继成立分中心，并启动温室气体及碳中和监测评估。其中，云南组建温室气体及碳中和监测评估研究团队，为22个大中型水电站选址、建设、运行提供现场气象保障服务。同时，各地深入推进"双碳"研究，安徽、江苏、甘肃开展温室气体观测数据质量分析，福建启动森林生态系统碳汇潜力与气候变化研究，青海稳步推进温室气体与碳中和重点实验室建设，新疆首次揭示了沙漠碳汇机理。河南、黑龙江、重庆以服务碳达峰碳中和等重要国家战略为重点积极推进国家气候观象台、温室气体观测站建设工作。

此外，各省（区、市）气象部门认真履行碳达峰碳中和领导小组成员单位职

---

① 资料来源：https://baijiahao.baidu.com/s? id＝17294702196298884775&wfr＝spider&for＝pc

责,成立技术团队或工作组,进一步强化应对气候变化工作。黑龙江、陕西、浙江联合省科技厅等单位完成碳达峰碳中和、碳汇能力巩固提升、温室气体监测系统等行动方案或相关实施建设方案。围绕气候变化、碳达峰碳中和、生态环境保护等热点问题,甘肃、湖北、辽宁、浙江等地编报有关研究报告、决策信息服务产品取得高度关注,获省领导批示。推动完善温室气体观测站布局、新建冰川综合监测站、强化风能太阳能监测;围绕极端天气气候事件和气候变化热点问题,加强国、省两级气候变化决策咨询能力建设。开展双碳技术研发和服务工作,建成我国第一个"自上而下"反演大气二氧化碳源-汇变化的碳监测同化反演核算系统——碳监测核查支持系统,准确区分全球、中国区域、省、市、格点等不同尺度的自然碳通量和人为碳通量,为实现碳达峰碳中和目标贡献力量。

（3）气候变化数据库建设为科研与应用提供资源共享

2021年,加强了均一化气候观测资料、卫星遥感、再分析资料的集成,按气候变量、长时间序列维度对数据进行重组和管理,研制我国第二代再分析及多源卫星融合的气候产品,强化数据的应用评估和服务水平,实现对全球、中国、承载力脆弱区等不同区域的气候变化事实分析,整合优化全国风能资源数值模拟产品、全国第四次风能详查数据成果等已有数据和产品,统一纳入气候变化数据库管理。按需求补充完善气候变化相关经济、社会、行业数据,加强对外部门数据的获取和应用。

（4）气候变化评估技术发展促进评估能力提升

2021年,进一步推进了气候变化评估技术发展。发布了《中国气象局气候变化监测评估工作方案》,提出了强化数据应用评估和服务水平,实现对不同区域的气候变化事实分析等,依托气候系统多源观测资料和基础数据产品,建立量化指标体系,发展区域气候变化监测规范与技术方法,自主研发气候变化核心指标监测产品指数,加强区域级生态环境系统气象监测指标研究,大幅提升气候变化监测自主化、精细化水平与精准信息服务供给能力,支撑气候承载力和灾害风险影响评估。同时强化气候变化综合影响评估能力,发展气候变化和重大气象灾害危险性综合评估方法,构建气候承载力评估技术和标准,开展极端气候事件风险早期预警,建立气象灾害风险管理技术体系和业务体系。

面向重点行业和领域、重点区域和流域,开展灾害风险定量化、动态化评估,发布风险预测、预估和预警产品,并提升全球气候变化评估与服务水平等。持续提升温室气体监测与评估能力,建设全国温室气体监测网和碳中和监测评估体系,逐步构建全国和区域碳汇-源实时核算和预报体系,实现碳收支的可测量、可报告、可核查,推进提升区域和城市碳汇潜力监测和评估能力,为各级政府和相关部门提供更有力的决策支撑。

3. 应对气候变化科技支撑决策服务能力增强

2021 年,中国气象局贯彻落实党中央国务院关于应对气候变化的重大决策部署,切实做好"十四五"科技创新和气候变化谋篇布局,编制完善《中国气象科技发展规划(2021—2035 年)》,印发《"十四五"中国气象局应对气候变化发展规划》,推进了气象部门应对气候变化支撑体系建设。

围绕极端天气气候事件和气候变化热点问题,加强国、省两级气候变化决策咨询能力建设。2021 年,中国气象局积极参与《国家适应气候变化战略2035》《"十四五"应对气候变化规划》等的编制工作。积极参与科技部《科技支撑引领碳达峰碳中和行动方案(2021—2030 年)》、"碳达峰碳中和关键技术研究与示范"重点专项编制。推进国家自然基金委加强气候变化国际合作项目研究布局。推进中国气象局与能源局签署战略合作协议。

2021 年,中国气象局继续推动构建国家级、区域和省级气候变化报告/公报编制业务体系。组织发布《中国温室气体公报(2019)》《中国气候变化蓝皮书(2021)》,联合中国社会科学院出版了第 13 部气候变化绿皮书——《应对气候变化报告 2021:碳达峰碳中和专辑》,全景式展现了我国实现碳达峰碳中和目标面临的挑战机遇、发展路径、关键技术、政策行动,以及主要国家碳中和政策进展等。出版发行《中国区域气候变化评估报告:2020 决策者摘要》《碳达峰、碳中和 100 问》《中国气候与生态环境演变:2021》,并参与编写《2020 年亚洲气候状况报告》等,为应对气候变化提供"立体依据",得到决策部门、业内专家及媒体的高度关注,科技助力国家应对气候变化能力逐步提升。中国气象局被纳入碳达峰碳中和工作领导小组成员单位,参与了碳达峰碳中和"1＋N"政策研究,气候变化科学研究、国际交流、二氧化碳统计核算、科普宣传等工作纳入国家双碳工作整体部署。多省（区、市）气象局发布了气候变化监测公报。2021年，组织有关科研业务单位研究郑州暴雨、湖北龙卷风等极端灾害天气事件，共编辑发布《气候变化动态》40期，首次面向社会公众发布气候预测公报，年内共发布46期。

全国各省级气象部门积极服务应对气候变化决策。黑龙江气象部门及时捕捉到全省积温带北移东扩情况，立足30年气象资料，重新划分全省六条积温带，为科学调整全省农业布局提供决策支撑；由陕西省牵头，联合苹果主产省（区）及国家气象中心组成苹果气象服务中心，围绕气候适宜性区划、气象灾害风险区划、气候品质认证等重大气象灾害预报预警、评估开展专题服务；内蒙古开展锡林郭勒典型草原畜牧业的影响及适应技术研究，贵州开展喀斯特生态脆弱区气候变化的事实、过程与机理研究等。安徽、北京、福建、天津、上海等地气象部门面向城市安全运行，开展城市通风廊道规划、城市基础设施气候变化风险的影响评估；广西、江西、内蒙古等地气象部门积极参与气候适应型城市建设相关工作；河北为雄安新区建设提供气候服务；广东开展了气候变化对城市气候承载力、人体健康等影响评估服务；辽宁结合IPCC特别报告为地方海岸带和海洋综合管理提供决策服务。一些省级气象部门面向生态保护，多地为红线划定工作提供气候变化和气象灾害风险等决策信息；《青海省气候与生态环境变化评估报告》为地方党委、政府提供了科学依据；河南开展沿黄生态保护和高质量发展专题研究；吉林针对长白山森林开展气候变化影响评估。

4. 气候影响评估和气候可行性论证工作持续

2021年，系统开展了气候与农业、气候与水资源、气候与能源、气候与植被、气候与交通、气候与大气环境、气候与人体健康等领域的气候影响评估工作（图5.4），相关成果通过《2021年中国气候公报》《中国气候变化蓝皮书》等向社会公布。

各省级气象部门继续推进气候变化影响评估和气候可行性论证工作。北京以海淀区为试点，提供精细化农业气候资源评估与灾害风险分析评估。甘肃、江苏、陕西、云南、新疆等地制定落实重大项目或区域气候可行性论证管理办法、审查规程等,进一步规范气候可行性论证管理,有效提高气候可行性论证的操作性。安徽推动"放管服"改革,省级以上开发区区域气候可行性论证基本实现全覆盖。山西、广西积极推动区域性气候可行性论证工作纳入政府统一服务或区域评估事项,进一步提高审批效率加快项目落地。广东、吉林、宁夏积极开展大型工程项目、区域性、化工园区及产业园等气候可行性论证工作。

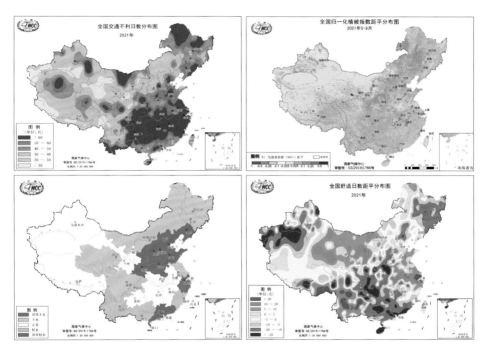

图 5.4 气候影响评估(交通、植被、水资源、人体舒适日数)

(资料来源:国家气候中心)

5. 积极参与全球气候治理

中国气象局作为政府间气候变化专门委员会(IPCC)国内牵头组织单位和联合国气候变化框架公约(UNFCCC)中国代表团成员,积极参与全球气候治理,并发挥了重要作用。[1]

---

① 资料来源:http://news.weather.com.cn/2022/01/3516110.shtml

2021 年,高质量完成 IPCC AR6 第一工作组和第二工作组报告政府和专家评审工作,在第一工作组报告编写过程中,形成上百条评审意见并提交给 IPCC 得到采纳,并加强成果推广与宣讲,更多研究成果和科学理念为我国积极应对气候变化和实现碳达峰、碳中和目标提供科学支撑和借鉴。组织参加 IPCC 第 54 次全会和联合国气候变化框架公约(UNFCCC)格拉斯哥气候大会,以建设性的态度与有关各方积极沟通磋商,贡献了中国智慧和中国方案,展现了中国负责任大国形象①。在 2021 年 IPCC 第 54 次全会上,中国代表团本着科学严谨的态度,有理有节有序提出建设性意见和建议,科学、客观和平衡反映最新科学进展,维护国家利益,并对全会审议进程进行科学引领和推动,为决策者摘要结论的客观、科学、平衡表述和通过发挥了重要作用,得到 IPCC 工作组的赞赏。加强 IPCC 报告成果宣讲解读,举办媒体访谈,庄国泰局长在人民日报发表署名文章,在全国政协、清华大学等召开宣讲会。深度参与联合国气候变化框架公约谈判,积极参与联合国防治荒漠化公约、世界自然保护大会等国际事务。

三、评价与展望

2021 年,气象部门主动对接国家规划和战略部署,在气候变化检测归因等机理研究、全球和区域气候系统模式开发、气候变化影响评估等方面取得长足发展,全面提升了应对气候变化工作能力和服务水平。但是,气象部门作为国家应对气候变化基础科技支撑部门,在发挥科技支撑作用、应对极端灾害第一道防线作用方面还有较大提升空间,未来气象部门在应对气候变化还应从以下方面着力。

一是实现基础理论和核心技术的重点突破。深化对气候系统多圈层、多时间尺度相互作用及其影响的机理认识,发展高分辨率多圈层耦合的地球系

---

① 资料来源:http://www.cma.gov.cn/2011xwzx/2011xqxxw/2011xqxyw/202111/t20211115_587430.html? from=singlemessage

统模式和精细化区域气候模式,实现一批跨领域、跨学科的交叉理论和技术突破。

二是提升气候变化监测与评估能力。完善气候变化观测体系,提升温室气体、气候关键要素、风能、太阳能资源观测能力。加强极端事件和气象灾害风险管理及早期预警,发展气候变化综合评估模型,开展面向粮食安全、水资源、生态环境、海平面、人体健康和基础设施等重点方向的灾害风险定量化、动态化评估。

三是建成气象科技—业务—服务创新大平台,发展中国多模式集合气候预测预估系统,提升年代际气候预测与气候变化预估能力,建设国家气候变化风险早期预警平台,形成多元化的气候服务体系和气候服务品牌,为碳达峰、碳中和工作夯实科技基础。

四是积极参与全球气候治理,提升应对与决策能力。深度参与IPCC评估进程和未来机制建设,争取国际话语权。强化参与联合国气候变化框架公约(UNFCCC)和世界气象组织(WMO)事务的能力,研判国际气候治理形势和走向。充分利用国家气候变化专家委员会办公室等机制,强化气候治理科技支撑与决策咨询能力。

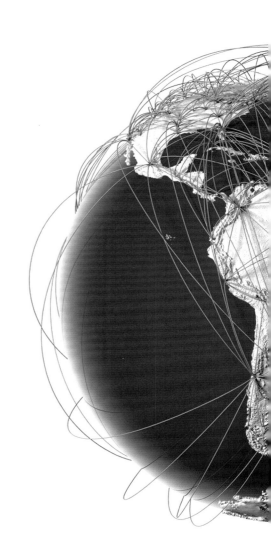

基础能力篇

第六章　精密气象监测[*]

　　气象监测是气象事业的立业之基、立足之本,是气象防灾减灾第一道防线的前哨,是气象服务保障生命安全、生产发展、生活富裕、生态良好的基础。2021年,全国气象系统围绕党中央重大战略部署,统筹推进综合观测业务改革与发展,着力提升"监测精密"能力,支撑"预报精准""服务精细",观测质量效益进一步提升。

一、2021年气象监测业务概述

　　2021年,进一步推进精密气象监测高质量发展。气象部门以《气象观测技术发展引领计划(2020—2035年)》为指导,深化创新驱动,加强气象观测试验研发,有序推进装备技术升级,稳步推进观测业务技术体制改革,不断完善研究型业务体系,赋能观测业务技术发展动力更加强劲。组织制定了《雷达气象业务技术体制改革方案》《风云气象卫星应用能力提升工作方案》,以推动雷达、卫星在气象业务特别是短临天气预报业务的应用。组织上海等9个省(区、市)的17部新一代多普勒天气雷达开展不同观测模式智能切换运行试点;组织新一代天气雷达建设业务软件系统开发应用,推进X波段天气雷达数据传输试验和观测业务流程的构建。研究通过了局校合作等渠道,发展卫星、雷达等多源资料融合技术,应用人工智能、大数据等新技术,卫星雷达在短时

---

　　*　执笔人员:张勇　王喆　樊奕茜

临近预报中的作用发挥不断强化。

2021年，进一步优化气象观测布局。通过分析观测预报服务互动需求，开展了现有气象观测能力评估，从"补短板、强弱项、提质量"三个方面，完成了气象观测站网布局高质量设计，实施了具有针对性、适用性和地区特征的气象观测站网布局方案，形成了包括国家级和省级观测站，类型包括大气本底站、气候观象台、基准气候站、基本气象站、（常规）气象观测站、应用气象观测站（温室气体、农业、生态、交通、旅游、林业等）、志愿气象观测站、综合气象观测（科学）试验基地、综合气象观测专项试验外场、气象飞机、气象飞艇、高空气象观测站、天气雷达站、飞机（飞艇）气象观测基地、空间天气观测站、气象卫星地面站、卫星遥感校验站等观测布局。通过观测预报互动设计站网布局，建立完整流程、业务平台，被世界气象组织（WMO）誉为最佳实践。针对大风、龙卷、高温等极端天气，各省份细化了观测专项方案，并全面融入各省份观测站网布局设计方案。新建了X波段天气雷达和垂直观测系统，新建和升级了自动气象站，提升了西南地区等重点监测盲区、重点流域以及强对流等灾害性天气的监测能力。根据观测站网统筹布局，2021年观测补短板等工程建设顺利实施。针对西南区域存在的监测短板，新建增加了1205套自动气象站、37部X波段天气雷达和13套地基遥感垂直观测系统。针对长江、黄河、海河等重点流域防汛河段和灾害易发区，统筹补短板、山洪等工程项目，新建更新1741套自动气象站，新建45部X波段天气雷达和16套地基遥感垂直观测系统，提升重点流域灾害性天气监测能力。

2021年，进一步提升气象观测质量和效益。综合气象观测业务围绕服务保障国家发展战略，深化风云卫星国际服务，助力重大活动强化汛期气象观测服务保障，增强服务"碳达峰、碳中和"重大战略观测能力。气象观测保障建党100周年、冬奥测试赛重大活动保障和汛期服务效益显著；构建了由43个国家级站点、17个省级站点组成的中国气象局国家温室气体观测网，增强了"碳达峰、碳中和"观测能力；通过补短板工程，西藏新建了19套自动气象站、3套地基遥感垂直观测系统和3套X波段天气雷达系统，在川藏铁路沿线优先建设16个6要素自动气象观测站、1个X波段天气雷达，提升了青藏高原综合观测能力；在新疆、西藏、云南、贵州、四川、甘肃、青海、陕西等地升级和补充乡镇自动气象站 1277 个，气象观测助力乡村振兴作用持续发挥。

二、2021 年气象监测业务主要进展

(一)气象卫星监测

1. 风云卫星全球组网观测能力

2021 年新增发 2 颗风云(FY)卫星。风云四号 B 星和风云三号 E 星(黎明星)分别于 6 月 3 日和 7 月 5 日成功发射。目前，我国在轨运行的风云气象卫星 7 颗(表 6.1)。风云气象卫星综合性能达到世界先进水平，静止和极轨两个系列，实现了系列化、业务化自主发展和升级换代。

表 6.1　现役风云卫星状态

类型	卫星名称	运行状态	定点经度/过赤道时间
静止卫星(GEO)	FY-4B	在轨测试	123.5°E
	FY-4A	正常运行	104.7°E
	FY-2H	正常运行	79°E
	FY-2G	正常运行	99.5°E
极轨卫星(LEO)	FY-3E	在轨测试	05:30 降交点
	FY-3D	正常运行	14:00 升交点
	FY-3C	运行于性能退化的状态下	10:15 降交点

实现了双星组网。FY-4B 卫星是我国新一代静止轨道气象卫星风云四号系列卫星的首发业务星，与 2016 年 12 月 11 日成功发射的 FY-4A 卫星组成我国新一代静止轨道气象卫星观测系统，实现双星组网，共同对大气和云进行高频次监测，获取晴空和薄云区域的大气垂直信息；监测地球辐射、冰雪覆盖、海面温度、气溶胶和臭氧等；实时监测洪涝、高温、寒潮、干旱、积雪、沙尘暴和植被；获取空间环境监测数据；生成各种大气物理参数和定量化产品。

实现了自主研制。FY-3E 卫星由我国自主研制，作为我国第二代极轨气

象卫星，是全球首颗民用晨昏轨道气象卫星，也是第 19 颗风云系列气象卫星。FY-3E 卫星与在轨的 FY-3C 卫星和 FY-3D 卫星组网运行，我国也因此成为国际上唯一同时拥有上午、下午、晨昏三条轨道气象卫星组网观测能力的国家。上午卫星（ETC 10：00 左右）、下午卫星（ETC 13：00 左右）、晨昏轨道卫星三星组网观测可以使数值预报 6 小时同化窗内卫星资料 100％全球覆盖，有效提高和改进全球数值天气预报精度和时效，对 4～7 天 500 百帕位势高度的预报半球尺度（北半球）提高 2～3 个百分点，区域尺度（北美洲）提高 2～10 个百分点。FY-3E 卫星设计寿命由 5 年升至 8 年，有利于最大限度挖掘和适度扩展卫星平台能力，提高载荷的可靠性、稳定性和探测精度，可充分发挥卫星应用效益。FY-3E 卫星地面应用系统针对新载荷、新搭配，建立了新的算法和处理方法，在规模、性能、技术水平和服务能力上均有大幅度提高。

2. 风云卫星数据产品质量

解决好卫星定标定位问题是提高卫星资料定量化应用水平最基础也是最关键的一步。2021 年，在提高风云卫星 L1 级产品辐射定标精度和地理定位精度方面取得了新进展。

定标方面，针对气象卫星新型遥感探测仪器——风云三号 E 星（FY-3E）太阳辐照度光谱仪（Solar Spectral Irradiance Monitor，SSIM）、风场测量雷达（Wind Radar，WindRAD）、太阳 X 射线极紫外成像仪（Solar X-ray and Extreme Ultraviolet Imager，X-EUVI），风云四号 B 星（FY-4B）快速成像仪（Geo High-speed Imager，GHI），完成了辐射和光谱定标算法攻关，研发了微光通道在轨处理、太阳反射波段星上定标跟踪、红外发射波段在轨精细化定标校准技术，推进了主动仪器地一体化外定标，优化了被动微波全链路定标模型，建立了仪器级产品处理实时业务系统。

定位方面，针对气象卫星新型遥感探测仪器——FY-3E 的主动遥感探测仪器 WindRAD、多角度电离层光度计（Triple-angle Ionospheric PhotoMeter，Tri-IPM）、FY-4B/GHI，完成了地理定位算法攻关，研发了 GHI 长线阵高精度定位与配准技术，优化了红外高光谱大气垂直探测仪（Hyperspectral Infrared Atmospheric Sounder，HIRAS）像旋校正算法，推进了姿轨地面精处理及中分辨率光谱成像仪(Medium Resolution Spectral Imager,MERSI)定位算法优化,建立了地理定位实时业务系统,FY-3E 的 WindRAD 和 FY-4B/GHI 定位精度达到 1 像素,MERSI 定位精度达到约 300 米。

数据质控方面,建立了覆盖太阳反射、红外、主被动微波谱段的基于观测参考源和模拟参考源的在轨观测精度评价技术体系,建立了近实时仪器级产品(L1)质量监测业务系统,形成了遥感探测仪器关键参数和 L1 质量在轨监视能力,新增 FY-3E 仪器状态实时告警业务能力,基于 L1 质量业务监测和交互分析平台服务于业务监测告警和数据诊断分析。研发了仪器核心参数与数据质量在轨综合监测、仪器状态告警技术,优化了 HIRAS L1 数据质量标识技术,优化了基于快速辐射传输模式(Radiative Transfer for TOVS,RTTOV)的红外和被动微波仪器的快速辐射系数生成技术,为后端用户提供了 FY-3E 的快速系数。

L2 业务产品研制方面,积极推进 FY-4B 和 FY-3E 新型定量产品研制和测试。完成风云三号 E 星 25 种定量产品的研发和业务生产,以及风云四号 B 星 53 种定量产品和 27 种合成图像产品的研制,所有产品均具备自动生产能力,其中新研产品达到 77 种。研发的 FY-4B 快速成像仪 1 分钟频次的真彩色云图和红外云图。研发 FY-3E 城市灯光图、微光云图、城市灯光、极地云导风、有云区大气温湿廓线、臭氧廓线、洋面风场、海冰范围和类型等新型反演产品。形成洋面风场流场、微光和洋面风羽叠加、台风三维结构等应用示范产品,在冬奥气象、十四运、台风等气象保障服务中发挥了重要作用。目前已有 30 种卫星产品集成到风云地球平台。产品质量检验系统首次跟随主线业务系统一同上线试运行。实现业务化开展 4 大类、21 种产品的检验,对汛期重点产品的质量检验与跟踪,为汛期卫星产品应用提供支撑。

风云卫星典型产品气候数据建设,完成 2008 年以来风云极轨气象卫星 5 千米空间分辨率全球 OLR 格点场数据。建立多源融合和可定期更新的全球 20 年以上(2000—2021)长序列积雪覆盖数据集,基于重处理 L1 数据研制长序列风云卫星海陆表温度数据集。评估显示,FY-3 OLR 产品与美国 CERES OLR 产品对东南亚夏季风监测和 ENSO 监测能力相当。再处理后的地表温度和海表温度与已有业务产品相比,数据精度提升 1~2 开。

3. 卫星全球资料接收能力

2021年,以风云三号03批地面系统建设为契机,将星地数据传输速率从目前的单通道最大320Mbps提升到550Mbps。完成了现有地面站接收系统的适应性改造,提升了高通量的星地数据接收、传输能力和系统可靠性,提高地面站自动运行、自动进行数据质量分析的能力。我国卫星地面应用系统,目前已形成北京、广州、乌鲁木齐、佳木斯和喀什5个国内站加北极瑞典基律纳站和南极毛德皇后站组成的数据接收网络,同时包括31个省级卫星遥感应用中心和294个卫星资料接收利用站,其中气象系统静止气象卫星中规模接收站213个、风云三号气象卫星资料接收站31个、"地球观测系统/中分辨率光谱成像仪"(EOS/MODIS)卫星接收应用站20个、风云四号气象卫星资料接收站30个;民航气象系统有卫星资料接收系统247套;农垦系统建成风云三号、风云四号遥感卫星接收系统各1套,气象极轨卫星云图接收系统6套,新型静止卫星云图接收系统10套。

2021年,以风云三号05星(FY-3E)地面系统建设为依托,科学统筹,精心设计极轨卫星任务规划系统,建立了多任务的智能任务规划能力,具备了从数据接收、数据汇集至产品处理业务全流程的统一业务集成与任务规划能力。对风云三号系列卫星、METOP、NPP、JPSS等卫星统一规划接收、作业调度、状态采集等任务,在规划任务过程中自动采集各站接收资源的可用状态,采集后端服务器的可用资源,做到基于可用资源的智能规划能力,构建了站控一体化的接收资源调度体制、实现了载荷全球数据高效并行汇集机制,及基于精准时序控制的产品生产业务高效处理流水线。该系统在FY-3E的在轨测试中经过了运行的检验,大大提高了系统的稳定性及工作效率,同时该系统具有很强的扩展能力,为运行控制系统接收未来的风云卫星及国内外其他同类卫星打下了基础。

FY-4B卫星的快速成像仪具有分钟级的观测能力,在FY-4B卫星地面系统建设中对其快速成像仪的任务定义、快速响应流程和观测模式等任务规划能力进行了重点设计,制定了多个固定观测区域,为进行快速智能任务规划和实施提供支撑,并在2021年的建党百年活动、郑州"7·20"特大暴雨、西安全运会等气象保障服务中得到应用。

4. 卫星遥感应用

在卫星数据共享方面,到 2021 年用户遍及 100 多个行业,年共享数据总量达 7.8PB。截至 2021 年 11 月 23 日,存档数据总量达 23.6PB。

2021 年,通过研发台风、高温、雪灾、干旱、沙尘暴、森林草原火灾等全球气象灾害卫星遥感实时监测和评估技术,提高了火灾监测频次,对重点监测区域开展了十米级一米级的精细化监测服务,在 2021 年对黑龙江、松花江,河南,陕西等地洪涝灾害气象保障服务,对四川、西藏等地森林火灾气象保障服务中,开展了基于风云气象卫星和高分卫星综合应用监测,服务效果显著。

2021 年,利用图像识别及多通道信息组合研发了霾区自动识别技术,实现了霾区影响范围的自动判识;进一步改进风云卫星气溶胶光学特性产品,同时利用机器学习方法开发了基于 FY-4A 的近地面颗粒物浓度产品,上述产品的业务试运行实现了重污染天气的近实时监测与评估。充分发挥卫星空间覆盖广的优势,开展了周边国家生物质燃烧对我国边境省份空气质量影响评估,以及对印度等地区的重污染天气进行了跟踪监测,将卫星产品与模式结合开展生物质燃烧排放传输贡献评估分析,对我国边境省份的污染物来源进行溯源。进行基于卫星遥感的氮氧化物排放估算,开发适用于我国高污染背景条件下城市高时空分辨率自上而下排放清单。

2021 年,加强风云气象卫星粮食、经济(棉花)作物遥感监测业务能力建设,研制了北京、天津、河北、河南、山东、安徽、江苏、湖北、陕西和山西等 10 省(市)高空间分辨率的冬小麦分布图,解决了冬小麦产量气象预报和气象灾害评估过程中光、温、水等气象要素分布与冬小麦分布空间位置匹配的问题,有助于提升产量预报准确率,提升气象灾害评估的精细化程度。在实践基础上,对相关技术进行总结,编制了《冬小麦分布卫星遥感监测业务技术导则》。完成高空间分辨率黑龙江省水稻、玉米等主要作物分布图研制工作,为秋收粮食作物产量气象预报和农业气象灾害评估提供了支持。

风云卫星服务"一带一路"继续深化,国际影响力不断扩大。贯彻落实习近平主席重要讲话和指示精神,围绕国家"一带一路"倡议和外交战略大局,推进风云气象卫星服务"一带一路",提升国际服务能力。利用风云气象卫星开展了"一带一路"地区、全球范围的台风、沙尘暴、森林火灾等监测工作,例如对台风"舒力基"、台风"康森"的监测,印尼4月初的强降雨监测,阿尔及利亚、俄罗斯和希腊等国家的森林火灾监测,美国西部地区高分监测,影响蒙古国及我国的沙尘监测等。国际用户范围持续扩大,新增6个国家,服务数据428TB,完成订单11.53万个,服务数据量较上年同期增长了89.63%,订单数较上年同期增长了80.2%。

(二)天气雷达监测

1. 多波段天气雷达协同观测能力

2021年,新建11部双偏振雷达,在现有雷达基础上完成42部双偏振技术升级,使其能够准确识别降水相态、判断降水量级,可在监测暴雨、台风、冰雹、雷暴等强天气系统中发挥重要作用。目前双偏振雷达占已建天气雷达比例为41%,较上年提升18个百分点。

为强化局地小尺度天气的精细化观测,省级气象部门还布设了结构轻便、易于车载和复杂地理状况下架设的X波段天气雷达123部(其中固定抛物面天线58部、固定相控阵天线25部、移动40部),较上年增加8部,用于人工影响天气、应急指挥系统等。

完成S波段相控阵雷达安装架设并开展试验运行。在上海、福建和广东还进行了X波段相控阵雷达建设和应用试点工作,发展气象雷达精细化观测和快速扫描技术,增强中小尺度强对流天气快速捕获能力。在北京、江苏、上海、广东等地组织开展了多波段天气雷达协同观测,发展协同指挥策略,研究多源资料数据质量控制算法,构建高时空分辨率的精细化三维风场融合系统,实现对流单体触发、发展及消散过程中风场的连续监测和风灾害的识别和预警。相关技术方法在龙卷、飑线等中小尺度强对流检测和在台风监测预警工作中取得较好成效。

2. 新一代多普勒天气雷达布网

截至2021年底全国气象部门有236部新一代多普勒天气雷达业务运行

或试运行(含兵团5部、农垦2部)(图6.1),数量较2015年增加了55部。目前,天气雷达1千米高度覆盖率32.1%,其中东部73.4%,中部69.2%,西部、东北分别为19.8%和40.3%;有9个省份的占比在80%以上,8个省份的占比在60%~79%,60%以下有14个,依然具有较大的提升潜力,尤其是重要流域、易灾偏远地区、灾害高影响地区的雷达观测盲区还需要补短板。

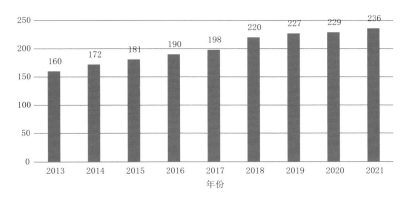

图6.1　新一代天气雷达布网数量(单位:部)

3. 雷达气象业务监测应用水平

截至目前,我国新一代天气雷达已成为世界最大的业务化运行天气雷达监测网,雷达软硬件设施基本实现国产化;全国新一代天气雷达实现即扫即传,数据可提供服务的时效由442秒提升到50秒;建成了以天气雷达为主要资料来源的短临预报业务平台,灾害性天气的监测预警时效提前几十分钟至数小时,210余部天气雷达资料在国家级区域数值天气预报中得到应用,建成了国家级与区域中心区域1~3千米分辨率的、以天气雷达为核心的多源资料同化预报系统和精细化数值预报服务系统;基本形成了"两级管理、三级保障,四级应用"的业务布局;建立了由气象雷达装备技术研发、运行保障、资料应用、监测预警等组成的雷达气象业务体系;建立了天气雷达装备和业务运行质量管理体系,实现了对天气雷达故障的远程维修技术支持,国省两级基本具备了天气雷达测试维修能力。

(三)地面和高空气象观测

1. 地面观测站网

截至 2021 年底,国家级地面气象站数达到 10920 个,包括基准站 216 个、基本站 626 个、常规站 10078 个;建有气候观象台 25 个、大气本底站 7 个。共有 288 个行业站纳入国家级地面气象站序列,包括建设兵团 186 个、农垦 80 个、森工 22 个,全部为常规气象站。全国省级常规气象观测站数为 55719 个,其中单要素 12748 个、两要素 12761 个、三要素 70 个、四要素 17640 个、六个及以上要素 12500 个,四要素以上观测站达到 54.1%。2021 年,批复迁移气象站 67 个(基准站 1 个、基本站 15 个、常规站 49 个、高空站 2 个)。如图 6.2 所示,地面气象站数较 10 年前增长近 1 倍。

2021 年,不断优化站网布局,推进"一站多用""一网多能",开展自动站观测要素升级。全国应建四要素及以上自动气象站建成率(建成数与规划数之比)达 76.2%(图 6.3)。其中,北京、河北、吉林、黑龙江、上海、江苏、浙江、福建、江西、湖南、广东、青海、新疆等 13 省(区、市)建成比达到 100%(图 6.4),东部省份 7 个,中部、西部省份分别为 4 个、2 个。六要素站除内蒙古、吉林、黑龙江、广东、广西、西藏、甘肃、青海和新疆外,其余省(区、市)建成率达到 100%。

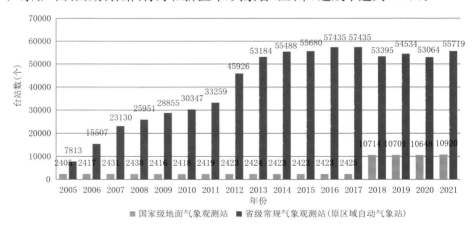

图 6.2　2005—2021 年历年气象台站数(单位:个)

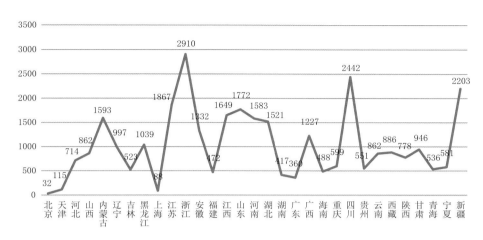

图 6.3　2021 年各省份已建四要素以上气象自动观测站数量（单位：个）

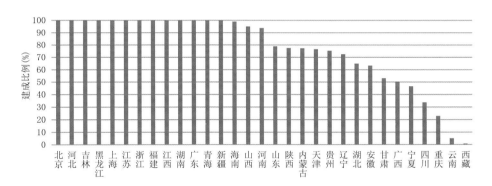

图 6.4　2021 年各省份四要素气象自动观测站建成比

　　地球系统多圈层观测不断拓展，到 2021 年底，全国共有 7 个大气本底站（与上年无变化）和覆盖全国 13 个气候观测关键区的 25 个国家气候观象台（比上年新增 1 个），以及以大气圈观测为主的基准气候站（216 个）和试验基地（39 个）等，覆盖 42.6% 的气候区，观象台和本底站平均可覆盖 49.1% 的基本气候变量观测要素。新增三峡国家气候观象台，25 个观象台全部完成"一站四平台"功能构架，进一步拓展气候观测要素，增加近地层通量、基准辐射、大气垂直观测等观测项目，武夷山等 9 个观象台实施大气圈和生态系统观测能力建设，在西藏布设 1 套冰川、积雪、冻土综合气象观测站，瓦里关、阿克达拉本底站实施升级改造,提升地球气候系统多圈层观测能力。

移动气象观测系统主要为重大气象灾害事件、重大安全事件、重大公共活动等现场提供气象要素定点定时和定量的监测、实时跟踪区域天气状况和天气预报服务,并对突发性事件如森林火灾的监测响应等。这是进入 21 世纪气象技术发展最快的领域之一,到 2021 年底,我国已经建成的移动气象观测系统包含 1 部 L 波段探空雷达、40 部天气雷达、31 部风廓线雷达,以及 1255 部便携自动气象站和 175 部便携式自动土壤水分观测仪(图 6.5),合计 1502 部。与规划数相比,在便捷型自动站方面还具有较大提升潜力。

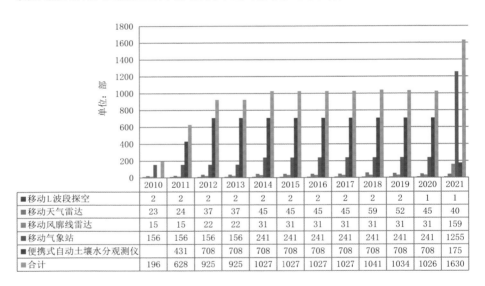

	2010	2011	2012	2013	2014	2015	2016	2017	2018	2019	2020	2021
■移动L波段探空	2	2	2	2	2	2	2	2	2	2	1	1
■移动天气雷达	23	24	37	37	45	45	45	45	59	52	45	40
■移动风廓线雷达	15	15	22	22	31	31	31	31	31	31	31	159
■移动气象站	156	156	156	156	241	241	241	241	241	241	241	1255
■便携式自动土壤水分观测仪		431	708	708	708	708	708	708	708	708	708	175
■合计	196	628	925	925	1027	1027	1027	1027	1041	1034	1026	1630

图 6.5　2011—2021 年移动观测设备数(单位:部)

2. 高空观测站网

截至 2021 年底,全国气象部门共有 120 个高空气象观测站开展 L 波段二次探空业务。其中,8 个站开展全球气候观测系统探空业务(GCOS),分别为北京,内蒙古二连浩特、海拉尔,甘肃民勤,湖北宜昌,云南昆明,西藏那曲,新疆喀什;87 个站参加全球资料交换。西藏还布设了 3 个自动探空站,用于填补西部气候敏感区的资料空白,满足天气预报和气候监测需求。全国已建成风廓线雷达 159 部,最大探测高度 3 千米的(边界层)66 部,最大探测高度 8 千米的(低对流层)88 部,最大探测高度 16 千米的(高对流层)8 部。除风廓线雷达外,各地根据需要已投资建设毫米波测云仪、微波辐射计和激光雷达等共 581部。全国大气垂直观测站网较为薄弱,与数值预报的需求还存在较大差距,还需按"十四五"规划和风廓线雷达布局方案,统筹各类工程项目,全面推进风廓线雷达建设,并逐步开展地基遥感垂直观测系统(含风廓线仪、毫米波测云仪、微波辐射计、气溶胶激光探测仪和 GNSS/MET)建设,不断强化大气风、温、湿、水凝物、气溶胶廓线的连续探测,推动大气垂直观测整体满足天气预报、灾害预警的需求。

大气垂直观测技术试验持续开展。发布 2021 年度气象观测试验计划,组织开展地基温湿廓线协同观测等 38 项试验。大型无人机海陆空立体协同观测试验取得新进展,新增机载 GNSS 掩星/海反探测系统、太赫兹冰云探测仪等多种气象载荷运行稳定,新开发的飞行指挥及数据处理系统投入应用,为建立无人机全链条式观测业务奠定基础。飞艇试验攻克了球面阵列天线、GNSS海表温度反演等 6 项关键技术,对平流层的长航时观测填补国内空白。往返式智能探空试验在长江中下游地区开展了观测预报互动试验,开发了远程控制装置。在超大城市综合观测试验中得到应用的毫米波测云仪、微波辐射计等 6 种新型遥感设备进入业务列装。

(四)专业气象观测

截至 2021 年底,有 499 个国家级地面气象站包含雷电观测项目;太阳辐射观测 140 个,较上年增加了 2 个;大气成分观测 315 个,较上年增加 45 个;由于部分省份拆除了风能观测铁塔,风能观测减少到 119 个;沙尘暴观测 28个,臭氧观测 60 个,紫外线观测 110 个,酸雨观测 346 个。

从表 6.2 可以看出,随着应对气候变化和气象保障生态文明建设的深入推进,太阳辐射观测、大气成分观测等站数近几年增长较快。截至 2021 年底,全国共建有 72 个农业气象试验站(其中一级站 40 个,二级站 29 个),653 个国家级地面气象站开展农业气象观测(其中一类站 398 个,二类站 255 个);自动土壤水分观测点 2639 个,数量较上年增加 151 个。针对水上交通、公路交通、

铁路交通增加观测点,全国已建交通观测站 2420 个。海洋气象观测站点达到
1429 个。

表 6.2　　2010—2021 年专业气象观测站点数统计表(个)

年份	雷电观测	太阳辐射观测	大气成分观测	风能观测	沙尘暴观测	臭氧观测	紫外线观测	酸雨观测	农业气象试验站	农业气象观测业务	自动土壤水分观测点	海洋观测点
2010	425	100	2	400	29	22	164	342	68	653	1210	
2011	319	100	28	400	29	36	156	342	68	653	1669	
2012	334	100	28	371	29	36	157	365	68	653	2075	
2013	334	100	28	351	29	41	157	365	68	653	2075	
2014	391	100	28	351	29	48	168	365	68	653	2075	
2015	490	100	28	275	29	71	158	376	70	653	2075	
2016	490	100	28	275	29	53	164	376	70	653	2075	1218
2017	490	100	28	275	29	68	155	376	70	653	2075	1275
2018	476	103	166	175	29	53	111	399	69	653	2312	
2019	489	137	261	151	29	60	108	399	69	653	2386	
2020	499	138	270	142	28	60	108	345	72	653	2488	1433
2021	499	140	315	119	28	60	110	346	72	653	2639	1429

数据来源:《气象统计年鉴》,2010—2021。

从近 10 年发展情况分析,雷电观测站点从 2015 年至今,基本比较稳定,
总体保持在 490 个站点左右;太阳辐射观测站点近 3 年增加明显,2018 年前保
持在 100 个站点,2019 年开始增加到 137 个;大气成分观测站点,2018 年实现
了跨越式增长,从 2017 年的 28 个陡增到 166 个,近 3 年实现持续增加;风能
观测铁塔站点,近 10 年呈逐年减少趋势,最高的 2010 年、2011 年有 400 站点,
至 2021 年仅为最高时的四分之一,这一变化可能说明风能区被开发后,原有
风能观测站点可改由利用开发单位的风观测数据;沙尘暴观测站点 10 年来基
本稳定,没有明显增减;臭氧观测站点,2011 年以后逐年增多,2015 年最多时
达到 71 个;紫外线观测站点,2018 年以后呈明显减少,2021 年与最高时的
2014 年减少了 30%;酸雨观测站点总体增减不明显(图 6.6—图 6.9)。

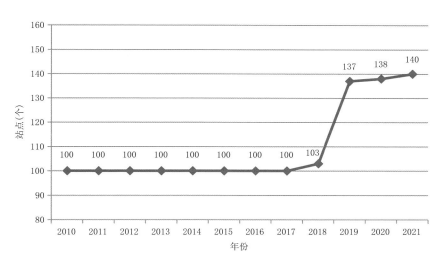

图 6.6 2010—2021 年太阳辐射观测站点数量(单位:个)

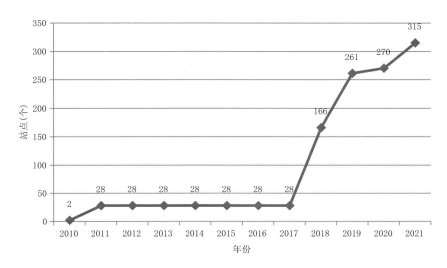

图 6.7 2010—2021 年大气成分观测站点数量(单位:个)

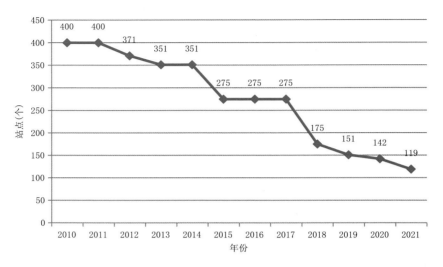

图 6.8　2010—2021 年风能观测站点数量(单位:个)

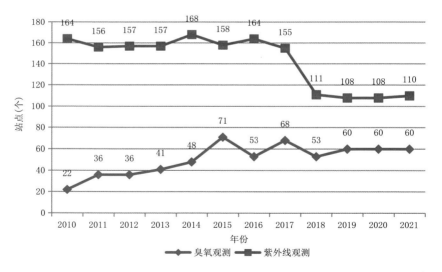

图 6.9　2010—2021 年臭氧和紫外线观测站点数量(单位:个)

(五)气象观测质量与保障

1.气象观测质量

2021年,全国气象观测装备实现高水平运行。新一代天气雷达业务可用性达99.51%、国家级自动站99.99%、常规气象观测站99.50%、自动土壤水分95.81%、雷电98.04%、探空达100%。实时监控业务稳定开展。观测数据质量进一步改善,八大类观测数据质控3.5亿站次,勘误11184次。天气雷达数据正确率98.8%,风廓线92.4%,GNSS/MET 89.6%。2021年观测业务质量可用性统计情况详见图6.10—图6.14。

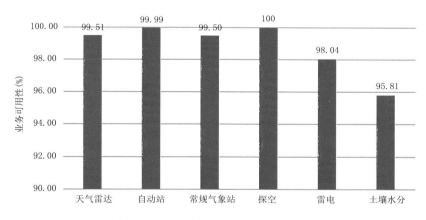

图 6.10　2021年观测业务可用性统计

(数据来源:中国气象局气象探测中心)

2.气象观测技术研发与保障

2021年,启动了下一代国家级地面观测站技术装备研发试验,国产温度和气压传感器已逐步开展使用,并发展了国产化温室气体观测技术装备,涡度通量观测仪实现国产化,性能指标达到国际同类产品水平。氧化亚氮分析系统、气压计量标准器等一批国产化装备研制成功,性能达到或接近进口设备水平,打破了技术垄断。"春分1号"探空专用芯片完成技术升级,实现量产10万片/年,在湖北、湖南、江西、安徽、海南等5省开展了试验应用,实现了卫星导航原始观测数据全部下传和观测质控算法芯片级集成功能。"惊蛰1号"地面

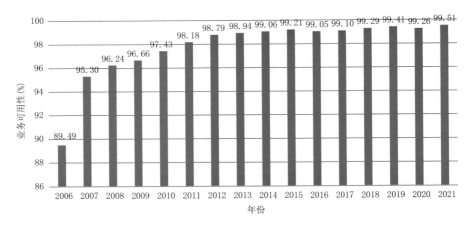

图 6.11　2006—2021 年天气雷达业务可用性(单位:%)

(数据来源:中国气象局气象探测中心)

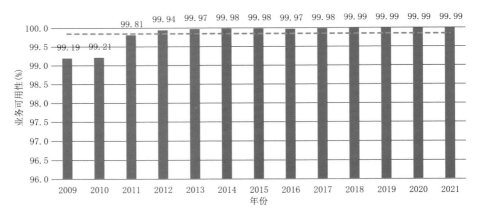

图 6.12　2009—2021 年国家级自动站业务可用性(单位:%)

(数据来源:中国气象局气象探测中心)

气象专用芯片完成了产品样机,并逐渐推广至全国 2000 个自动气象站应用。"立春 1 号"水汽专用芯片完成了硬件和嵌入式软件的研发并实现了功能集成,水汽产品由逐小时提高至分钟级。"立夏 1 号"通信芯片完成了原理样机研制,可提供实时定位信息,定位精度达到"米"级,具备达到 10Mbps 的通信带宽。

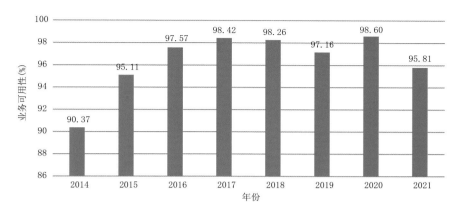

图 6.13　2014—2021 年自动土壤水分业务可用性（单位：％）

（数据来源：中国气象局气象探测中心）

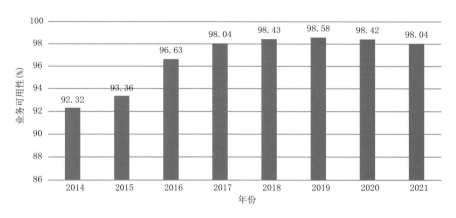

图 6.14　2014—2021 年雷电监测业务可用性（单位：％）

（数据来源：中国气象局气象探测中心）

2021 年，推动在北京、杭州和深圳开展国际智慧城市气象观测示范区建设，与住建部合作推动"气象皮肤"融入智慧城市大脑平台并服务城市运行管理。杭州将微型气象观测设备建设纳入当地"十四五"规划，建成 56 套微型智能气象站，研发气象信息智能识别技术并实现试运行；北京建成 88 个智慧气象观测站并融入城市运行管理服务，"海淀区气象大脑"初步建成并接入城市大脑指挥调度平台；上海完成中心城区气象微站布局设计，开展街区尺度的气象要素观测研究和微站对比观测试验。雄安新区完成"一主八辅"未来站（观象台）用地审批并启动土建工作，气象大脑完成一期开发并借助雄安云初步实现智能化功能。

2021年，基于"云＋端"气象技术体系，开始对全国气象观测业务分工布局和流程进行优化调整，部分观测数据分析评估、观测数据产品检验由国省两级布局调整为国省县三级布局；建立垂直观测系统（云雷达、激光雷达、微波辐射计）质量控制、评估、检验和维护保障的国省市县四级布局；遥感综合应用业务调整为国省市县四级布局，卫星数据获取、处理和基础遥感产品加工制作为国省两级布局。建立更加集约高效的气象观测业务布局分工，国省市县四级气象观测业务职能更加优化与集约。

2021年，气象计量和装备保障业务稳定开展。更新省级、新建地市级气象观测计量系统，大力发展气象雷达标定技术和温室气体标校能力，提升观测计量能力。组建国家级雷达保障专家团队。计量检验校准5356台件，较上年增长30％。完成气象装备许可审查和测试评估93项。

2021年，观测质量管理体系建设成效显著，顺利通过取得全面认证后的首次年度监督审核。对标ISO9001国际标准，从技术保障、数据获取、数据处理、运行保障4个分支开始，逐级梳理地面、高空、雷达、卫星等9个业务领域的标准、规范、制度715项，编制综合观测业务制度树。内外部用户对质管体系建设满意度达97.09％。

三、评价与展望

我国综合气象观测业务发展取得了长足进步，观测业务体系进一步优化，站网布局科学化水平进一步增强，技术装备水平进一步提升，运行保障能力显著增强，观测应用水平大幅跃升，为气象现代化整体水平提升提供了有力支撑。但对照国际先进水平和国家重大战略需求，综合观测业务仍然存在一些短板：一是灾害性天气监测能力不足，青藏高原东部边坡地带等气象灾害多发易发频发区、主要天气系统上游地区、重要流域区域等观测站点较为稀疏，全国天气雷达距地 1 千米高度观测覆盖范围仅占国土面积 31%。二是气候、气候变化及碳监测能力明显不足,我国气候区和气候变量监测覆盖均不能满足WMO 关于全球气候观测系统(GCOS)的要求,高山、冰川等气候关键区、敏感区、特征区仍有观测空白。三是观测装备及智慧协同观测水平尚待提升,观测关键技术与核心元器件水平与发达国家相比存在差距,超过 50% 的地面观测装备超期服役、故障多发、性能下降,亟需更新迭代。四是观测产品应用及运行保障能力不足,观测数据质量控制体系还不完善,多源观测产品精度不够、组网产品种类不全。各部门行业自建的气象观测设施融入国家综合气象观测总体布局不够。为加快建设气象强国夯实观测基础,还需要从以下方面着力。

一是强化天气网观测能力,构建与卫星遥感观测互补的、更加精细立体的天气观测网。以灾害性天气监测和消除重点区域观测盲区为目标,着重完善中小尺度天气监测能力建设,重点补充西部易灾地区和人口聚集地区的观测能力,进一步升级完善天气雷达观测,加强地基遥感垂直廓线观测能力。

二是提升气候及气候变化网观测能力,构建长期稳定、覆盖全面的气候及气候变化观测网。以服务碳达峰碳中和为重点,加强全球气候变暖对我国承载力脆弱地区影响的观测能力建设,着力增强基本气候变量的观测能力,强化大气成分观测能力。

三是拓展专业气象网观测能力,以服务国家重大战略为目标,加强与各行业主管部门的协作,引导市场主体合作建设,强化农业气象观测、加密城市气象观测、提升雷电观测、加强风能太阳能气象观测、推进交通和海洋气象观测,提升专业领域气象服务的观测支撑能力。

四是强化智慧协同观测及观测数据应用,以智慧气象为目标,强化智慧协同观测和数据应用,强化观测系统协同,完善观测数据质量控制和检验评估,完善高精度大气实况监测产品,加强观测与预报互动应用,提升气象观测与行业内外的智慧融合,提升观测系统的整体效益。同时应完善气象观测质量管理体系、发展先进气象观测技术装备。

第七章　精准气象预报[*]

　　2021年,全国气象部门围绕预报精准的要求,制定和实施了分区域、分流域、分灾种的能力提升专项工作方案,发展了无缝隙全覆盖天气气候预报预测业务,推进了智能型精准化气象灾害及影响预警,气象预报基础能力持续提升。

一、2021年气象预报业务概述

　　建立了完整的数值预报业务体系。到 2021 年,我国建立了从短临、短中期、次季节、季节到年际,从区域高分辨率到全球的数值预报业务体系,形成了统一的中国气象局数值预报模式品牌。完成了国家级全球区域模式、集合预报、台风模式和北京区域模式技术升级。全球数值天气预报模式可用预报天数稳定在 7.8 天;集合预报可用天数提高 0.4 天。3 千米和 1 千米的区域高分辨率天气模式实时运行。全球气候模式水平分辨率提高至 30 千米。研发新一代地球系统数值预报模式框架取得初步成果。

　　预报精准度和智能化水平明显提升。2021 年,智能天气预报业务建设稳步推进,重点完善了强对流(大风)监测预报预警业务体系,龙卷风预报预警试验业务初步建立,长江、黄河和海河流域精细化预报能力逐步提高。构建了流域暴雨致洪气象风险预报模型,建立了重点水库、中小河流洪水气象风险预警

---

　　*　执笔人员:唐伟　刘冠州

业务。开展航运气象灾害风险预警服务。中俄联合体全球空间天气中心实现业务化运行。

智能气候预测业务不断完善。2021年,推进了国家气候监测预测平台(CIPAS3.0)系统建设,改进中国多模式集合预测系统,完善全国50千米、区域25千米延伸期网格预测产品。完善多模式数据服务系统,建立智能预测产品可视化系统,实现了产品共享共用。首次向社会公众发布气候预测信息。

气象预报预测准确率持续提高。2021年,全国暴雨预警准确率达到90%,强对流天气预警时间提前至40分钟,均创历史新高;台风24小时路径预报误差为75千米,稳居国际先进行列。全国24小时晴雨、最高温度和最低温度预报准确率分别为84.6%、81.4%和83.9%。省级汛期降水预测评分平均为71.9分,省级月降水预测评分平均为80.5分。准确预报强寒潮、强沙尘、强对流、河南郑州"7・20"特大暴雨、台风"烟花"等重大天气过程,灾害性转折性天气过程无一漏报。

2021年,全国预报员践行主题活动效果显著。在全国预报员队伍中开展了"人民至上、生命至上"主题实践活动,推进预报业务和党建深度融合,针对预报岗位实际开展了多次党史学习教育。进行了16期新技术、新方法讲座和重大天气过程复盘总结。选树宣传了14名在重大天气过程、重大活动气象保障服务中表现突出的预报员先进典型。开展了"提高预报准确率和预警时效"建言献策活动。通过主题实践活动让广大预报员切实感受到党的关怀和组织的温暖,进一步增强了服务国家、服务人民的使命感、责任感和自豪感,提升了履职尽责的积极性和创造性,提高了精准预报预警和精细服务能力。

二、2021年气象预报业务主要进展

2021年,面向筑牢防灾减灾第一道防线,补短板强弱项,破解制约精准预报能力提升的关键难题,加强数值预报关键核心技术攻关,完善智能网格预报业务技术体系,形成支撑冬奥多样性精细化预报的完整产品体系,持续加强全球预报业务能力,积极推进高质量气象预报现代化建设。

(一)数值天气预报

1. 不断提升数值预报资料同化能力

加强快速辐射传输模式自主研发。2021 年,中国自主研发的快速辐射传输模式作为卫星资料同化的观测算子已成功接入全球数值预报模式,为替代现有业务系统中卫星资料同化所采用的观测算子 RTTOV 奠定了良好基础。

加强陆面温湿度和海温资料同化技术研发。2021 年,研发了地表发射率计算方案,首次实现了基于窗区通道反演改进地表发射率的微波温度探测仪(AMSU-A)近地面通道复杂下垫面上资料同化,AMSUA 第 5 和第 6 通道的资料同化率分别增加约 6% 和 12%。明显改进了高度场、温度场、U 风速场、V 风速场的背景场的分析结果,提升了北半球(含东亚)预报技巧。初步构建了全球 EnOI 陆面同化方案,2 米温湿度同化试验显示,北半球温、压、风的 10 天预报效果明显提升。充分考虑海洋表层温度垂直变化,研发并初步建立了海表皮温计算模型,可有效改进全球模式的海温预报结果,对温度和降水预报有正贡献。

完成 0.25°分辨率混合垂直坐标全球四维变分同化系统的研发。基于CMA_GFS[①] 3.2 业务系统,完成了混合垂直坐标全球四维变分同化系统的研发。全球四维变分同化系统中新增了一批资料的同化应用,并已达到业务化准入水平。其中,Aeolus 风对全球分析和预报有明显的正贡献,尤其是能够显著减小热带风场的分析误差和提高热带的预报技巧。同时,实现了 FY-3DHIRAS 和 FY-4A GIIRS 更多通道的直接同化,优化了 FY-2H 和 FY-4A 云导风资料的同化方案。同时,建立了 0.75°全球集合同化和 0.1°全球四维变分同化应用示范系统,研制卫星辐射率变分偏差订正方案,为高分辨率全球数值预报系统做好技术储备。

推进气候模式资料同化工作。2021 年,实现了风云四号卫星高分辨率陆

---

① 即原 GRAPES-GFS,2021 年中国气象局规范了模式命名,所有数值预报业务模式中文全称均统一加冠"中国气象局",英文缩写统一前缀变更为"CMA-"。

表温度产品在气候模式中的同化应用,有效改善陆面模拟效果。研发了适用于全球超高分辨率多圈层耦合模式的耦合器,构建了海陆气冰多圈层耦合模式,实现了超高分辨率的耦合模拟。改进中国多模式集合预测系统,完善全国50千米、区域25千米延伸期网格预测产品,形成20余种智能预测产品。完善多模式数据服务系统,建立智能预测产品可视化系统,实现产品共享共用。

启动第二代中国大气再分析系统研制。开展风云卫星长序列微波温度计和湿度计重处理资料质量评估,基于CMA-GFS全球数值预报系统和业务存档观测资料开展了短期回算试验和质量评估。中国第一代全球大气再分析系统稳定运行,2021年5月13日,成功发布CMA全球大气和陆面再分析产品(CMA-RA),正式向社会各行业提供应用。

2. 持续推进全球数值天气预报研发

升级全球数值天气预报系统。2021年,完成全球数值天气预报模式CMA-GFS两次升级。实现混合垂直坐标在25千米CMA-GFS中的应用,改进动力框架和物理过程。初步建成水平分辨率13千米、模式顶0.1百帕的高精度CMA-GFS,较显著地提高了模式对热带地区云和格点降水量的模拟能力,缓解了潜热偏低以及两米温度偏低问题,明显改进了地面反照率和地表温度的模拟,一定程度上改进了雪的快速消融问题,总体预报性能优于25千米模式版本,对降水个例的强度预报更优。

完善集合预报系统。2021年,中国气象局全球集合预报系统CMA-GEPS的概率预报能力明显改善,模式水平分辨率50千米垂直87层,模式层顶达0.1百帕,在中长期预报中识别大范围强降雨、确定降水区域的能力更强,在短期预报中精准锁定降水落区和发生时段的能力更优,台风路径预报的误差降低13%,强度预报误差降低33%,集合平均的可用预报天数提高了0.4天。

研发新一代地球系统数值预报模式框架取得初步成果。2021年,研发新一代多矩约束非静力模式地形格点数据集;发展了三维立方球高精度平流模式,通过了三维变形流试验、有复杂地形平流试验等标准试验测试;研制了垂直有限体积离散的多矩非静力模式动力框架;研制的新一代多矩约束非静力模式(包括高精度平流模式)在面向地球系统定制的国产耦合器C-coupler软件架构中通过了二进制一致性测试。

3. 持续推进区域高分辨率数值天气预报研发

完成 3 千米区域模式预报系统业务化升级。2021 年，中国气象局中尺度天气数值预报系统 CMA-MESO 优化改进了侧边界松弛方案、WSM6 云微物理方案、浅对流方案、地形滤波等，实现 CMA-GFS 模式面驱动能力，形成 CMA-MESO v5.1 版，其统计检验评分和对强天气的预报能力均优于 5.0 版。11 月业务升级后，通过数值预报云下发的 00 小时、12 时（国际时）预报产品时效由 36 小时延长至 72 小时。

建立面向冬奥气象服务的 CMA_Meso 1 千米分辨率、1 小时更新系统。自 2021 年 9 月起实时运行 CMA_Meso 1 千米分辨率、1 小时更新系统。试验结果表明，快速循环系统对近地面两米温度和十米风场预报能力优于模式直接冷启的预报结果，为冬奥服务提供高分辨的近地面要素产品。

开展 10 千米区域集合预报系统技术研发。更新 CMA-REPS 业务系统侧边界场，优化 ETKF 初值扰动技术，改进了集合离散度技巧关系和概率预报效果，有效解决了区域集合预报系统初值扰动过大问题，提升了集合预报能力。

研制 3 千米区域集合预报系统及产品并应用。针对冬奥赛区的复杂地形和气象特征的巨大差异特点，开展复杂地形条件下高分辨率区域集合预报系统初值扰动技术、模式扰动技术构造方法等技术研发，建成了具备实时运行能力的 3 千米高分辨率集合预报系统，完成了多要素集合平均和概率预报产品研发。高分辨集合预报产品定时推送至中央气象台和北京冬奥气象中心，为冬奥会相关赛事气象保障服务提供支撑。

4. 持续推进专业数值预报模式研发

持续推进台风模式研发。2021 年，通过改进模式边界层过程、云量诊断、陆面过程、对流参数化等物理过程，实现了 CMA-TYM 业务升级（V3.0 升级到 V3.1），减小了台风路径强度预报误差，提高了降水 TS 评分。预报时效不少于 7 天，24 小时路径预报平均误差保持在 70 千米以内，台风强度 24 小时预报误差降至 5.0 米/秒以内。

建立 9 千米实时运行的海气耦合台风数值预报系统 CMA-TYM-HY-

COM。预报区域覆盖西北太平洋和南海,分辨率 9 千米,垂直分辨率 68 层,一天 2 次,预报时效 120 小时。对比分析表明:CMA-TYM-HYCOM 对"烟花"台风路径预报误差与 CMA-TYM 基本相当,移速误差略有增大,但强度预报改进明显。

初步建立 3 千米分辨率海气耦合的区域台风数值预报系统。基于 CMA-TYM 业务运行模式版本和 HYCOM 区域海洋模式,使用并行耦合器 OASIS(Ocean Atmosphere Sea Ice Soil),实现了 3 千米分辨率区域大气模式和洋流模式的双向实时耦合,建立了 3 千米分辨率区域海气耦合模式系统。大气分模式计算范围 105°—132°E,5°—41°N,水平分辨率 0.03°×0.03°,垂直 68 层。海洋环流分模式计算范围:90°—175°E,5°S—55°N,水平分辨率:(1/12)°×(1/12)°,垂直 41 层。

开展环境预报系统研发与改进,建立小尺度扩散预报系统。基于 3 千米区域模式建立了 100 米级别的气象降尺度和小尺度非稳态拉格朗日扩散模型,建立了小尺度百米级别的大气扩散预报系统,并在 2021 国家有关应急保障服务中得到应用。深入研究 CMA-REPS 区域集合预报与大气化学耦合的预报性能。

5. 持续推进高分辨气候系统模式研发

2021 年,高分辨率气候模式版本 BCC-CSM3-HRv0(大气模式 T382L70)初步完成开发,全球大气水平分辨率由 45 千米提高至 30 千米,垂直分层由 56 层增加至 70 层,同时模式顶由 0.1 百帕提高至 0.01 百帕,中层大气关键动力过程模拟性能显著提升,特别是平流层准两年振荡和爆发性增温等方面的模拟能力与国际先进模式相当。

2021 年,采用全隐式时间差分方式对海冰模式 SIS 热力过程方程进行重新求解,提高垂直分辨率、增加雪热容效应过程、引入海冰盐度垂直廓线方案和海冰热传导率参数化方案,改进模式热力学过程,并实现了与海洋模式 MOM4 的耦合。长期积分试验显示,新版模式改进了对春、秋季海冰密集度空间分布和强度的模拟,海冰厚度与观测更加接近,提升了模式的海冰模拟能力。

第三代次季节－季节－年际尺度一体化气候模式预测业务系统 CMA-CPSv3 投入准业务运行。2021 年,使用 CMA-CPSv3(大气模式分辨率 45 千米),完成了次季节－季节每周两次 15 年历史回算、季节－年际尺度每两月一次 20 年历史回算和实时预测试验。评估结果显示,该系统综合预测技巧优于二代系统,特别是对中国东部地区气温和降水的预测能力有明显提升。完成了次季节－季节－跨季节多尺度集合预测产品开发,有效支撑短期气候预测业务;完成了多尺度冬奥服务集合预测产品开发支撑气象服务。同时,该系统次季节预测数据提交国际次季节－季节(S2S)预测计划第二阶段国际比较ECMWF 和 CMA 数据备份中心,实现国际共享。

中国多模式集合预测系统(CMME)完成升级研发。2021 年,增加了CAMS-CSM 和 JMA-CPS 模式成员,使 CMME 系统中模式数量增加到 8 个,并完成了 NUIST 模式集合试验,为后续正式纳入 CMME 系统中做准备。完成了基于 CRA-40 再分析资料的 CMME 系统初始化研发,解决了 CMME 初始场过度依赖国外数据的缺陷,为 CMME 系统自主可控发展提供了有力保障。

持续改进和应用区域气候模式。2021 年,在 CWRF 汛期(6—8 月)气候预测系统的基础上(0302、0401 起报),将 CWRF 月季气候预测系统(30 千米)扩展为逐月滚动预测(共 14 个起报日),已完成全部历史气候回报(1991—2020)。CWRF 月季预测系统(30 千米)2021 年汛期降水预测 Ps 评分 72 分,为 2022 年北京冬奥会提供月季气候预测服务。完成基于机器学习(ANN-DD)的 CWRF 汛期降水预测结果(30 千米)订正算法优化,机器学习订正模型的稳定性明显增强,订正效果稳步提升;完成华北地区冬季气温预测订正模型的构建,预报订正效果良好。相关成果纳入国家气候中心气候业务中试平台。构建 15 千米分辨率 CWRF 区域气候模式延伸期(S2S)气候预测体系,采用BCC_CSM2.0(T266,45 千米)强迫场,开展历史气候回报(2006—2020)和实时预测。基本实现逐句滚动中国区域延伸期预测,为 2022 年北京冬奥会提供延伸期气候预测服务。初步建立京津冀地区 3 千米分辨率 CWRF 区域气候模式,采用 BCC_CSM2.0(T266,45 千米)外强迫场,完成模拟试验及相关检验,在资源允许情况下具备开展京津冀地区气候预测试验能力。

(二)气象预报业务体系

目前,我国基本形成了由预报预测精准、核心技术先进、业务平台智能、人才队伍强大、业务管理科学的现代气象预报业务体系。在此基础上,2021年,我国通过制定"十四五"气象发展规划,提出了初步建立多尺度天气气候一体化数值预报模式框架,形成更加完善的无缝隙全覆盖、智能数字气象预报业务的战略目标,提出了"以智能数字为特征,以数值预报为核心,以检验评估为导向,构建数字智能、无缝隙全覆盖的精准预报业务,为精细气象服务做好支撑"的战略任务。

1. 破解制约精准预报能力提升的关键难题

强对流(大风)监测预报预警业务体系建设稳步推进。2021年,中国气象局制定实施了强对流(大风)监测预报预警业务能力提升工作方案。通过方案实施,统一了全国业务雷达技术标准,天气雷达组网拼图时效由10分钟提升至6分钟,1千米分辨率平均风、1小时极大风实况产品实现业务化,建成基于风云四号卫星的强对流大风监测业务体系,实现强对流初生、发展、衰减整个生命史连续动态监测。10省份建立了大风实况速报、雷暴大风临近预警和潜势预报业务,2省份建立了长江航道大风致灾预警指标。龙卷风预报预警试验业务初步建立。基于天气雷达研发了龙卷风客观自动识别和追踪技术,并在6省份业务平台部署。建立了龙卷风临近预警技术规范,9省份开展了龙卷风临近预警试验、初步建立了龙卷风潜势预报试验业务。对4次龙卷风进行灾害调查、强度定级和复盘总结,11省份完成龙卷风历史个例库建设和年鉴工作。龙卷风强度等级国家标准正式实施。预警信息发布和应急联动机制逐渐完善。开展面向公众的预警信息精准靶向发布业务,实现预警信息强制提醒。7省份制定大风天气防范应对和应急处置工作指南,稳步推进政府建立健全应急联动机制,联合应急部门实施以预警信号为先导的停工停课联动机制。

长江、黄河和海河等七大流域精细化预报业务逐步完善。2021年,修订了流域面雨量监测预报业务标准和规范,推广应用了中小河流洪水气象风险预警等技术,建立了国家、流域中心和省级上下一体的流域面雨量预报业务流程。流域各省(市)应用人工智能等新技术加强智能预报技术研发,流域内定量降水预报产品空间分辨率达到2.5～5千米,0～24小时预报时间分辨率达到1小时。构建了流域暴雨致洪气象风险预报模型,建立了重点水库、中小河流洪水气象风险预警业务。8省份建立了航运气象灾害风险预警服务业务。

预报平台初步实现集约化和自动化。2021年,推进气象信息综合分析处理系统4.0版本MICAPS4对接天擎,实现对集约化的智能网格预报、短临预报、主客观融合预报等计算处理。初步实现决策气象服务信息系统MESIS对环境气象、海洋天气、强对流天气和突发事件等产品的自动生成功能。发展气象开放应用平台MOAP支撑网格预报分析应用的能力,实现站点与格点实况叠加与分级显示、预报批量订正等功能,并在冬奥测试、建党百年等保障服务中深入应用。

预报检验评估业务不断健全。研制一体化可扩展的数值预报业务模式诊断系统,升级区域预报检验系统,形成CMA区域模式逐小时降水频次、强度等精细化检验能力并实现业务运行,基本建立数值预报研发、检验、应用的全流程研发体系。改进客观化预报产品检验评估技术流程,推进多模式集合等客观化预测及其检验技术,完成月、季节预测数据全国"一张图"。

2. 不断完善智能天气预报业务体系

智能网格预报关键技术取得突破。2021年,通过拓展要素种类,实现了阵风、降水相态、新增雪深、能见度网格预报产品业务化。提升时间精度,实现气温、湿度、风向风速等预报产品72小时内逐小时预报,11～30天的定量降水网格预报产品业务化。打造海—陆"一张网",实现0～10天平均风和能见度海陆融合智能网格预报产品业务化。搭建面向灾害性天气的要素预报、多时效多源模式客观订正及集成融合、时空降尺度、主客观融合等多技术体系。预报客观化、精细化水平明显提升,实现国家级实况分析产品、分钟级降水临近预报系统落地应用,实况产品空间分辨率达到1千米,智能网格预报产品时间分辨率精细到1小时,分钟级降水客观预报在京津冀、成渝及陕西等地业务试用,6省份建立了0～2小时逐10分钟更新降水预报业务。

　　大力发展灾害性天气智能网格预报业务体系。2021 年,发展了灾害性天气智能网格预报技术,新增灾害性天气预报(大风、冷空气降温、高温和沙尘)、全球灾害性天气预警等产品。实现逐 3 小时滚动更新的强对流(雷暴、短时强降水、雷暴大风和冰雹)短时预报网格产品业务化。使用人工智能技术,基于 CMA-MESO 的分类强对流预测模型,实现雷电、短时强降水、雷暴大风和冰雹分类预报。基于探空观测和模式预报的龙卷潜势指数预报在业务中试用。新一代强天气短临预报系统 SWAN 向满足国省市县协同发展,全国强天气智能监测报警初步试用。增加中期定量降水预报的雨雪分界线、降雪量等级预报。研发多尺度面雨量监测预报技术和中期面雨量业务产品,有效支持黄河等 8 个流域的中小河流面雨量精细化预报。开展了大城市、重点区域、关键时段分钟级降水预报试验。改进暴雨、台风和高温等影响预评估模型,初步具备逐小时风险动态评估能力。

　　形成支撑冬奥多样性精细化预报的完整产品体系。2021 年,通过改进赛场复杂地形下精细化客观预报技术,0～36 小时时效产品质量显著提升。优化气象开放应用平台 MOAP 冬奥专项保障功能,提供短时、中短期到延伸期,站点到格点,确定性到概率预报的多要素完整产品体系。改进赛场复杂地形特征下的预报技术,梳理编制冬奥气象保障指导产品手册,供预报员参阅,并面向一线预报员开展产品应用培训。

　　完善"全球-区域-局地"一体化实况产品体系。2021 年,全球 10 千米分辨率的大气和表面实况分析产品实现业务化,产品包含三维温度、湿度、风等 204 个要素,质量与国际同类产品相当,时效明显优于国外产品。中国区域 1 千米分辨率融合实况产品实现业务化,时效达到 5 分钟,大幅度提升对复杂地形、冬季降水极值的监测能力。丰富灾害性天气实况分析产品种类,提供国省级业务试用。建成冬奥和全运会百米实况分析系统。局地百米级、10 分更新的实况产品提供冬奥会和全运会应用。研制完成雾、霾、沙尘等视程障碍类和雷暴、雷暴大风、冰雹等强对流类等天气现象实况产品。

　　3. 持续推进气候预测技术研发

　　2021 年,研发了多模式集成预测技术,准确预测了 2021 年夏季北方多雨特征。发展台风客观化预测技术，建立了动力—统计相结合的次季节至年际尺度台风客观化预测业务。加强区域性气候研究，初步建立了西南地区夏季降水的客观化预测方案，初步建立了长江流域梅雨监测预测子系统和年降水客观化预测模型，以及黄河流域降水预测模型。

2021年，建立多圈层气候基本要素和副高、季风等关键环流系统以及EN-SO等主要气候现象的实时监测业务能力，建立11～30天逐日逐旬更新的强降温、强降水、夏季高温等重要过程预测，加强华南前汛期、梅汛期、华北雨季等主要雨季进程气候监测预测能力，热带大气低频振荡MJO预测技巧提升至23天以上。

2021年，建立次季节网格预测业务，基于BCC-CPSv3系统形成11～60天次季节网格预测能力，研发出未来1～12候全国气温、降水次季节50千米网格预测和检验信度产品，进一步基于候尺度气温变率的K-means聚类分析，建立动力—统计预测模型，在BCC模式的基础上进一步提升预测技巧。检验表明，动力—统计模型在预报时效超过3候之后体现出一定的优势，实时预测产品投入业务试用。

2021年，建立月季尺度的网格预测业务，基于3个CMME全球海气耦合模式（BCC_CSM1.1m，PCCSM4和CFSv2），利用组合降尺度方法，研发了我国0.5°×0.5°的网格月平均降水预测产品。结果表明，海平面气压场（SLP）能够很好地反映低层大气随东亚夏季风环流的变化特征，并能反映陆（海）气之间的热力交换，可直接影响降水等气候要素变化。基于SLP建立的降尺度预测模型对我国大部分地区的降水预测较为理想，尤其对于盛夏期间的7、8月，对我国东部地区尤其是长江流域和黄淮流域较模式原始结果有显著提高。

2021年，建立并完善了气候预测模式产品检验评估系统（VECOM2.0）。面向CMME各模式成员及集合预报结果，完成了对月尺度和季节尺度我国站点的基本要素和全球重要气候现象代表性指标的预报性能检验评估，形成了完善的历史回报检验数据和图形产品，并提供实时预测检验产品。

2021年，基于气象大数据云平台，全面升级改造和优化了CIPAS系统，即将发布全新3.0业务版本。CIPAS3.0核心功能全面融入大数据云平台，集成了 BCC 新一代季节次季节模式、CRA40、CPC 等新数据和产品,丰富了 CIPAS 全球陆地、海洋、大气环流的监测预测产品。研发了历史台风风场长序列数据集研发,完成了我国区域站近 50 年日降水资料重构,推进气候变化数据集建设,完成东亚季风区长序列日及亚日数据集的建设。研发了全球大气环流极端天气指标监测预测、"一带一路"气象要素及极端气候事件监测与预测功能,增强了全球气候业务能力;研发实现了国省一体化预测产品制作与实时检验功能,规范了预报产品生成与检验协同流程;引入了气候信息多维可视化分析、图文产品识别等技术增强气候信息综合显示与分析功能。初步形成了国家级、省级气候监测、诊断、预测信息快速获取、智能加工处理和集成显示的新一代气候预测业务系统。

4. 提升空间天气业务能力

2021 年,我国首次实现太阳爆发活动"全过程"监测能力。黎明星(FY-3E)成功搭载太阳望远镜——太阳 X 射线极紫外成像仪,开创我国太空天文观测先河,使得我国首次实现了太阳爆发活动的"全过程"监测能力,极大地提升空间天气预警预报能力。空间天气专项建设全面启动,技术系统建设稳步推进。优化"全链路"数值预报初级业务平台框架设计,对日地因果链关键区域数值模式的各项指标进行深化论证,形成近期和中期指标;在空间天气统计预报体系中,加入"一站式"人工智能应用平台,以及中试平台等系统设计,从业务流程和算法上进一步增强业务的稳定性和精准预报能力。

2021 年,中俄联合体全球空间天气中心成立。该中心由中国气象局、中国民用航空局和俄罗斯联邦水文气象与环境监测局共同建设运行,是我国民航气象领域首个由国际民航组织批准的全球中心,也是第四个全球空间天气中心。在业务协同上,气象与民航部门将按照优势互补、共建共享的原则,充分发挥各自业务、技术、服务、人才和在国际航空气象领域的优势资源,与俄罗斯形成统一服务出口,充分履行全球空间天气中心职责,为全球民航服务提供支撑,加快提升我国空间天气业务服务能力。其中,中国气象局为业务主体单位,负责全球空间天气监测、预报业务和技术研发能力建设;中国民用航空局为服务主体单位,负责为全球航空用户提供空间天气服务。在运行准备阶段,全面重构了航空空间天气业务流程,编制了航空空间天气预报规范,并按照国际民航组织(ICAO)要求,分别完成了场景测试、两次 ICAO 中心交接测试、"影子中心"运行测试,航空辐射模型个例对比等系列运行准备工作。12 月 28 日第一次履职当值中心,为全球民航的安全飞行提供保障。

2021 年,风云工程新增空间天气探测取得积极进展,风三 E 星搭载了包括太阳 X 射线极紫外成像仪在内的多种探测设备,风四 B 星则实现了带电粒子的多方向全能谱的精细化探测,风三和风四搭配,使得我国首次实现了从太阳爆发到地球空间环境响应"全过程"的自主监测,不仅及时"捕捉"到了耀斑的爆发,而且还探测到了地球空间环境中粒子、磁场、极光、大气密度等多种关键要素的暴时变化,将为我国太空活动提供关键支撑。

2021 年,空间天气业务运行和服务稳步推进。空间天气专项建设全面启动,已经在部分站点形成监测能力。编制了"十四五"空间天气站网监测建设规划,规划了 88 个综合站和 93 个一般站,22 类 783 套观测设备(含 200 套航空辐射剂量计),部分地基监测设备启动升级和改造工作。全年完成空间天气预报 358 期,中长期指数预报 358 期,航空预报 358 期,空间天气分析专报 358 期,空间天气专报_嫦娥五号服务 358 期,空间天气警报 14 期,空间天气现报 4 期,空间天气周报 51 期,航空周报 51 期,碎片与辐射环境周报 26 期、空间天气指数周报 51 期,空间天气月报 11 期,并组织编研了空间年报和空间专报。对标国际预报和服务,持续改进空间天气预报产品算法;参与重大航天活动的保障,同时充分发挥新媒体优势,线上和线下结合,不断扩大空间天气的社会影响。

(三)预报预测水平

近年来,我国通过发展无缝隙全覆盖天气气候预报预测业务,气象预报预测能力明显提升,气象预报预测水平不断提高。

1. 数值预报预测能力稳步提升

2021 年,全球数值天气预报系统 CMA-GFS 北半球可用预报时效达到 7.8 天,和上年持平,较 2019 年提高 0.3 天,保持业务化以来最高值;东亚可用预报时效达到 8.2 天,较 2020 年提高 0.3 天,较 2019 年提高 0.8 天,为业务化以来最高水平(图 7.1)。但和欧洲中期天气预报中心(ECMWF)、美国国家环境预报中心(NCEP)相比,CMA-GFS 的北半球可用预报时效仍低 1.1 天和 0.7 天,东亚可用预报时效仍低 1.3 天和 0.8 天。另外,从发展速度来看,CMA-GFS 北半球可用预报时效 6 年来提高了 0.4 天,而 ECMWF、NCEP 分别提高了 0.1 天和 0.3 天,我国全球数值天气预报水平的发展速度较欧美略快一些。

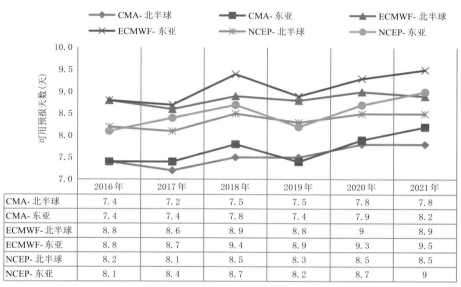

	2016 年	2017 年	2018 年	2019 年	2020 年	2021 年
CMA-北半球	7.4	7.2	7.5	7.5	7.8	7.8
CMA-东亚	7.4	7.4	7.8	7.4	7.9	8.2
ECMWF-北半球	8.8	8.6	8.9	8.8	9	8.9
ECMWF-东亚	8.8	8.7	9.4	8.9	9.3	9.5
NCEP-北半球	8.2	8.1	8.5	8.3	8.5	8.5
NCEP-东亚	8.1	8.4	8.7	8.2	8.7	9

图 7.1　2016—2021 年我国和 ECMWF、NCEP 全球数值天气预报模式
可用预报时效对比(北半球和东亚)

(数据来源:中国气象局地球系统数值预报中心)

2021 年,区域数值天气预报系统 CMA-MESO 对强天气的预报能力显著提升,大雨(≥25 毫米/天)预报 ACC 评分从 2007 年的 0.11 提高到 0.19,平均每年提高约 5.7%,暴雨(≥50 毫米/天)预报 ACC 评分从 0.036 提高到 0.114,平均每年提高约 18%。

资料同化能力和自主化水平稳步提升,CMA-GFS 全球 4D-Var 同化系统中同化资料种类增加,卫星资料占比从 76% 提高到 78%,FY 卫星资料占比从 9% 提高到 12%。

2. 天气预报准确率稳定在高水平

重大天气过程无一漏报。2021 年,全年准确预报强寒潮、强沙尘、强对流、河南郑州"7·20"特大暴雨、台风"烟花"等重大天气过程,灾害性转折性天气过程无一漏报。加强会商研判,开展对沙尘、暴雨、强对流等灾害性和高影响天气过程复盘。

定量降水预报准确率进一步提升。2021 年,主客观融合定量降水预报(Quantitative Precipitation Forecast,QPF)业务产品中,预报员小雨、中雨、大雨累加 24 小时站(格)点预报 TS 评分分别达到 0.597、0.417、0.324(图 7.2)。对比 2011 年以来 QPF 逐年预报评分,2021 年各量级降水预报准确率均保持在较高水平,其中小雨和中雨预报准确率较 2020 年略降,大雨略有提升。对比 ECMWF 模式、CMA 模式预报,预报员 24 小时、48 小时定量降水预报各量级预报准确率均较高(图 7.3,图 7.4),充分体现了预报员的模式订正能力。但 CMA 模式对小雨的预报能力和 ECMWF 模式相当,对中雨、大雨预报的能力还明显弱于 ECMWF 模式。

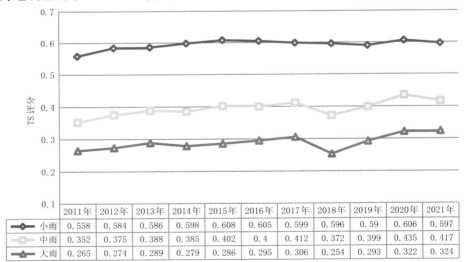

	2011年	2012年	2013年	2014年	2015年	2016年	2017年	2018年	2019年	2020年	2021年
小雨	0.558	0.584	0.586	0.598	0.608	0.605	0.599	0.596	0.59	0.606	0.597
中雨	0.352	0.375	0.388	0.385	0.402	0.4	0.412	0.372	0.399	0.435	0.417
大雨	0.265	0.274	0.289	0.279	0.286	0.295	0.306	0.254	0.293	0.322	0.324

图 7.2　2011—2021 年中央气象台预报员主观 08 时次累加 24 小时

定量降水预报 TS 评分对比

(数据来源:中国气象局)

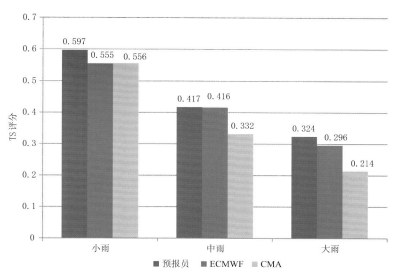

图 7.3　2021 年 08 时次 24 小时定量降水预报 TS 评分的预报员和 ECMWF、

CMA 模式预报对比

（数据来源：中国气象局）

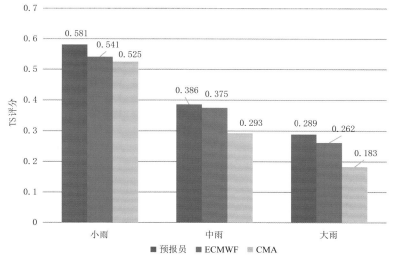

图 7.4　2021 年 08 时次 48 小时定量降水预报 TS 评分的预报员和 ECMWF、

CMA 模式预报对比

（数据来源：中国气象局）

　　台风路径预报误差优于日本和美国。2021年,中央气象台台风路径24小时、48小时、72小时、96小时和120小时预报时段预报误差分别为75千米、129千米、190千米、236千米、278千米(图7.5),台风路径预报性能较上年略有波动,总体保持稳定。其中我国24小时台风路径预报误差2015—2021年一直在66～75千米之间波动。2021年我国台风路径预报继续保持世界先进水平,日本各时段台风路径预报误差分别为89千米、157千米、223千米、276千米、270千米,美国分别为88千米、156千米、244千米、321千米、350千米(图7.6)。除台风120小时路径预报误差我国略高于日本以外,其他各时段路径预报误差均优于日本和美国。

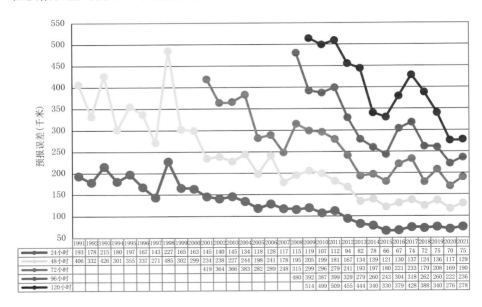

	1991	1992	1993	1994	1995	1996	1997	1998	1999	2000	2001	2002	2003	2004	2005	2006	2007	2008	2009	2010	2011	2012	2013	2014	2015	2016	2017	2018	2019	2020	2021
24小时	193	178	215	180	197	167	143	227	165	149	145	134	145	118	128	117	115	119	107	112	94	82	78	66	67	74	72	75	70	75	75
48小时	406	332	426	301	355	337	271	485	302	299	234	238	227	244	198	241	198	195	205	199	181	167	134	139	121	130	137	124	136	117	129
72小时											419	364	366	383	282	289	248	315	299	296	279	241	193	197	180	221	233	179	208	169	190
96小时																		480	392	387	399	329	279	260	243	304	318	262	260	222	236
120小时																			514	499	509	455	444	340	330	379	428	388	340	276	278

图7.5　1991—2021年中央气象台西北太平洋和南海台风路径各预报时段预报误差

（数据来源：中国气象局预报与网络司）

　　天气预报准确率水平保持稳定。2012—2021年近十年全国24小时晴雨、最高温度和最低温度预报年平均准确率分别为86.9%、80.0%和83.4%。2021年全国24小时晴雨、最高温度和最低温度预报准确率分别为84.6%、81.4%和83.9%,分别较上年降低1.9%、1.0%、0.6%,较2012—2021年平

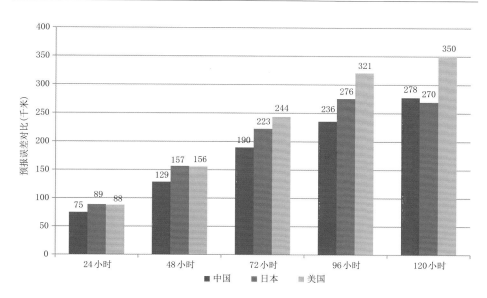

图 7.6　2021 年中国、美国、日本台风路径预报误差对比

（数据来源：中国气象局预报与网络司）

均值分别低 2.6%、高 1.8%、高 0.6%（图 7.7—图 7.9）。从各省（区、市）来看，24 小时晴雨预报准确率高于 89% 的有 10 个省份，分别是天津、河北、山西、内蒙古、辽宁、江苏、山东、河南、宁夏和新疆，主要为北部、华北、西北地区，其中宁夏最高（达到 93.0%）。24 小时最高气温和最低气温预报准确率高于 89% 的分别有 2 个省份和 11 个省份，海南和福建分别取得 24 小时最高气温和最低气温预报准确率的最好成绩（图 7.10—图 7.12）。2021 年 24 小时晴雨预报准确率较上年和较近 10 年平均值均偏低的主要原因是：上年 24 小时晴雨预报准确率达 90 分以上的有 9 个省份，而 2021 年只有 1 个省份；上年低于 80 分的只有 4 个省份，没有低于 70 分的省份，而 2021 年低于 80 分的有 6 个省份，还有 1 个省份低于 70 分，低分主要分布在西南地区。以西南地区为例，2021 年天气气候异常，汛期降水较常年偏少，预报难度大，数值预报模式的空报率较高，因此西南地区 24 小时晴雨预报准确率普遍较常年偏低。

强对流预报准确率稳步提升。2021 年，雷暴、短时强降水、风雹预报 TS 评分分别为 0.412、0.285 和 0.071，其中雷暴预报 TS 评分为近年来最高水

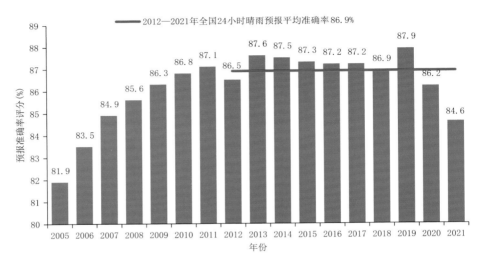

图 7.7　2005—2021 年全国 24 小时晴雨预报准确率评分

（数据来源：中国气象局预报与网络司）

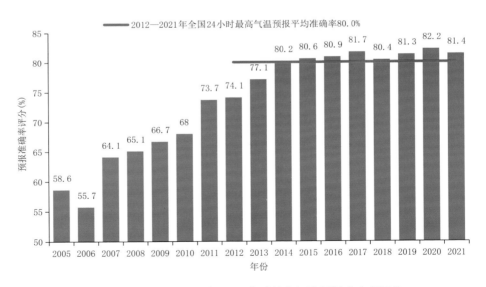

图 7.8　2005—2021 年全国 24 小时最高气温预报准确率评分

（数据来源：中国气象局预报与网络司）

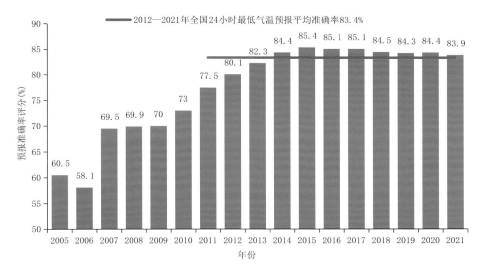

图 7.9 2005—2021 年全国 24 小时最低气温预报准确率评分

（数据来源：中国气象局预报与网络司）

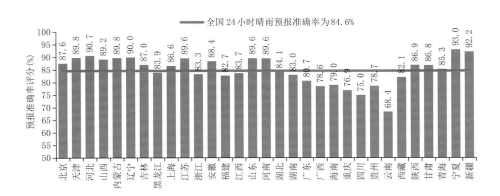

图 7.10 2021 年 31 个省（区、市）24 小时晴雨预报准确率评分

（全国评分为全国所有站点独立统计结果）

平。强对流预警时间提前至 40 分钟，为近年来最高水平，较上年提高 2 分钟，较 2015 年提高 18 分钟（图 7.13）。

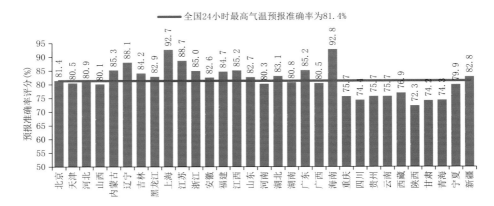

图 7.11　2021 年 31 个省(区、市)24 小时最高气温预报准确率评分

(全国评分为全国所有站点独立统计结果)

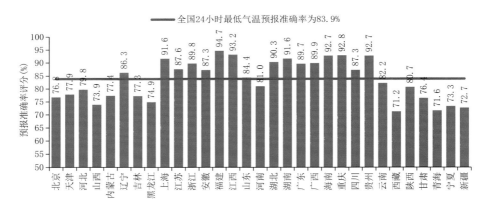

图 7.12　2021 年 31 个省(区、市)24 小时最低温度预报准确率评分

(全国评分为全国所有站点独立统计结果)

3. 气候预测准确率持续提高

2021 年,较好把握了汛期主雨带位置和旱涝分布,尤其准确预测了主要多雨区在我国北方的总特征,对主要流域的汛情、雨季进程、气温和高温趋势、以及台风强度和盛行路径等的预测也与实况较为一致。较好把握各月及其他各季节的总体气候趋势,尤其对北方严重秋汛的预测与实况非常一致。

逐步形成延伸期、月、季节到年度的客观化气候预测业务体系。在 3 月 23

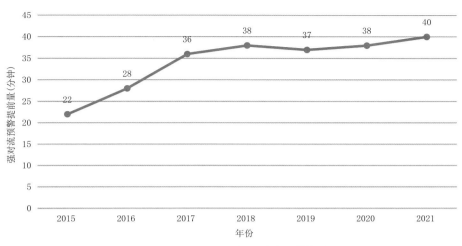

图 7.13　2015—2021 年强对流预警提前量

（数据来源：中国气象局预报与网络司）

日世界气象日当天首次向全社会发布《气候预测公报》产品，获得社会热烈反响。公报内容包括延伸期（10～30 天）、月、季节和年度的气候趋势预测结论，为气象防灾减灾和经济社会高质量发展提供气候服务信息。

2021 年，国家级发布的全国月降水预测评分为 66.9，月平均气温预测评分为 78.2 分，分别较上年提高 0.5％、降低 4.2％；国家级发布的全国汛期降水预测评分为 68.7 分，月平均气温预测评分为 93.5 分，分别较上年降低 1.3％、提高 11.2％。近 10 年全国月降水、月平均气温、汛期降水和汛期气温预测评分平均分别为 67.0 分、80.3 分、69.9 分和 85.7 分，分别较上个十年的平均值提高 3.2％、7.5％、1.8％和 10.3％（图 7.14—图 7.17）。由图 7.14—图 7.17 可见，国家级气候预测水平呈现年度波动，但总体稳定且呈上升趋势，其中对降水的气候预测水平上升趋势较缓。

2021 年，全国省级发布的月降水预测评分全国平均为 80.5 分，月平均气温预测评分全国平均为 82.2 分，汛期降水预测评分全国平均为 71.9 分，汛期气温预测评分全国平均为 92.8 分（图 7.18），各省（区、市）气候预测在国家级预测基础上总体有较高的正订正技巧。其中，北京、天津、河北的汛期降水预测评分分别为 98.6 分、94.1 分、89.5 分，位列全国前三名，北京得分创历史新高。

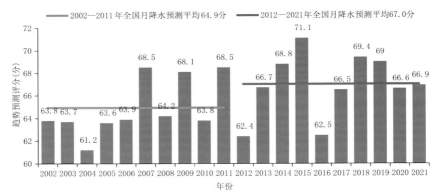

图 7.14　2002—2021 年全国月降水距平百分率趋势预测评分

（数据来源：中国气象局）

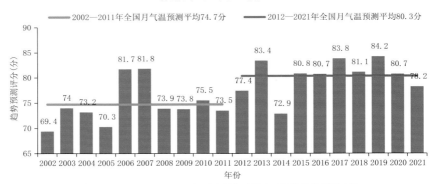

图 7.15　2002—2021 年全国月平均气温趋势预测评分

（数据来源：中国气象局）

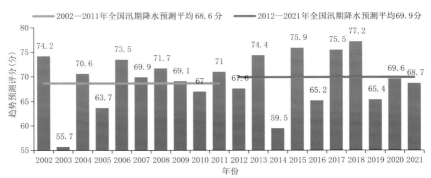

图 7.16　2002—2021 年全国汛期(6—8 月)国家级降水距平百分率趋势预测评分

（数据来源：中国气象局）

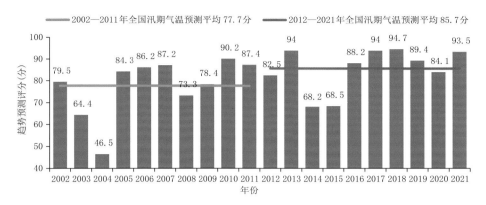

图 7.17 2002—2021 年全国汛期(6—8 月)平均气温趋势预测评分

(数据来源:中国气象局)

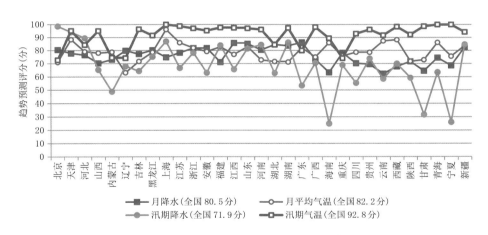

图 7.18 2021 年全国省级月平均气温、月降水、汛期降水趋势预测评分

(全国平均得分依据全国 2288 站的预测产品进行检验评分)

(数据来源:中国气象局预报与网络司)

三、评价与展望

站在新的历史起点上,气象科学发展已迈入地球系统时代,地球系统数值模式已成为国际气象预报核心能力的发展趋势。与此同时,新一代信息技术

加速突破应用,异构众核架构高性能计算将在破解数值预报模式超大规模并行化计算问题中发挥重大作用,气象大数据与人工智能的融合将成为发展趋势。

面向人民美好生活对精准预报的需求,我国气象预报能力还存在很多不足,对极端强降水的雨量、落区预报还不够精确,对局地暴雨、雷暴大风和龙卷等突发灾害性天气的预报准确度还不够高、提前量还不够长,"分区域、分时段、分强度"的精准预报任重道远。面向国际前沿,我国数值预报业务能力、模式自主创新能力和发达国家还有很大差距。亟需加快气象现代化建设,持续补短板、强弱项,以更好地服务国家服务人民。

"十四五"时期,气象工作应把握世界科技发展大势,加强跨领域多学科交叉融合,着力发展地球系统框架下的气象预报,推进新一代信息技术在气象预报业务上的深层次应用。推进数字化智能化,发展精准气象预报。以智能数字为特征,以数值预报为核心,以检验评估为导向,构建数字智能、无缝隙全覆盖的精准预报业务。展望2035年,面向国家基本实现现代化的战略目标,应加强地球系统数值预报中心能力建设,构建从局地到全球、从零时刻到年代际的无缝隙、全覆盖精准预报体系。发展自主可控的天气气候一体化的地球系统数值预报模式,完善台风、海洋、环境等专业气象预报模式,健全智能数字预报业务体系。加强突发灾害性天气监测预警一体化能力建设。

第八章　精细气象服务[*]

　　2021 年,是"十四五"气象高质量发展的开局之年,全国气象系统持续贯彻落实党中央国务院关于"服务精细"的要求,针对气象服务供给不平衡不充分矛盾,创新构建现代气象服务业务体系,加快推进基础型、普惠式气象服务业务向国省级集约,个性化特色化气象服务业务由基层市县级承担,深入推进气象服务业务能力建设,基本形成气象服务业务发展新格局。

一、2021 年气象服务业务概述

　　气象服务业务数字化智能化水平进一步提升。全国气象部门通过促进气象服务业务数字化,逐步打造"自动气象观测和智能网格预报＋气象服务"业务体系,促进气象服务业务产品精细化发展。通过推进气象服务业务智能化,进一步强化了大数据、人工智能等信息技术在气象服务业务中的广泛应用,形成了根据公众需求的智能感知、服务定制的供给能力,并以用户为核心,实现用户画像管理,提供基于用户位置和应用场景的气象服务产品。探索利用网络机器人等提供个性化、定制式服务,使公众随时可以便捷获取所需要的气象服务信息。推动了国省级气象服务业务平台升级,构建形成了"智能预报＋气象服务"业务体系,基本实现了气象服务业务数字化。

　　气象服务产品专业化程度不断提高。气象部门推动普适性服务业务、技

---

　　* 执笔人员:张阔　樊奕茜　于丹

术研发与产品制作向国省级集约,个性化特色化业务服务向市县级转移;深入推进决策气象服务、公众气象服务、农业气象服务、专业气象服务、人工影响天气服务等服务业务的技术研发、系统开发和普适性的产品加工制作。实施"气象+"赋能行动,加强农业粮食生产和特色农业产品制作,组织6省(区)开展主要粮食作物种子生产过程、推广种植、制种保险等气象服务产业试点。强化城市气象保障产品制作,从城市综合交通、城市旅游、市民养康、大型活动保障等多方面推进城市气象服务业务建设。专业气象服务业务突破了属地局限,推动专业气象服务业务集约化发展。在江苏、安徽、广东等省开展了恶劣天气高速公路交通预警处置试点工作;继续推进远洋导航服务和海上气象传真图应用;能源气象保障充分融入地方经济社会发展。

气象服务发布手段更加丰富。气象部门充分利用各类媒体资源,建立健全国—省—市—县四级气象信息发布渠道和相应的运行机制,规范气象信息发布流程,将信息发布纳入公共气象服务系统建设。融媒体气象服务发布平台创新发展,公众气象信息发布的覆盖面和有效性显著提高,多频次、多形式的气象服务信息发布信息格局已经形成。以天气预报产品为核心,气象部门不断创新产品形态,充分利用AI、短视频等多种形式,深度挖掘气象服务信息的潜在价值,为"中国天气"品牌赋能,极大地拓宽了气象信息传播的广度和时点。

二、2021年气象服务业务主要进展

气象服务业务是开发和生产气象服务产品基础和支撑,涉及的范围十分广泛,主要包括决策气象服务业务、公众气象服务业务和专业专项气象业务等。本章主要介绍气象服务技术平台、气象服务产品及气象服务发布传播手段等社会更为关注的气象服务业务。

(一)气象服务技术平台

长期以来,气象部门围绕气象服务发展需要,有针对性地建立了不同的气象服务技术平台,形成了强大的气象服务业务能力,为气象服务产品生产和提供了有力支撑。

1. 国家突发事件预警信息发布系统

中国气象局国家预警信息发布中心,是国务院应急管理部门面向政府应急责任人和社会公众提供综合预警信息的权威发布机构,是国家应急管理体系的重要组成部分。主要承担国家突发事件预警信息发布系统建设及运行维护管理,为相关部门发布预警信息提供综合发布渠道。到 2021 年,国家预警信息发布中心依托气象业务体系建成"一纵四横、一通四达"预警发布体系,即前端横向连通 16 个政府部门,纵向连通国家—省—市—县,后端建立一条直通各级应急责任人的专用通道,以及专线接入电视台、应急广播、移动运营商和 ABT 互联网平台,各级气象部门通过国家突发事件预警信息发布系统开展预警信息发布工作,形成预警信息发布矩阵。各省份充分利用突发事件预警信息发布系统还构建了"12379 重大气象灾害预警声讯叫应"平台,形成了上下相互衔接、规范统一、多部门应用的综合自然灾害、事故灾难、公共卫生事件、社会安全事件四大类突发事件的预警信息发布业务体系,实现我国 76 类预警信息的统一发布,为国家和公众提供精准的预警信息服务。

国家预警信息发布中心与国家广播电视总局、工业和信息化部等部门开展合作,通过试点的方式共同建立预警信息协调工作机制,研究预警分类别、分级别、分地域、分对象的发布策略,与广电开展应急广播系统与气象大喇叭对接的技术研究和气象预警播发试验,与工信部门国家通信网应急指挥调度系统部级平台、通信大数据平台对接联通,实现对指定区域、市县级全网、重要责任人群组预警短信精准靶向发布。同时不断拓展国省市县四级联动预警信息融媒体发布网络,以省市县一体化短临预警服务业务平台为基础,搭建多元平台,拓展预警信息服务朋友圈。各省级预警中心在提高预警信息发布效率上强化技术创新驱动,开展"个性化、定制化"应急产品服务,以最快速度将预警信息传递至"最后一公里"。

2. 气象融媒体平台

近年来,中国气象局高度重视气象媒体融合工作,要求各级气象部门要运用新技术、新手段,推动气象媒体融合向纵深发展;推动传播理念、内容、形式、方法、手段创新,促进各类气象媒体优势互补、各展所长;优化新闻传播技术,打造新型融媒体业务平台,扩大新闻传播覆盖面;建立高水平融合传播矩阵,打造高质量气象融媒产品。我国气象媒体融合工作取得积极进展。

2021年,国家级建成了符合现代气象宣传科普需求,融指挥调度、选题策划、智能采编、融合发布、舆情管理、数据中心、通联管理、考核评估于一体的气象宣传科普综合业务平台,并投入试运行。建成了以中国气象科普网为主体,中国气象网(科普频道)、中国天气网(科普频道)为两翼,其他各级各类气象网站(科普专栏)为依托的网站体系。推进国家级公共气象服务融媒体传播平台,进一步提升"中国天气"等公众服务品牌影响力,基本形成了以网站、广播、电视、微信、微博、手机 APP 等为载体的公共服务全媒体服务矩阵。

2021年,省级气象部门积极落实中国气象局对气象媒体融合工作的要求,大力推进省级气象媒体融合发展。其中广西建成了气象融媒体智慧服务平台。该平台整合广西现有气象网站、新媒体、影视资源,依托气象信息化建设,实现国省市县四级气象媒体服务资源集约共享应用;主要包含采编发子系统、资源共享库、产品生产子系统、监控展示子系统四大模块;移动手机端采编发业务流程化,气象服务产品自动制作生成;广西气象部门传播渠道统一发声、一次制作、多元生成、全媒体分发、区市县共享。新疆成立了融媒体制作发布中心,原电视媒体制作发布中心转型为融媒体制作,成为集微信、微博、中国天气网、抖音、电视等多渠道气象服务制作发布中心。其他各省份也纷纷采取行动。气象融媒体平台,使气象信息发布传播由报纸、电视、电台、广播开始融入到电脑、手机、平板、自媒体、公众号等多样载体,推动气象信息发布传播、气象科普和新闻宣传实现了立体、多维、全方位和动态、互动传播。

3. 专业专项服务技术平台

专业专项服务技术平台是专业专项服务的支撑。随着现代网络技术和智能技术的发展,建设好专业专项服务技术平台已经成为提升专业专项服务能力的现代化标志。

(1)农业气象一体化业务平台。2021年,气象部门持续推进农业气象业务系统升级,提升业务平台工作效率,优化客观产品供给能力,实现业务产品自动分析和制作功能;加快农业气象知识库和国外基础数据支撑能力建设,初步建成基于"云+端"的国家级农业气象业务系统。农业气象一体化业务平台,基本贯通前端数据支撑—客观产品加工—业务产品制作—服务全链条各环节,构建智能网格预报和实况监测气象要素驱动—农业气象模型模拟或指标判识—农业气象主客观产品业务流程(图 8.1),实现了多源数据融合的格点化农业气象精准监测、预报和预警,农业气象服务频次向实时服务演进。

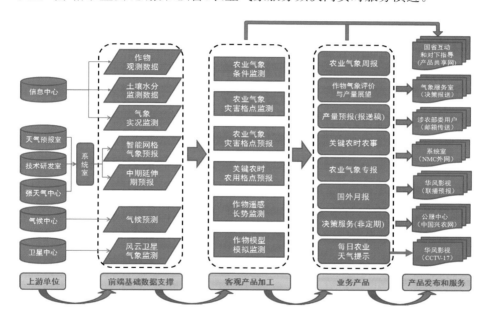

图 8.1　基于多源信息和农业气象模式的主客观产品业务流程

部分省级气象部门根据地方特色农业发展需要,针对性地建立了特色农业气象服务平台。截至 2021 年底,陕西建成 16 个苹果实景观测平台,初步打造了集产业结构、气候及气象灾情、物候期和生理生态等要素的苹果气象大数据集,并在此基础上建立"苹果气象业务系统"。山东开展基本数据收集与标准化模型库建设,建立 9 省(市)设施农业气象服务区域数据库,构建日光温室和塑料大棚小气候预报模型 1000 余个,灾害预警模型 54 个。云南建成统一规范的气候观测数据、基础地理数据、业务产品数据一体化的烤烟气象业务平台,实现烤烟气象服务中心三省(云南、贵州、河南)农业气象数据和产品的共享共用。海南构建共享、共用、集约化的橡胶气象专业平台,建立橡胶特色气象大数据库。宁夏研发面向全国枸杞产区和本区的枸杞气象智能化业务服务平台。

(2)人工影响天气业务服务平台。到2021年,国家级、省级和部分市县级基本建成了人工影响天气业务服务平台,国家和部分省级对人工影响天气业务系统和作业指挥平台进行了升级,完成地面作业装备标准化和信息化改造。全国人工影响天气综合信息系统正式投入业务运行,国家级人工影响天气核心业务系统实现了融入"气象大数据云平台"。按照"云+端"总体技术路线,依托基本气象业务体系,全国基本建成一体化、智能化、现代化的国家和地方人工影响天气业务指挥平台,实现各类人工影响天气数据的云收集、云存储和云计算,支持决策分析、调度指挥、作业监控等多种业务的终端应用。集成空域申报系统和弹药物联网系统,建立国家级—省级—市县级—作业点之间指导产品和作业指令的实时传输流程,实现指导产品和作业指令实时"纵向到底";建立作业站点—市县级—省级—国家级作业信息和监控音视频实时上报流程,实现作业信息和监控信息实时"纵向到顶"。

(3)海洋气象业务服务平台。2021年,国家级完成了全球台风监测预报报文实时接入台风海洋一体化业务平台。目前,以台风海洋一体化业务平台为基础,以海洋气象观测、卫星遥感产品等数据为基础,以高分辨率海洋和大气的精细化预报产品为核心,以资料融合分析技术、数值模式评估技术和解释应用技术等为支撑,建立了适用于单点、静态海区、动态海区和应急搜救海区的海洋气象要素客观预报方法,实现了上述四类气象保障服务产品的快速制作和安全传输。山东省气象局建成海上搜救气象服务平台,实现基于自定义搜救点和网格预报的预报阈值报警等功能,为2021年多起海上搜救和打捞工作提供了强有力的技术支撑。天津市气象局依托天津专业海洋气象服务一体化平台,建成海洋气象专业服务网并正式在天津市航道局上线应用,航道局可登录网站实时查询天津市气象局为其提供的港口、沿岸、海区等精细化预报信息,已在曹妃甸矿石码头、拖船公司、天津航道局等多家企业实现业务应用,为海洋工程安全作业、港口生产等提供专业化气象服务。到 2021 年,在 11 个涉海省(区、市)CIMISS 数据环境中开发部署海洋资料解码处理和质量控制系统;在国家级和上海、广东、天津 3 个区域中心升级 CIMISS 系统存储架构、扩展存储能力、升级数据统一服务接口,在原有设备上进行软件功能扩充。

(4)交通气象业务服务支撑系统。随着我国交通业的快速发展,大交通气象服务保障对气象服务提出旺盛需求。近年来,国省级为适应交通气象服务发展需要,逐步建立形成了交通气象业务服务支撑系统。到 2021 年,全国基本实现了交通气象信息跨行业互通共享,建立了信息共享目录清单,推动公安交管、交通运输、气象等部门建立安全可靠、运行稳定的实时信息交换通道,构建全国一体交通气象大数据集,融入气象大数据云平台统一管理,规范多行业、多源异构数据的信息汇集、数据挖掘、质量控制、存储管理、共享服务,建立交换数据的质量控制和传输时效评估制度。形成了气象、公路、铁路、内河水运、海上交通等多行业的横向联合、纵向衔接、共建共享的交通气象大数据体系。基于气象大数据云平台,构建了全国一体化综合交通气象业务系统,支撑精细化交通气象服务产品加工制作、订正检验、汇集展示等功能,提供交通气象服务数据接口或插件,形成上下贯通、全流程监控、服务效益评估等的国省综合交通气象服务业务体系,为开展融入式交通气象服务赋能。各省份还根据开展交通精细化专业服务需要,建立了交通专用气象服务平台。

除上述专业专项气象服务技术平台外,国家级和省级还针对用户需求建立了生态、能源、旅游和满足区域、流域、城市等专业气象服务需求的技术支撑平台。

(二)气象服务产品体系

经过长期的发展,全国气象部门已经形成了由决策服务产品(见第二章)、公众服务产品和专业专项服务产品等构成的完整的气象服务产品体系。

1. 公众气象服务产品

面向公众的气象服务产品的种类和内容日益丰富。气象部门围绕公众"衣食住行游购娱学康"的需求,已经形成针对交通、旅游、出行、健康、安全、运动、户外等不同需求场景,包括实况类、预警产品、未来 0~3 小时、未来 24 小时、未来 1~3 天、未来 4~7 天、更长时段天气、气候类产品等不同时效的气象服务产品,并开发了许多个性化、定制化气象服务产品,包括各种生活气象指数、基于位置的服务等。如各地气象部门结合本地公众生活需求,制作并发布了包括感冒、穿衣、紫外线、防晒、风寒、干燥、洗车、晨练等在内的几十种生活气象指数,帮助人们合理安排生产生活。

2021 年,全国 31 省(区、市)公众气象服务产品丰富度①统计显示,全国公众服务丰富度平均水平达到 78.2 分,较 2020 年提升幅度超过 35%(图 8.2)。其中安徽、黑龙江、江苏、江西、山东、浙江等 6 个省份公众气象服务产品丰富度得分达到 100 分(图 8.3),从区域分布看,4 个为东部省份,2 个为中部省份。公共气象服务产品的内容种类平均达到 15 种,20 种以上有 9 个省份,其中 8 省份在东部,1 省份在中部,最多省份达到 23 种(图 8.4);不同时效的公共气象服务产品数量平均达到 12 种,15 种以上有 8 个省份,其中中部有 4 个省份,东部和西部各有 2 个省份。从实际情况分析,公众气象服务产品丰富度与地方经济社会发展需求高度相关,也与气象服务单位的业务技术能力高度相关。

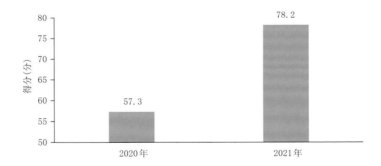

图 8.2　2020 年和 2021 年全国公共气象服务产品丰富度水平评分(分)

① 省(区、市)气象现代化建设指标方法规定:公共气象服务产品的内容种类,包括交通、旅游、出行、健康、安全、运动、户外等。不同时效的公共气象服务产品数量,包括实况类、预警产品、未来 0~3 小时、未来 24 小时、未来 1~3 天、未来 4~7 天、更长时段天气、气候类产品等。众气象服务产品丰富度度得分=公共气象服务产品的内容种类评分+不同时效的公共气象服务产品数量评分。

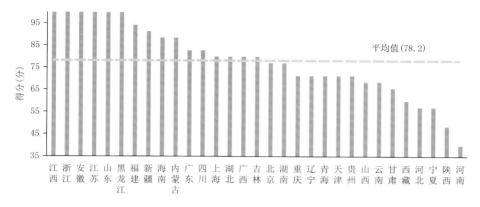

图 8.3　2021 年各省(区、市)公共气象服务产品丰富度水平评分(分)

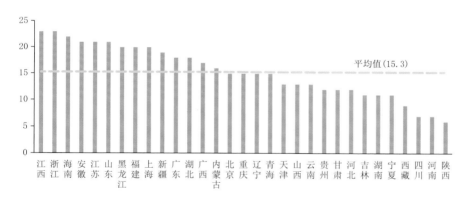

图 8.4　2021 年各省(区、市)公共气象服务产品种类(种)

当前公共气象服务产品的内容种类数处于全国后 5 位的省份主要分布中西部,西部地区在挖掘属地服务优势,扩展公共气象服务范围方面还有很大发展潜力。

2. 农业气象服务产品

2021 年,气象部门依托智能网格预报产品,推进农业卫星遥感应用,提供农业生产的干旱、暴雨洪涝、台风、高温等气象灾害展开密切监测产品和关键农时气象服务产品,对东北、黄淮海、长江中下游、华南、西南西北粮食生产重点区域和影响的主要灾种开展秋粮生长成熟、农事活动影响研判,细化完善分区域、分作物、分灾种、分环节的保障粮食生产气象服务业务任务,建立服务台账,极大地提升了农业气象服务精细化水平。

全国各级气象部门针对春耕春播、夏收夏种、秋收秋种粮食生产重要季节,形成了各季农用天气预报格点客观指导产品和各类特色数字化、智能化气象服务产品,实现精细化的农业气象服务产品业务应用;建立了大宗作物业务产品国省两级制作、多级应用的服务流程。充分利用中国兴农网向全国提供气象服务业务产品和农业气象灾害服务产品,面向各级政府、涉农部门建立了农用决策气象服务业务,面向种植大户、农民合作社、农业企业、家庭农场等新型农业经营主体和农机手提供了专项服务产品,面向广大农户开展普适性气象服务产品。2018—2021 年,中国气象局和农业农村部联合建立了 15 个特色农业气象服务中心,开发了一系列精细化农业预报预测和作物气候产品,服务农业作物品种的范围包括棉花、甘蔗、马铃薯、烤烟、柑橘、苹果、葡萄等。

2021 年,进一步优化了农业气象服务产品体系和业务流程。根据用户需求调整农业气象服务产品、服务内容,优化完善大宗作物国省两级制作、多级服务的农业气象业务服务流程,实现农业气象服务供给侧改革国省级同步、有序推进。围绕农业气象情报,制作"每日农业天气提示"产品,重点打造"全国农业气象周报"产品品牌;围绕作物产量预报,提升产量预报业务制作流程规范化水平,重点推进作物产量动态预报业务化;围绕关键农时,继续打造关键农时农事气象服务国省级"一张网"体系,提升服务业务规范化水平;围绕农业气象服务专题,进一步改进预警评估技术方法,开展农业气候年景服务产品的研发与服务;围绕决策服务,加强客观产品在决策服务材料中的应用,强化服务敏感性。

2021 年,全国 31 省(区、市)农业气象服务水平[①]统计显示,该值平均水平达到 92.3 分,连续两年保持在 90 分以上(图 8.5)。其中 12 个省份在 93.0 分以上,中西部有 8 个省份,东部有 3 个省份,重庆在农业气象服务业务水平方

[①]　省(区、市)气象现代化建设指标方法规定:农业气象服务水平＝农业产量预报评分＋农作物农用天气预报精细化水平评分。

面全国领先(图 8.6)。这在一定程度说明,气象部门持续服务农业产量预报和精细化农作物农用天气预报,质量较高、水平稳定、效果成熟。重庆、湖北主要农作物农用天气预报精细到乡镇,其余 29 个省(区、市)均可精细到县级。

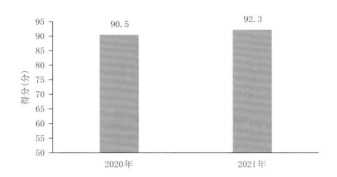

图 8.5　2020 年和 2021 年全国农业气象服务评分(分)

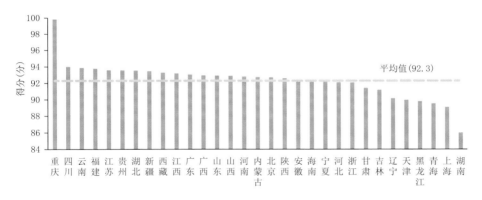

图 8.6　2021 年各省(区、市)农业气象服务水平评分(分)

3. 大城市气象服务产品

中国气象局特别关注大城市气象保障工作,并于 2021 年发布了《中国气象局推进大城市气象保障服务高质量发展的指导意见》,进一步推进了大城市气象服务产品升级与优化。目前,全国大城市大都基本形成了数字化、精细化城市气象灾害风险地图产品,以及各类风险点、隐患点及其致灾阈值清单产品;为城市决策提供了一体化多要素、多圈层城市气象实况监测产品;提供空间分辨率精细到街道预警信号产品,预警服务信息产品进入到城市治理网格;提供逐 6 小时的城市及周边地区中小河流洪水、山洪和地质灾害精细化气象风险预警产品;提供以道路交通、轨道交通、桥隧、水运、重要枢纽为重点的城市综合交通气象影响预报和风险预警服务产品。为公众提供定制式、伴随式、沉浸式精细旅游气象服务产品和各类季节性健康气象服务产品。一些大城市还围绕重大活动为决策部门提供专业专用的服务产品。

地方气象部门积极研发各具特色的城市气象服务产品。上海市气象局与卫健部门联合研发了基于天气气候的慢性病和传染病预警预报产品,融入市民健康防范应对工作体系,有效降低了感冒、哮喘、慢阻肺患者的发病率,减少了医保支出。广州市气象局与旅游景区合作开展大型游乐设施等气象高敏感游乐项目风险预警服务业务。成都开展公园城市气象指标体系研究,开展"雪山下的公园城市"气象景观监测预报系统建设,推动气候资源开发利用和价值转化。重庆开展了广阳岛多尺度精细化数值模拟、嘉陵江"沙进人退""绿进沙退"工程规划方案对微气候的影响模拟,助力中心城区创建国家生态园林城市。济南开展了趵突泉地下水位与不同涵养区降水相关研究,又通过人工影响天气作业提高补给区水涵养能力。青岛市气象部门量身打造精细化气象服务业务,构建从基地到终端快速响应机制,畅通供应链,助力压实"菜篮子"市长负责制。其他各大城市气象部门均结合本地实际,推出了社会和市民关注度高的生活气象服务产品。

4. 海洋气象服务产品

我国自 2017 年以来已经建立并实施了针对风、浪、天气状况、能见度、阵风等要素的海洋气象格点化预报业务,并在河北等海洋预警中心的支持下,提供近海渔业、海上应急救援等气象服务产品。近年来海洋气象数据与服务产品进一步丰富,服务产品逐步发展到中尺度海洋天气预报服务,海雾、海上对流风暴等海洋灾害预报预警服务,服务领域逐步拓宽,为海洋航运、远洋捕捞、海洋资源开发等提供气象保障。到 2021 年气象部门海洋气象服务产品体系基本建成,可提供 9 大类,25 种海洋气象服务产品(表 8.1)。

表 8.1　近年我国海洋常态化气象服务产品

产品名称	预报内容	发布时效
海事天气公报	(1)必须发报的内容≥7级大风区的范围或地理位置。说明造成大风的热带气旋或温带气旋中心强度(最低气压、风力)、位置、移向、移速;较强冷锋、暖锋和静止锋的位置;能见度<10千米的区域;浪高≥2米的区域,在热带风暴、温带气旋活动区中加发最大浪高。 (2)选择发报的内容当责任海区内无≥7级大风出现,或者海区内已经出现有代表性的天气系统和天气现象,则需要从以下内容中选择部分内容发报:较弱冷锋、暖锋和静止锋的位置以及海区内有影响的天气现象等。	每日 4 次:每日 06:15、11:30、18:15、23:30(北京时)
海洋气象公报	以中文形式描述中国近海海区的天气实况和预报,具体包括《海洋天气公报》《海上大风预报》《海雾预报》和《海上大风预警》。	每日 06 时、10 时、18 时(北京时)
台风公报	包括热带气旋中心位置、路径、强度的实况信息,路径、强度和移向移速的预报信息和 24 小时时效的风雨影响预报;登陆消息主要包括热带气旋的登陆信息以及未来预报趋势。根据台风预警发布条件适时发布台风蓝色预警、台风黄色预警、台风橙色预警、台风红色预警。具体包括《台风公报》《台风预警》。	每日 06 时、10 时、18 时(北京时)
热带气旋公报	热带气旋中心位置、路径、强度的实况信息,路径、强度和移向移速的预报信息,对于一些强度特别强、影响特别大的气旋。具体包括《全球热带气旋监测公报》《北印度洋热带气旋公报》。	开始对热带气旋命名开始时。每日 10 时、18 时提供(北京时)
海洋气象要素格点化预报业务	风场、天气现象、浪高和能见度四个要素的格点场,主观订正预报,生成海区预报、海事天气公报等预报产品。	每日 06 时、10 时、18 时(北京时)
海区预报	对中国近海、远海、沿岸海区分别就天气现象、风向、风力、浪高以及能见度分别做 0～12 小时、12～24 小时、12～36 小时、36～48 小时、48～60 小时、60～72 小时预报。	每日 06 时、10 时、18 时(北京时)
西北太平洋分析与预报	分析 0°—60°N,100°E—120°W 范围内,0～48 小时海平面气压场图、500hPa 高度场图的实况和预报。	每日 11:30 时(北京时)
专业海洋气象预报	全球海洋气象导航业务,并提供各大洋天气要素风场、涌、浪的 120 小时内的预报。具体产品包括:船舶海洋气象导航、船舶监视、航线分析、海区预报、事故分析。	—
海洋气象保障服务	重大活动、重大节假日期间海洋气象预报产品。	—

　　部分沿海省份还结合当地需求,研发了针对性的海洋气象服务产品。2021年,福建省气象局与福建海事局签署战略合作协议,聚焦"海上福建",建立"5+2"三都澳气象服务体系,推进大黄鱼养殖、运输、渔旅融合、风光储微电网、预警发布等气象服务。开展5条"丝路海运"气象导航测试应用评估,打造"海上福建"气象保障样板区。广东省气象局联合农业、保险等部门,借鉴广东省台风强降雨巨灾指数保险的成功经验和技术成果,针对农田水利、大棚设施、畜禽设施和渔业设施等承灾体构建了气象巨灾(台风、暴雨)指数保险模型。为农业设施巨灾指数保险技术方案编制提供了技术支撑,在2021年台风"查帕卡""卢碧"农业保险中,实现了农业设施保险从现场定损到阈值触发、指数定级的转变,救灾资金1日内快速到位,有力支撑了救灾复产,打造出台风气象服务防减救新格局。广东江门生蚝养殖、湛江海水网箱养殖风灾指数保险落地。浙江舟山发布全球首个锚地供油气象指数,浙江舟山研发了13个近海渔场精细化预报产品。山东威海推出牡蛎养殖、烟台推出扇贝养殖风灾指数保险。

　　5. 交通气象服务产品

　　2021年,交通气象监测、交通气象预报预警、交通气象服务产品向着智能化、协同化方向发展,实现了国家级交通管理天气风险预警产品在部分省(区、市)气象部门应用,交通气象保障服务产品在大交通领域得到广泛应用。

　　2021年,中国气象局继续与公安部在江苏联合开展恶劣天气交通预警处置试点服务,针对解决了困扰多年的团雾、路面结冰等恶劣天气交通预警处置痛点难点问题,研发了智能移动观测设备等,打造了"江苏方案"和"徐州样板",成果填补了国内恶劣天气交通预警、智能监测预警和协同应急处置的空白。公共交通服务领域,联合发布82期"重大公路气象预警"产品,制作了60期春运交通气象服务产品,实现常态化联合发布全国主要公路气象预报产品。抗灾救援期间,为中国红十字会运输河南暴雨救援物资提供24小时滚动跟踪服务。物流运输方面,为韵达、中通总部每日制作快递行业服务产品,为"中欧班列"商贸物流线路制作1.6万个站点的定制化服务产品。

2021 年,重点加强了川藏铁路气象服务业务产品的提供,累计制作 3.9 万余条气象灾害预警信息产品。开发了川藏铁路沿线基于施工点位置的 0～10 天无缝隙滚动更新的气象监测预报产品,已在川藏铁路公司数字川藏系统试用。实现了对长江全航道、重点航段港口通航等级监控调度和船舶的定制化导航产品开发,开发长江专用气象服务系统和服务产品,探索以市场化方式推进科技成果转化。

2021 年,公路交通专业气象服务水平大幅提升。全国 31 省(区、市)公路交通专业气象服务水平[①]统计显示(图 8.7),该值平均水平达到 76.8 分,较上年度评分提升幅度超过 10%,其中上海评分排名第一,综合评分为满分 100 分,表明上海的交通气象服务产品专业化和专业气象服务业务水平达到新高。江苏、湖北、山东、安徽等 5 个省份公路交通专业气象服务水平达到 90 分以上(图 8.8),其中 3 个省份在东部地区、2 个省份在中部地区,说明公路交通专业气象服务业务水平与地方经济发达程度正相关,这些省份的交通监测站网布局完善,预警预报及时到位的地区,交通气象服务产品丰富多样、应用广泛。2021 年江苏省开展了恶劣天气交通预警处置工作,说明该工作预警处置有效,示范效应显著,提高了交通气象专业服务业务水平,可在全国进一步推广。

6. 能源气象服务产品

2021 年,新能源气象服务产品不断丰富,气象部门对吉林、西藏全域、黑龙江中西部地区及陕西、海南、贵州等区域的 9 个风电光伏电场的风能太阳能资

---

① 图 8.8,图 8.10,图 8.13,省(区、市)气象现代化建设指标方法规定:产品专业化水平制作能力分为 3 档:第一档为仅可向用户提供气象要素监测预报服务基础产品(如降水、气温、风、相对湿度等基本气象要素监测预报产品),为 20～40 分(20 分起,每多提供一种产品加 4 分,直至 40 分止);第二档为可向用户提供针对行业需求的气象监测预报服务产品(如生态气象监测评估服务产品、环境气象预报服务产品、公路沿线交通气象监测预报产品、旅游气象预报服务产品),为 41～60 分(41 分起,每多提供一种产品加 4 分,直至 60 分止);第三档为可向用户提供基于行业影响的气象评估和风险预警产品,为 61～80 分(61 分起,每多提供一种产品加 3 分,直至 80 分止)。专业气象服务水平表示气象服务产品在行业部门的应用情况,专业气象服务产品实现与行业部门联合发布的,得 0～20 分(每联合发布一种 5 分,直至 20 分止)。此处各行业专业气象服务水平评分=产品专业化水平评分+专业气象服务水平评分。

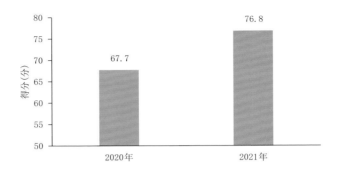

图 8.7　2020 年和 2021 年全国公路交通专业气象服务评分(分)

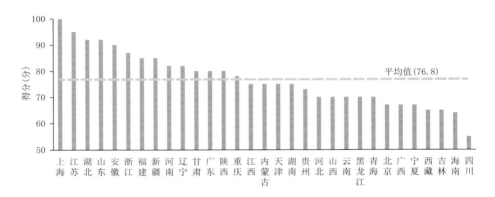

图 8.8　2021 年各省(区、市)公路交通专业气象服务水平评分(分)

源及开发潜力进行了精细化评估。组织研发了"全国风力发电气象条件预报""全国光伏发电气象条件预报"产品,短临、月风能太阳能资源预报产品,全面提升风能太阳能资源精细化评估能力。组织研发了风能太阳能月季预报产品,为能源保供提供风能太阳能资源趋势预测服务产品。国省级联合开展了县级太阳能资源和光伏发电功率监测试点建设,建立新能源预报会商业务,完成短期风能太阳能预报产品向省级气象部门的下发共享。

2021 年,气象部门积极服务"碳达峰、碳中和"战略,能源保障产品针对性逐步提高。风电、光伏发电功率预测系统在全国 80 余家新能源场站应用。北京市气象局订制提供全链条定制化、个性化服务产品,助力热电气联调联供;新疆气象部门保障风能太阳能发电,助力塔克拉玛干沙漠每年固碳 160 万吨;

重庆、黑龙江、湖北、贵州等省级气象部门,对电力、天然气、煤炭等能源开发提供针对性预报产品,开展气象要素与能源负荷、能源运输等的相关性研究,构建逐日、逐小时的能源应用模型,更好地融入当地能源保供工作。

除上述专业专项气象服务产品外,各级气象部门还研发提供了生态、旅游和满足经济社会发展各类需求的专业气象服务产品。

(三)气象服务发布传播手段

1. 气象"两微一端"

2021 年,气象部门官方微博/微信数量达到 45606 个,较上年(25466 个)增长约 79%,较 2018 年(48118 个)减少约 5%;官方微博/微信粉丝数为 477 万/66.5 万,实现稳步增长,微博/微信粉丝数较上年增加 24.5 万,增长率达到 4.72%,较 2017 年增加 225.5 万,增长率达到 70.91%(图 8.9)。微博千万话题 33 个,其中过亿话题 8 个,月排名稳居行业和部委前十。制作原创短视频 236 个,比上年同期增长 93%。在重大活动、防汛救灾关键节点,与主流媒体共同推出新闻直播活动 13 期,比上年同期增长 44%,覆盖人群超 1 亿。统计数据显示,由于微博/微信的发展更加集中和规范,所以虽然总体数量有所减少,但用户的总量却在增加。

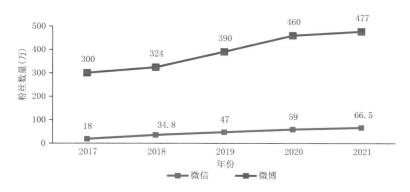

图 8.9　2017—2021 年官方微博/微信粉丝数量(单位:万)

(数据来源:中国气象局宣传科普中心)

　　不断加强"中国天气"品牌建设,电视、广播、手机及新媒体融合发展的全媒体传播格局逐渐形成。"中国天气"气象影视节目在 24 个国家级广播电视平台播出,每天制作广播电视节目共计 160 余档,总时长(首播)超过 300 分钟,实现了国家级新闻资讯类电视频道 100％覆盖、国家级新闻资讯类广播频率 87.5％覆盖。200 多个省地市频道每天向公众提供电视广播气象服务,覆盖人群超过 10 亿。中国天气融媒体秉持"天气通讯社、百姓贴心人"的定位,生产包括新闻资讯类、生活服务类、气象科普类、定制查询类等 4 大类 14 款融媒产品。以灾害天气直播为核心进行重大天气过程全网发声,其中台风"烟花"媒体服务产品全网总浏览量超过 11 亿,中国天气网连续五天浏览量突破 1 亿。打造"节气之旅"科学考察文化活动,首站绍兴立冬之旅全网总曝光量 1.5 亿,形成气象服务助力美丽中国建设、传承节气文化新模式。"中国天气"自有平台全站累计服务人次超过 1000 亿次,单日最高浏览量达 1.23 亿;"中国天气"官方微博、微信、快手、抖音等各平台累计粉丝总数突破 1000 万。

　　气象新媒体的影响力持续加强。截至 2021 年,在全国二十大中央机构微博中,中国气象局连续六年排名前十,其中 2018 年进入前五位,综合评分为86.33 分(图 8.10)。2021 年,中国气象局及中国天气两个微博账号入选"走好网上群众路线百个成绩突出账号";中国气象新闻网入选中央新闻网站;中国

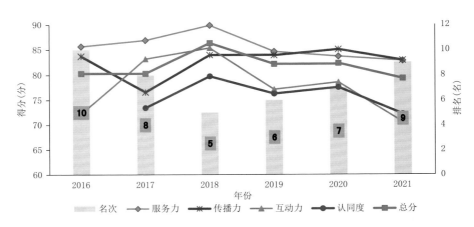

图 8.10　2016—2021 年全国二十大中央机构微博中国气象局排名与评分情况

气象局网站及其双微,中国气象新闻网、中国气象报双微入选《互联网新闻信息稿源单位名单》。

2. 天气类 APP

公众获取气象信息的渠道多样。2021 年,通过手机 APP、手机短信、微信微博抖音、电视节目、网站获取信息的公众,分别占 72.5％、33.3％、24.2％、23.2％和 15.9％,通过广播节目、声讯电话和报刊获取气象服务信息的公众在 10.0％以下(图 8.11)。

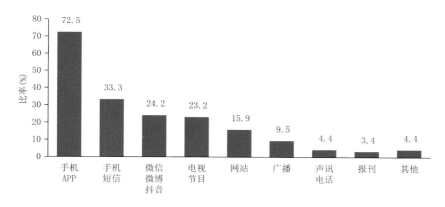

图 8.11 2021 年气象服务传播渠道使用占比情况

(数据来源:中国气象局公共气象服务中心)

天气类 APP 成为公众获取天气信息的重要方式。根据对公众获取天气信息情况的调查,手机 APP 连续六年使用占比超过 50％,成为公众获取天气服务信息的重要方式(图 8.12)。从天气类 APP 使用率年增长变化情况分析,2015—2021 年年均增长 10.6％,其中 2016 年增长达到 29.7％,2018 年、2019 年增长保持在 10％以上,2020 年、2021 年增长速度明显下降,分别降至 7.43％、0.28％(图 8.13),可能明显受到疫情和经济下行形势影响。

调查显示,2021 年 62.2％的公众表示获得的气象服务信息是手机自带天气应用提供的,23.6％的公众表示由"当地气象部门"提供,8.9％的公众表示由"中央气象台"提供,仅有 2.5％的公众表示由"中国天气"提供(图 8.14)。

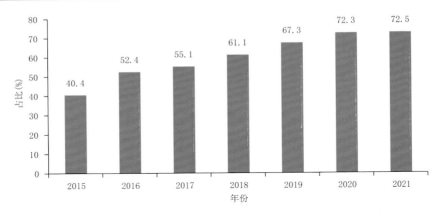

图 8.12　2015—2021 年天气类 APP 气象服务传播渠道使用占比情况

（数据来源：中国气象局公共气象服务中心）

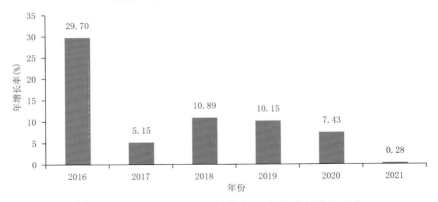

图 8.13　2015—2021 年天气类 APP 使用率年增长变化

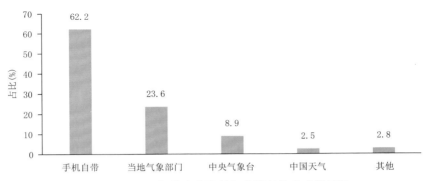

图 8.14　2021 年公众获取的气象服务信息来源情况

（数据来源：中国气象局公共气象服务中心）

相关数据也显示,近年来天气类应用(如墨迹天气、天气通、彩云天气等)发展态势良好,市场格局继续保持相对集中态势,其中墨迹天气的活跃用户和市场份额近年来始终居于前列。易观千帆 2021 年 5 月的 APP 活跃榜单显示:墨迹天气以 12000.02 万的月活跃人数在榜单中排名第 42 位;2345 天气预报月活跃人数 964.91 万,排名第 275 位;天气通月活跃人数 942.28 万排名第 277 位。据点点数据统计显示[①],2021 年,中国区苹果手机应用商店(App Store)天气类应用累计下载量 4660.89 万次,累计收入预估[②] 6441.14 万元。其中墨迹天气累计下载量 741.47 万,排名第一位;收入排名第一位的是 Clime:气象雷达,累计收入预估 1802.91 万元(图 8.15)。

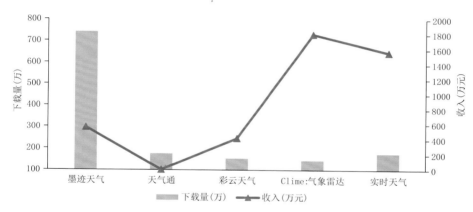

图 8.15　2021 年中国区苹果手机应用商店主要天气类应用下载量和收入

3. 传统媒体发布手段

数据显示,2009—2021 年传统媒体气象服务发展总体持稳。其中,电视和广播气象服务量基本持稳,略有增长;短信和电话服务数量有所下降。这一发展态势表明,传统气象服务传播手段仍然有较多的相对固定的用户群体,特别是地处偏远地区的公众和中老年群体,传统媒体气象服务仍然是提供基本公共气象服务、确保服务覆盖面的有效手段。2021 年,传统媒体气象服务发展态

---

①　资料来源:专业移动应用分析平台——点点数据(app. diandian. com)。
②　收入预估是对 App Store 中 App 的销售额的估算值。

势各不相同,其中,电视、广播频道数量和短信气象服务定制户数有所回升,电话拨打数量持续下降。

　　电视服务渠道持续发展,但用户比例持续下降。从图 8.16 可以看出,近二十年来,提供气象服务的电视频道数量虽有所波动,但总体呈上升趋势,2018 年以后增长迅速。2021 年的电视频道数量是 2002 年数量的两倍多;比上年增加了 649 个,增幅达 12.9%。但根据调查,通过电视渠道获取气象信息的公众比例逐渐减少。2021 年通过电视获取天气信息的用户比例为 23.2%,比上年下滑 9.7%,比 2015 年(59.8%)①下滑 61.2%,而在 2010 年城市与乡村公众主要通过电视获取气象服务信息的比重则分别为 87.8% 和 92.1%。上述数据在一定程度上说明,随着手机 APP 等传播方式的发展,电视渠道的比重在逐年减少,但电视的普及以及电视传播技术和服务内容的不断优化,电视媒体仍然是公众获取基本气象服务信息的有效途径,而且公益性电视媒体更是法定的气象预报发布载体,未来需进一步强化通过公共电视频道发布公众天气预报职责。

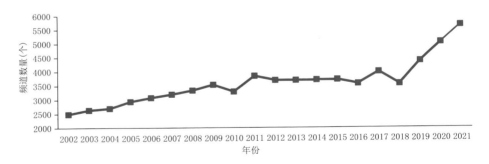

图 8.16　2002—2021 年提供气象服务的电视频道数量(单位:个)

(数据来源:《气象统计年鉴》,2002—2021)

　　广播气象服务总体呈波动上升趋势。2021 年,提供气象服务的广播频道数量比 2010 年增加 991 个,比 2015 年增加 1072 个,比上年增加 580 个,增幅达 25.7%(图 8.17)。总体来看,近二十年来,广播气象服务呈现出波动式发

---

① 数据来源:中国气象局公共气象服务中心;国家统计局。

展,其主要原因是城市交通气象服务的发展,比如许多城市设立了交通广播台增加了整点天气预报,有的还将整点天气播报室设在气象部门。同样,公益性广播媒体不仅是传播气象服务信息,更是法定的气象预报发布载体。

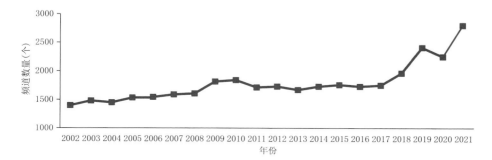

图 8.17 2002—2021 年提供气象服务的广播频道数量(单位:个)

(数据来源:《气象统计年鉴》,2002—2021)

短信和电话气象服务数量下降明显。短信气象服务的定制户数自 2009 年达到峰值后逐年下降,但 2019 年开始呈现回升趋势(图 8.18)。2021 年短信定制户数为 1.1 亿户,比上年增长 740 万户,虽略有回升,但基本与 2018 年持平,比 2010 年减少 5800 多万户,比 2015 年减少 1516 多万户。气象服务电话拨打数量自 2008 年达到峰值后呈快速下降趋势。2021 年电话拨打数量为 3.73 亿次,比上年减少 6491.72 万次,比 2010 年减少约 5.9 亿次,比 2015 年

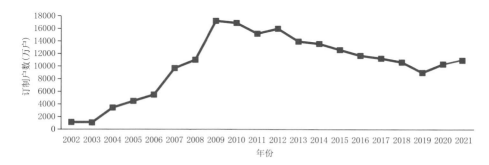

图 8.18 2002—2021 年短信气象服务的定制户数(单位:户)

(数据来源:《气象统计年鉴》,2002—2021)

减少约 5 亿次(图 8.19),降幅明显。虽然短信和电话服务的数量持续下降,但从变化分析情况看,其仍然有特定的、相对固定的用户群体,下一步可以考虑从省级层面推进服务系统的升级集约,并努力提升服务产品的精细化水平和服务智能化水平,来提升短信和电话气象服务质量和针对性,或通过气象大数据开发提供付费产品服务,不断丰富用户的服务形式、服务产品选择。

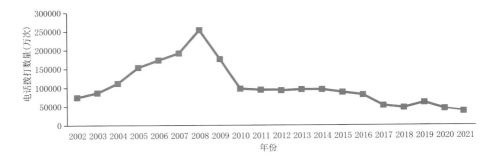

图 8.19   2003—2021 年气象服务电话的拨打数量(单位:万次)

(数据来源:《气象统计年鉴》,2003—2021)

4. 海洋气象信息发布手段

2021 年,气象部门依托现有的公共气象服务体系,初步建立了国家级海洋气象信息发布站,组成我国海洋气象广播网,通过实时播报中国海域的短期天气预报和警报,为近海海域海上作业船只和滩涂养殖用户提供实时海洋气象信息。沿海地区结合实际利用广播电台、海事电台等发布海洋气象信息,部分地区依托我国北斗导航系统试验性开展了北斗终端预警信息发布。近五年以来,北斗卫星技术在海洋信息发布,尤其是面向渔业船只的信息发布取得了长足进步。

2021 年,各省份在推动海洋气象服务信息、发布手段和服务对象的统一管理方面取得很大进展。广西壮族自治区气象局扩展、升级海洋气象预警信息发布管理平台,2021 年通过该平台第一时间发送台风和海上大风、大雾等海洋气象预警信息。天津市气象局依托天津市突发事件预警信息发布系统,以已有预警发布规范为核心,结合北斗卫星、海洋短波电台等多种手段,开展海洋气象预警信息发布管理平台本地化建设。辽宁省气象局建成基于 GIS 的海洋气象预警信息发布管理平台,平台与辽宁省突发事件一体化预警信息发布系统对接,实现了实况、预报、预警信息的展示、发布、反馈以及系统安全等功能,能够制作针对不同用户需求的海洋专业气象预报产品。海南省气象局优化第二代北斗船载终端的气象信息可视化模块,与渔政总队开展合作推广北斗船载终端气象可视化模块,完成了南沙作业的 600 多艘渔船的系统部署。广东省气象局多举措加强海洋气象预警信息发布,拓展面向海上用户的预警信息发布能力,自主制作的无线电气象传真覆盖南海海域,2021 年 3 月,广东省气象台与交通运输部南海航海保障中心广州海岸电台联合启动南海海上无线电气象传真服务,并正式对外播发。该项服务填补了我国南海海区海上无线电气象传真业务的空白。

三、评价与展望

党的十八大以来,气象部门紧紧围绕经济社会发展需求和人民群众日益增长的需要,着力推进服务业务现代化、主体多元化、管理规范化,基本构建了中国特色现代气象服务体系,气象服务成效显著。但在气象服务业务高质量发展方面仍有部分短板需要提升。

一是气象服务产品质量仍有提升空间。一些特色行业、特定服务对象的气象服务产品针对性仍不够强、精细化水平不高,供给与需求之间的矛盾仍然明显。二是气象服务的科技支撑能力仍显不足。气象服务领域的科技创新仍集中在预报、观测等核心业务能力提升,对服务产品技术精细化、多元化转化的能力不足,对大数据、AI 等新技术的应用尚未形成可推广复制的拳头产品。三是气象服务业务机制有待优化。气象服务融入地方经济社会发展的潜力仍有待挖掘,在应急减灾、大城市气象保障等领域的气象服务业务事权责任仍有待细化,上下游联动机制有待健全,气象服务市场机制建设也需要更多的社会力量参与。

新发展阶段,高质量发展气象服务业务,必须针对以上问题,扎实推进落实《"十四五"公共气象服务发展规划》,全力推进气象服务业务现代化,高质量建设中国特色的气象服务体系。一是坚持协同发展,推进气象服务业务融入重点行业、关键领域和智能化城市,对标重点行业、关键领域发展趋势,实行气象服务业务产品专业化和差异化发展策略;二是坚持创新驱动,全面提升气象服务业务核心技术能力,推进气象服务业务数字化和智能化转型,加快新技术、新成果的业务转化和推广,研发一批有价值、可借鉴、高效益的气象服务业务产品;三是加强气象服务业务机制体制建设,促进气象服务业务更多地融入国家经济社会发展的各个环节,加强气象服务质量和效益评估体系建设,吸收社会力量参与气象服务合作和产品研发,深化气象服务信息质量评价与监管,为气象服务业务高质量发展提供支持。

第九章　气象信息化建设[*]

气象信息化是推动气象事业高质量发展的重要支撑,是驱动传统气象业务向智能化、数字化新业态转型发展的关键技术基础。2021 年,气象部门通过大力推进气象信息化,气象大数据云平台已成为支持全国气象业务的关键共性信息基础平台,"云+端"业态基本形成,全球气象数据资源进一步丰富,气象信息化发展取得明显成效。

一、2021 年气象信息化概述

2021 年,全国气象部门扎实推动气象信息化高质量发展,构建以大数据为中心的气象业务技术体系,以"数算一体"云平台建设和业务应用系统"云化"改造为抓手,强化"天擎"应用融入支撑能力,培育形成了"云+端"新业态。同时,推进气象信息网络基础设施建设,业务运行达到了"云端监控、质量可见、自动运维、垂直到县、定量客观"水平。2021 年,完成气象大数据云平台业务试运行评估和业务化评审,实现业务运行,云平台数据访问超过 40 亿次。搭建了国家级气象大数据云平台仿真开发环境,开展了同址异楼备份中心和西安备份中心建设。推进业务系统统一监控,31 个国家级业务系统完成对接。组织完成了区域站地面、天气雷达状态和告警信息标准格式数据业务切换工作。

＊　执笔人员:郝伊一　王妍　李欣　张滨冰

推进信息系统建设,实现信息网络现代化指标实时采集与计算,升级预报预测与信息业务管理系统。"天擎"(气象大数据云平台)实现全国业务化运行和滚动升级,CIPAS、"天元"(综合气象观测业务运行信息化平台)、西北人工影响天气等系统融入效果良好。国际通信系统新平台和国省级实时数据下载新平台实现业务运行。

国省联动推进云化改造和网络安全体系落地实施,云化改造和融入取得了新进展,47个国家级业务系统和85个省级业务系统编制了融入方案。推进了国家和省级气象业务系统集约整合。完善了"云+端"气象业务技术体制相适应的组织架构,建立了覆盖业务数据全生命周期的管理机制。进一步加强网络安全和数据安全措施。

推进气象数据汇交及服务,拓展了地球气候系统数据资源。加强部门和行业数据汇交。深入推进气候变化数据库资源建设,集中管理气候变化数据,研制气候变化数据产品。完善数据服务追踪溯源系统,建设数据质量实时评估业务。推动人工智能技术与数据分析深度应用。强化气象数据资源统一分类管理,实时动态评估关键要素数据质量。发挥内网平台优势提升服务水平,核心用户、年访问量、年数据服务量同比均有增长。

推进气象数据产品体系建设,完善"全球—区域—局地"一体化实况产品体系。研制多圈层长序列气候数据产品。升级中国地面相对湿度、降水等均一化数据产品;研发中国近海海岸海岛站风速订正技术;提升全球表面温度格点数据产品质量。全球10千米分辨率的大气和表面实况分析产品实现业务化。中国区域1千米分辨率融合实况产品实现业务化,大幅度提升对复杂地形、冬季降水极值的监测能力。丰富灾害性天气实况分析产品种类,提供国省级业务试用。

二、2021 年气象信息化建设进展

(一)气象信息系统和数据资源整合

1. 气象大数据云平台系统

2021 年,气象大数据云平台实现了承担国家级和全国 31 个省级的数据接入、产品加工、存储服务及系统备份业务,推进了各项业务由气象综合业务实时监控系统统一监控。气象大数据云平台由交换及质控系统、产品加工系统、存储与服务系统组成(图 9.1)。国家级和省级的现有各业务系统编制融入气象大数据云平台的实施方案和工作计划,完成了融入改造。新业务系统按照《气象信息系统集约化管理办法》(气发〔2018〕117 号)的要求,作为气象大数据云平台的"云原生"系统进行建设。

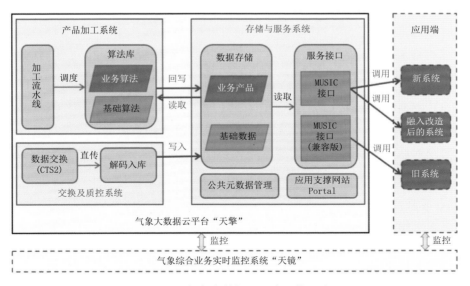

图 9.1　气象大数据云平台系统组成

国家级和省级气象大数据云平台围绕做好本地的应用支持工作,交换及质控系统实时接入观测数据和产品,经解码处理,写入存储与服务系统。产品加工系统的算法库加载质量控制、统计加工等基础算法,并持续集成应用融入的观测、预报、服务等业务算法,由加工流水线统一调度运行,生成产品回写到存储与服务系统。存储与服务系统对所有写入的数据和产品进行统一存储管理,并通过 MUSIC 接口提供服务。基于应用支撑网站 Portal 发布数据、算法、算力等应用信息和服务能力。暂时保留兼容版接口为尚未融入的旧系统提供数据,但兼容版接口不再发展,即不再增加新的功能、不再配置新的资料、不再开通新的用户及其权限等,兼容版接口用户须在下年底前全部迁移到气象大数据云平台接口。

升级气象大数据云平台,推进异地备份中心建设。增强国省级运维协同,国家级气象大数据云平台实现同址异楼两套系统热备运行。国家级备份系统可为省级提供应急数据访问服务,省与省之间可以协商互为备份。在西安异地备份中心建成之后,将形成"两地三系统"的高可靠备份格局,异地备份中心各系统热备运行,同时对国家级和省级核心算法进行冷备,支持应急情况下的业务远程应用。

2021 年,基于气象大数据云平台,全面升级改造和优化了 CIPAS 系统,即将发布全新 3.0 业务版本。CIPAS3.0 核心功能全面融入大数据云平台,集成了 BCC 新一代季节－次季节模式、CRA40、CPC 等新数据和产品,丰富了CIPAS 全球陆地、海洋、大气环流的监测预测产品。完成了历史台风风场长序列数据集研发,我国区域站近 50 年日降水资料重构、气候变化数据建设以及东亚季风区长序列日及亚日数据集的建设。

2. 气象数据资源整合

通过实施云化改造,国家级业务系统和省级业务系统编制了融入方案,推进了国家和省级气象业务系统集约整合,国家级业务系统压减 17%;省级业务系统压减 16%。推动《气象信息系统集约化管理办法》全面落实,开展了信息系统申报立项和验收环节的集约化评估,并完善了"云＋端"气象业务技术体制相适应的组织架构。通过完善气象大数据云平台,新增数据达到 84 种,优化数据解码 75 种,产品调度响应速度提升至 0.2 秒,成功率提升至 100%,云平台数据访问超过 40 亿次,服务量超 1.1PB。搭建了国家级气象大数据云平台仿真开发环境。

（二）气象信息化基础设施建设

2021 年，新一代国家级高性能计算机系统投入使用。派—曙光高性能计算机重启涉及全部 3000 余台计算节点、6 台 Infiniband 核心交换机、约 200 台 Infiniband 边缘交换机、188 台存储节点。派—曙光高性能计算机汛前重启工作，为汛期期间派一曙光高性能计算机的稳定运行及各业务模式的稳定运行提供有力保障。

2021 年，改进了资源负载均衡管理，提高了运行效率，开展了应用运行数据的深度分析，提高气象高性能资源管理决策的自动化和智能化程度。开展天气气候一体化模式在众核架构高性能计算机上高效大规模并行的框架研究；在国产自主耦合器的基础上，研发适合未来地球系统数值预报不同业务应用配置的耦合、嵌套技术；完成基于耦合器的全新业务系统运行架构设计。

2021 年，完成了国家级基础设施资源池扩充和感知网国省级集群管理软件终验。开展了新一代高性能计算机系统基础设施云平台计算、存储能力进一步扩充。升级了 CMACast，卫星广播覆盖范围扩大到"一带一路"地区。建成了国家级同址异楼备份系统，实现了业务热备运行。"信创"工程进展顺利，提升了政务管理支撑能力。28 个省（区、市）完成了终端及外设国产化替代。完成"派—2021"高性能计算机系统建设。完善空间分析库、基于容器的加工流水线、机器学习平台和数据湖文件目录服务。建设分布式原型系统，灵活调度数据交换任务和进程快速交互共享。

2021 年，气政通实现了升级，建立了管理数据资源标准体系，推进主题数据应用。完善一体化政务服务平台垂直能力建设，建设行政执法管理和审批归档系统。扎实推进气象宣传科普业务支撑平台建设。迁移改版中国气象科普网业务，更好地服务于气象科普资源的集约化管理，发挥中国气象局官方气象科普网站的引领作用，满足公众多样化、个性化需求。

实现气象部门涉密公文、涉密信息基于国家电子政务内网的电子传输交换业务化运行，启动气象业务专网数据单向导入气象政务内网安全平台建设。按照国务院"互联网＋政务服务"建设要求推进中国气象局一体化政务服务移动端系统建设,实现手机业务信息查询功能。推进计财业务系统—账务平台升级、银企直联业务化运行、预算管理大数据分析模块开发等工作。

(三)气象大数据业务和共享

1. 气象大数据产品

2021年,完善"全球—区域—局地"一体化实况产品体系。提升全球大气和表面实况分析卫星资料同化量,加强中国区域高频次风云卫星、雷达数据分析应用;建立动态局地百米实况分析系统,为冬奥会、亚运会等重大活动提供支撑。研制多圈层长序列气候数据产品。优化多圈层多要素协同资料均一化检验与订正技术,升级中国地面相对湿度、降水等均一化数据产品;研发中国近海海岸海岛站风速订正技术;优化海陆一体温度数据空间重建及网格化技术,提升全球表面温度格点数据产品质量。全球10千米分辨率的大气和表面实况分析产品实现业务化,产品包含三维温度、湿度、风等204个要素,质量与国际同类产品相当,时效明显优于国外产品。中国区域1千米分辨率融合实况产品实现业务化,时效达到5分钟,大幅度提升对复杂地形、冬季降水极值的监测能力。建成冬奥和全运会百米实况分析系统。研制面向气候应用的长序列数据产品。升级全球地面气温、降水月值数据集(1850—2020),百年序列达到2500条,数据质量达到国际同类产品水平。研制全球海表观测关键要素基本气候数据产品(1900—2020)和全球表面温度格点数据产品(1854—2020),优化海陆拼接方法,长度大幅度延伸,满足IPCC AR6引入标准,对全球增温科学事实的表征能力与国际同类产品相当。发布中国第一代全球大气和陆面再分析产品(CMA-RA)。围绕典型应用需求研发人工智能训练数据集,推动气象数据与人工智能新技术融合。

2021年,地球系统多圈层数据种类更加丰富多样,新增应急管理、自然资源、生态环境等3类行业数据,推进了云海掩星产品、探空数据常态化收集,对7个国家级大气本底站、33个省级温室气体站、19个气候观象台历史数据进行了汇聚。制定实施了气候变化数据库建设方案,开展了对1991—2020年中国地面标准气候值数据集、1951年以来逐分钟和逐小时国家级台站降水数据集、

1850 年以来全球气温、降水月值数据集以及 2016—2018 年强降水和雷暴大风 AI 训练集研制。基于气象大数据云平台,推进了自然资源、生态、水利、民航等部门 30 种行业数据在气象业务中的应用。

2. 气象大数据管理

2021 年,拓展地球气候系统数据资源,增强数据管理能力。不断加强了跨部门、跨地区气象相关数据获取、存储、汇交和使用监管。完成 7 个国家级温室气体观测站历史数据、19 个国家气候观象台数据收集,收集全球气候变化关键气候变量数据集 11 个,完成 15 个国家重点研发计划项目 185 个数据集汇交。深入推进气候变化数据库资源建设,集中管理气候变化数据,研制气候变化数据产品。完善数据服务追踪溯源系统,建设数据质量实时评估业务。推动人工智能技术与数据分析深度应用。强化气象数据资源统一分类管理,实时动态评估关键要素数据质量。获国际数据管理协会"中国数据治理最佳实践奖"。

2021 年,建立了系统运行和问题反馈处置机制,持续提升了"天镜"精细化监控能力,"云+端"业务监控加强,实现基于位置的实况数据流程监视,构建问题诊断工具库,实现 31 个业务应用系统端监控及要素值质量异常、质控码变化过程、完整性异常等实时监视,气象数据质量监控能力提升。加强"天镜"智能运维能力,实现了平台全面监控、远程管控,实现了监控数据一体化管理。

2021 年,继续做好历史气象档案数字化拯救和数字气象档案馆建设,推动全国档案资源在线共享利用。完善气象数据质量评估评价系统,实现了全球及中国地面、海洋、高空、飞机报、卫星、雷达等近 50 项关键要素的数据质量实时动态评估与展示。气象档案和数字化工作取得新进展。组织开展了风自记纸数字化提取,完成了 2018—2019 年度数字化成果评估。提升气象业务精细化数据服务支撑能力,提升"基础信息一张图"精细服务支撑能力。发布技术规范,推动标准业务应用,丰富空间化数据资源,新增城市内涝、地质灾害等图层 605 个,为西南、新疆、长江经济带、海河各类专题提供支撑。升级全球地面气温、降水月值数据集(1850—2020 年),百年序列达到 2500 条,数据质量达到国际同类产品水平。研制全球海表观测关键要素基本气候数据产品(1900—2020 年)和全球表面温度格点数据产品(1854—2020 年),优化海陆拼接方法,长度大幅度延伸,满足 IPCC AR6 引入标准,对全球增温科学事实的表征能力与国际同类产品相当。发布了中国第一代全球大气和陆面再分析产品(CMA-RA)。围绕典型应用需求研发人工智能训练数据集,推动气象数据与人工智能新技术融合。

从各省气象数据支撑能力来看,2021 年,全国省级气象信息化水平较 2020 年提升了 4.9%,水平提升 10% 以上的有 2 个省份,分别是广东和浙江,其中广东达到 12.1%,提升 6% 以上的有 14 个省份,提升低于 1% 的有 5 个省份,其中有 2 个省份为负值(图 9.2)。

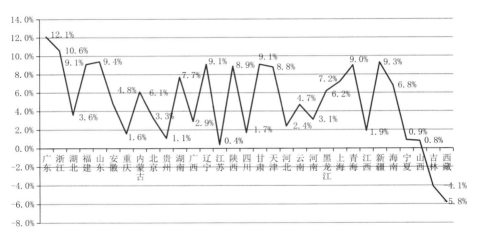

图 9.2　2021 年全国省级气象信息化水平较 2020 年提升比例

(数据来源:2021 年省(区、市)气象现代化建设评估报告)

3. 气象大数据共享

2021 年,在确保气象数据安全的前提下,推进了气象数据信息开放和共建共享。截至 2021 年底,存档数据总量达 23.6PB,覆盖国内外 12 系列 49 颗卫星,新增 FY-3E/FY-4B 两颗卫星数据 650TB(图 9.3)。通过网站、专线、资源池等渠道服务数据量近 7.5PB。其中网站用户数达到 11.9 万,覆盖 121 个国家(含中国)和地区,服务数据 428TB,完成订单 11.53 万个,服务数据量较上年同期增长了 89.63%,订单数较上年同期增长了 80.2%(图 9.4)。

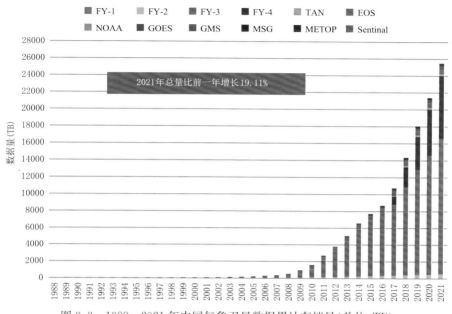

图 9.3　1988—2021 年中国气象卫星数据累计存档量（单位：TB）

（数据来源：中国卫星气象中心）

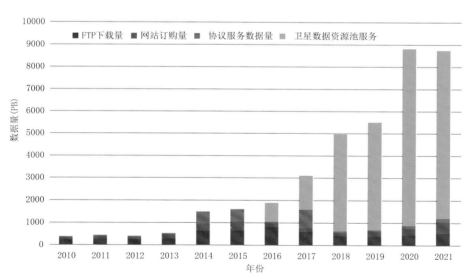

图 9.4　2010—2021 年中国气象卫星数据年服务量（单位：PB）

（数据来源：中国卫星气象中心）

中国气象数据网用户数、访问量逐年上升。用户数由 2016 年的 15.9 万户上升至 2021 年的 41.5 万户,访问量由 0.58 亿人次上升至 4.3 亿人次,2021 年用户数同比上年增长 21.7%,访问量同比上年上涨 153%。单位用户数和个人用户数也逐年稳步增长(表 9.1,图 9.5,图 9.6)。中国气象数据网逐步成为全社会广泛认可的气象部门政府大数据服务平台。

表 9.1　2016—2021 年中国气象数据网用户数

年份	用户数 (万户)	新增用户数 (万户)	单位注册用户数 (个)	个人用户数 (万个)	访问量 (亿人次)
2016	15.9	4.7	369	16.45	0.58
2017	20	4.1	690	20.4	1.19
2018	24.8	4.8	935	25.6	1.2
2019	30.2	5.36	1134	30.6	1.2
2020	34.1	5.03	1394	34	1.7
2021	41.5	7.5	1650	41.5	4.3

数据来源:国家气象信息中心。

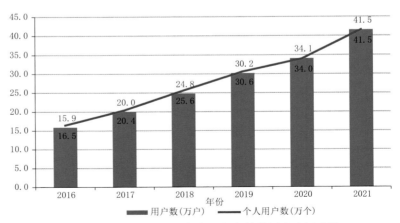

图 9.5　2016 年—2021 年中国气象数据网个人用户数
(数据来源:国家气象信息中心)

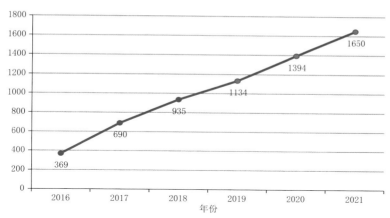

图 9.6　2016 年—2021 年中国气象数据网单位注册用户数（单位：个）

（数据来源：国家气象信息中心）

中国气象数据网 2021 年新增用户 7.5 万个，访问量超过 4.3 亿人次。累计企事业实名注册用户数达 1650 个，其中京津冀地区 350 个，长三角地区 339 个，广东省 161 个；涉及行业主要为专业技术服务、软件、公共管理等（图 9.7、表 9.2）。截至 2021 年底，中国气象数据网累计注册个人用户 41.5 万人（含卫

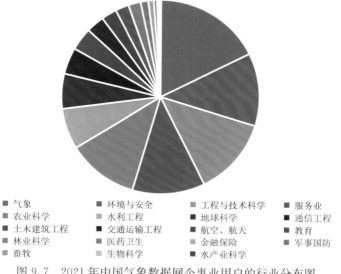

图 9.7　2021 年中国气象数据网企事业用户的行业分布图

（数据来源：国家气象信息中心）

星遥感网注册用户)。用户以社会公益性行业为主,排名前 5 名的是教育 (26.2%)、地球科学(8%)、土木建筑工程(2.6%)、环境与安全 2.6%、农业科学(2.6%)、气象(2.4%)(图 9.8、表 9.3)。

表 9.2　2021 年中国气象数据网企事业用户的行业分布

行业	企事业用户数(个)	行业	企事业用户数(个)
气象	237	航空、航天	34
环境与安全	162	教育	30
工程与技术科学	174	林业科学	27
服务业	160	医药卫生	17
农业科学	157	金融保险	12
水利工程	91	军事国防	7
地球科学	78	畜牧	4
通信工程	59	生物科学	3
土木建筑工程	51	水产业科学	2
交通运输工程	40		

数据来源:国家气象信息中心。

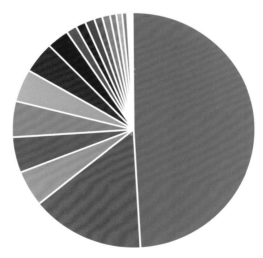

■ 教育　　　　■ 地球科学　　　■ 农业科学　　　■ 环境与安全　　　■ 土木建筑工程
■ 气象　　　　■ 工程与技术科学　■ 水利工程　　　■ 林业科学　　　　■ 医药卫生
■ 交通运输工程　■ 金融保险　　　■ 通信工程　　　■ 服务业　　　　　■ 生物科学
■ 航空、航天　　■ 军事国防　　　■ 畜牧　　　　　■ 司法　　　　　　■ 水产业科学
■ 兽医业科学

图 9.8　2021 年中国气象数据网个人用户的行业分布图

(数据来源:国家气象信息中心)

表 9.3　2021 年中国气象数据网个人用户的行业分布

行业	个人用户数(个)	行业	个人用户数(个)
教育	108643	金融保险	2376
地球科学	33268	通信工程	2373
农业科学	10777	服务业	1839
环境与安全	10820	生物科学	1740
土木建筑工程	10882	航空、航天	1426
气象	10005	军事国防	433
工程与技术科学	9607	畜牧	406
水利工程	6536	司法	427
林业科学	3104	水产业科学	269
医药卫生	2902	兽医业科学	89
交通运输工程	2774		

数据来源:国家气象信息中心。

自正式上线以来,中国气象数据网共享数据量超过 650TB,累计访问量超过 11.3 亿人次,支持国家科技支撑计划、973、863、自然科学基金等重点科研项目 10319 余项。2021 年,用户应用气象数据发表文章、论著及发布国家标准和行业标准共 792 篇。

(四)气象信息网络安全

2021 年,通过不断强化气象数据资源、信息网络和应用系统安全保障,实施了《气象综合业务实时监控系统业务管理规定(试行)》,推进了业务系统统一监控,国家级 31 个业务系统完成对接,省级气象综合业务强化了实时监控系统本地化应用,扩展地县级监视功能,提升开发效率 80%。组织完成了 2020 年度高性能计算资源使用效益评估,完成了区域站地面、天气雷达状态和告警信息标准格式数据业务切换工作。加强管理信息系统建设,实现了信息网络现代化指标实时采集与计算,升级预报预测与信息业务管理系统。

2021 年,开展了中国气象局关键信息基础设施认定工作,制定实施了认定规则和清单。制定实施了网络安全设计技术方案,强化网络安全技术能力。

制定实施了建党 100 周年、冬奥会网络安全保障工作方案，做好重大活动期间网络安全保障工作。完成了《基本气象数据开放共享目录(2021 版)》更新。编制完成了《气象数据资源分类分级方案(试行)》。基于气象数据唯一标识符系统完成 2018 年以来气象数据对外共享服务历史信息导入工作。推进建立了统一信任服务系统，构建统一标准的身份标识库，实现账户全生命周期集中统一管理。

推进全国信息业务自动化运维，制定数据安全审查办法，完成中国气象局6 个直属单位 1233 个终端和 4 个直属单位 30 条专线接入初审。组织气象部门网络安全演习，参加网络安全演习顺利完成防守任务，建立全国联防联控机制，提升网络安全防护水平。推进了 2021 年网络安全和数据安全检查与核查整改，成立了数据安全管理专项工作组，发布气象数据安全审查评估专家库人员名单，全面加强了气象数据安全工作。

三、评价与展望

气象信息化工作虽然取得了重大进展，但还存在一些短板。一是集约化协同和数据共享效益尚未充分发挥。国—省两级"云"＋多级"端"应用布局观测资料共享流程依然较繁复；气象业务的即时性需求，要求海量数据第一时间共享，气象数据共享与协同应用仍显不够。二是数据获取和挖掘不够深入，对海量数据科学化管理还不够到位。刻画地球—大气系统多圈层相互作用的数据基础不够强。三是基础设施持续投入机制不完善，国—省通用算力和存储同样存在供需不足的矛盾，成为模式与新技术发展瓶颈。四是气象信息自主可控水平、信息化治理水平还不够高，网络与数据安全管理体系不完备，存在数据流失和安全风险。

扎实推进气象信息化高质量发展，应针对以上问题，在确保气象数据安全的前提下，大力推进地球系统大数据平台建设，深入推进信息开放和共建共享；推进建立健全跨部门、跨地区气象相关数据获取、存储、汇交、使用监管制度，开发研制高质量气象数据集，充分挖掘气象数据资源，提高气象数据应用服务能力,极大发挥集约化协同和数据共享效益。进一步完善信息化基础设施持续投入机制,配置适度超前升级迭代气象超级计算机系统;研究建设固移融合、高速泛在的气象通信网络。构建数字孪生大气,提升大气仿真模拟和分析能力,切实提升气象信息自主可控水平和信息化治理能力。

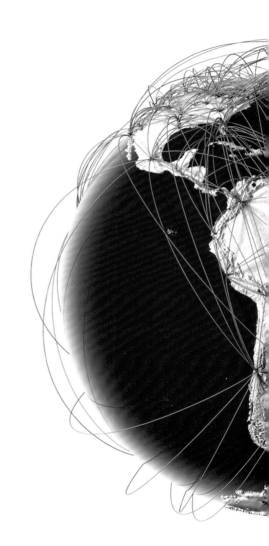

科技创新篇

第十章　气象科技创新[*]

科技创新是引领气象高质量发展的第一动力。2021年,全国气象系统坚决贯彻落实习近平总书记关于加快科技创新、推动气象事业高质量发展的重要指示精神,深入贯彻落实党的十九届五中全会把科技自立自强作为国家发展战略支撑的决策部署,牢牢把握面向世界科技前沿、面向国家重大需求、面向人民生命健康的战略方向,谋篇布局做好气象科技创新发展顶层设计,聚焦科研攻关,突出成果转化,深化体制机制改革,持续优化气象科技创新生态环境,为气象事业高质量发展和气象现代化建设提供强大驱动力。[①]

一、2021年气象科技创新概述

气象科技创新的战略地位日益凸显。2021年,中国气象局党组观大势、谋全局、抓根本,全面加强党对气象科技创新的领导,深入推进党建与科研工作深度融合,科学部署气象科技创新重点工作,在全国气象系统凝心聚气,形成气象科技创新在发展全局中居于核心位置的共识。气象部门各级党组织,严格按照党中央和中国气象局党组部署,在广大气象科技工作队伍中认真组织开展了党史学习教育活动,系统学习了习近平总书记关于科技创新的重要讲话精神和我们党在各个时期高度重视科技事业的历史经验与伟大成

---

　* 执笔人员:李欣　杨梦　申丹娜
　① 全国气象系统气象科技创新均取得积极成效,本章重点展示气象部门科技创新进展。

就。广大气象科技人员进一步增强"四个意识"、坚定"四个自信"、做到"两个维护",提高了政治站位、坚定了理想信念、强化了主动担当做好科技工作的主体责任,一大批气象科技单位和党员荣获"先进基层党组织""优秀共产党员"称号。

气象科技创新重点领域和优先方向更加明确。2021年,按照《全国气象发展"十四五"规划》要求,把加快科技创新列入战略任务,明确未来五年坚持创新驱动发展、加快气象科技自立自强的发展目标和主要任务。中国气象局联合科技部、中国科学院研究编制了《中国气象科技发展规划(2021—2035年)》,进一步细化了到2025年和2035年的主要气象科技指标、气象科技创新发展重点领域和优先方向;通过制定实施《加强气象科技创新工作方案》和《"十四五"中国气象局野外科学试验基地发展规划》,推动气象科技创新融入国家科技创新发展全局。

气象关键核心技术攻关取得新突破。2021年,气象数值预报、卫星、雷达、信息"四根支柱"领域的关键核心技术攻关成效显著,气象重大核心技术研发需求纳入国家重点研发布局。全球中期数值模式和全球高分辨率气候系统模式研发、全球四维变分同化系统建设、卫星快速辐射传输模式ARMS同化应用、雷达标校技术、全球和区域高分辨率实况产品业务转化等关键核心技术取得明显突破。气象重大核心技术研发需求纳入科技部"十四五"国家研发计划任务布局,为持续推进重大核心技术攻关提供有力保障,3项国家重点研发计划项目获立项,"海上多波段云雾观测设备研制及示范应用"纳入重点专项2021年度"揭榜挂帅"榜单。"区域/全球一体化数值天气预报业务系统"获得国家科学技术进步二等奖,8项重大气象科技创新成果①、6项科普成果亮相国家"十三五"科技创新成就展。

气象科技创新整体效能全面提升。2021年,气象科研院所学科布局和研

————

① 资料来源:中国气象报,2021-10-22,第一版。分别是中国气象局区域/全球一体化数值天气预报系统,次季节-季节-年际尺度一体化气候模式预测业务系统,全球气象卫星遥感动态监测、分析技术及定量应用方法及平台,实况分析与中国第一代全球大气和陆面再分析产品,超大城市垂直综合气象观测技术,气象预警快速制作和传播平台关键技术,人工影响天气综合实验技术与应用系统。

发布局不断优化，科技基础平台建设有序推进，全面提升了气象战略科技力量和科技创新整体效能。编制优化气象学科布局和研发布局方案，明确了国家级科研院所的优势研究领域以及在灾害性天气等领域的协同创新机制。依托专业院所打造优势领域科技创新高地，气象科研院所改革取得新成效，成立和发展了一批气象科技创新机构，国家级和省级气象科研院所进一步发挥气象战略科技力量导向和激励作用。出台一系列改革举措，加强气象科技基础平台建设。

气象科技体制机制改革和创新体系建设取得重要进展。2021年，气象科技创新体制改革不断深化，创新体系建设深入推进。制定《中国气象局气象科技成果评价暂行办法》，推行突出创新质量和实际贡献的代表性成果评价制度，制定科技成果分类评价办法，构建以质量、贡献、绩效为核心的分类评价指标，引导科技成果向业务服务转化应用。强化科技成果管理，构建分类评价指标，科学评价气象科技成果的质量、绩效和贡献，加强成果评价、转化和汇交。规范气象科技成果转化收益分配激励措施，建立监督机制，推动成果转化奖励激励政策在气象部门落地。

二、2021年气象科技创新主要进展

(一)气象关键核心技术攻关

2021年，通过在研国家科技重点项目实施，推进气象数值预报模式、多源观测资料再分析与实况分析、智能预报预测、气象卫星遥感应用、气象观测装备等业务急需领域技术攻关，实现一批关键技术突破。[1] 推进数值预报模式核心技术自主可控发展，深化多源观测资料再分析与实况分析技术研究，启动研制第二代全球再分析产品。构建以人工智能应用和数值预报模式解释应用为支撑的智能预报技术体系。强化气象卫星及应用关键技术，提升卫星平台、遥

---

[1]　资料来源：中国气象局科技与气候变化司。

感仪器技术水平。发展观测核心传感器、相控阵天气雷达、大型无人机观测等装备技术。

1. 精密监测核心技术攻关

2021年，围绕全球监测业务覆盖度和精密度提升核心问题，继续深化卫星关键技术攻关，强化全球综合数据的观测和获取能力。攻关卫星遥感等产品关键技术，强化卫星、雷达等新观测资料在气象核心业务的应用。①

（1）风云卫星及探空关键技术取得重大突破。2021年，形成了7颗卫星组网运行的全球观测体系，风云四号B星和风云三号E星（黎明星）成功发射并投入应用，弥补了极轨卫星晨昏轨道观测国际空白。风云四号B星攻克关键技术，提前开机，1分钟频次、分辨率250米的云图动画在短临天气预报中表现优异。黎明星填补晨昏时刻全球气象观测空白，成功发布黎明星"看太阳""看大气""看地球"3批图像和产品。②

"春分1号"探空专用芯片完成技术升级，研制了下一代探空系统中心站；大型无人机海陆空立体协同观测试验取得新进展，新增机载GNSS掩星/海反探测系统、太赫兹冰云探测仪等多种气象载荷运行稳定，新开发的飞行指挥及数据处理系统投入应用，为建立无人机全链条式观测业务奠定基础；飞艇试验攻克了球面阵列天线、GNSS海表温度反演等6项关键技术，对平流层的长航时观测填补了国内空白。③ 自主立项研发多波长气溶胶拉曼激光雷达、X波段双偏振横半圆柱型相控阵雷达、新一代自动气象站系统、全自动导航卫星探空系统等；超声测风仪关键传感器研发取得成效，S波段相控阵雷达标定系统等关键技术取得突破，温湿廓线拉曼激光雷达研发取得重要进展。④

（2）X波段天气雷达应用技术创新取得丰硕成果。2021年，实施面向数值预报应用的X波段天气雷达等观测资料处理软件的开发项目，建设内容主要包括X波段天气雷达资料产品评估和同化应用预处理分系统、地基遥感垂直

---

① 资料来源：中国气象局办公室。
② 资料来源：中国气象局国家卫星中心。
③ 资料来源：中国气象局气象探测中心。
④ 资料来源：中国华云气象科技集团有限公司。

观测资料同化应用预处理分系统等。实施 X 波段天气雷达软件开发及配套支撑项目。建设内容主要包括 X 波段天气雷达产品加工、X 波段天气雷达系统标校、垂直观测系统集成、标校与产品制作以及对全国技术指导及实施过程监督管理等。建立 X 波段全固态天气雷达资料单站处理系统,实现业务运行;建立全固态 X 波段双偏振天气雷达非降水回波消除、双偏振滤波、径向速度退模糊、衰减订正、差分相移率估算、径向干扰识别等 6 类质量算法并集成系统;建立 X 波段功能规格需求书要求的 30 类产品算法并集成系统。完成 60 部 X 波段全固态天气雷达的标校。完成 20 个站地基遥感垂直观测系统集成软件开发和部署;完成 20 个站地基遥感垂直观测设备测试定标;完成地基遥感垂直观测产品和质量控制软件开发。

(3)新型观测技术装备投入试验使用。2021 年,组织开展了下一代天气雷达技术发展调研、交流和咨询论证等工作;组织编制 S 波段和 C 波段双偏振相控阵雷达功能需求和技术要求,引导企业利用重大专项或重大工程加快推进试用和示范;开展 X 波段相控阵雷达技术和应用评估。分类推进观测核心传感器发展,推动自主可控的温度、气压传感器等新型传感器的研发和试验。组织制定智能气象站技术要求,明确技术路线、观测要素和布局等要求,引导企业开展智能气象站研发和试验试用。继续推进大型无人机气象观测试验。

2. 精准预报核心技术攻关

2021 年,完成国家级全球区域模式、集合预报、台风模式和北京区域模式技术升级。全球天气模式成功接入我国自主研发的快速辐射传输模式;区域天气模式优化整合为"一带一路"模式,3 千米分辨率模式两个时次预报时效延长至 72 小时;全球气候模式水平分辨率提高至 30 千米,垂直分层增加至 70 层,模式层顶抬升至 0.01 百帕;短期气候预测业务系统实现准业务运行,智能天气预报业务建设稳步推进,智能气候预测业务不断完善。

(1)天气和气候数值预报模式取得重大进展。2021 年,中国全球天气数值预报模式(3.2 版)和气候数值预报模式(3.0 版)投入业务运行,首次建立全球海域热带气旋的数值预报业务;全面建成智能网格预报业务系统,实现天气预报从定性到定量、从主观经验到自动智能、从站点到格点的变革。[①] 改进升级 GRAPES 全球、区域数值预报业务系统，面向模式框架、物理过程和同化等核心技术，加快研发下一代数值预报业务系统。改进全球气候模式，开展历史回报试验，检验基本气象要素和主要气候现象预测能力；建成东亚区域月—季节区域气候模式系统。基于 GRAPES 开展全球再分析回算和检验评估，启动第二代全球再分析资料研制。

2021 年，对标无缝隙，智能网格预报业务拓展了要素种类，实现了阵风、降水相态、新增积雪网格预报产品业务化。提升时间精度，实现气温、湿度、风向风速等预报产品 72 小时内逐小时预报，11～30 天的定量降水网格预报产品业务化。打造海—陆"一张网"，实现 0～10 天平均风和能见度海陆融合智能网格预报产品业务化。推广分钟级降水客观预报在京津冀、成渝及陕西等地业务试用。围绕灾害性天气，攻关精细化预报预警技术和灾害风险与影响预报方法，发展灾害性天气智能网格预报技术，新增灾害性天气预报（大风、冷空气降温、高温和沙尘）、全球灾害性天气预警等产品；实现强对流（雷暴、短时强降水、雷暴大风和冰雹）短时预报网格产品业务化；增加中期定量降水预报的雨雪分界线、降雪量等级预报。研发了多尺度面雨量监测预报技术和中期面雨量业务产品，有效支持黄河等 8 个流域的中小河流面雨量精细化预报；改进了暴雨、台风和高温等影响预评估模型，初步具备逐小时风险动态评估能力。

（2）气候预测多模式集成预测技术不断优化。2021 年，研发了多模式集成预测技术，发展了台风客观化预测技术，建立了动力-统计相结合的次季节至年际尺度台风客观化预测业务。加强了区域性气候研究，初步建立了西南地区夏季降水的客观化预测方案，初步建立了长江流域梅雨监测预测子系统和年降水客观化预测模型，以及黄河流域降水预测模型；扩展 CWRF 月季气候预测系统（30 千米）为逐月滚动预测，构建 15 千米分辨率 CWRF 区域气候模式延伸期（S2S）气候预测体系；不断优化中国多模式集合预测系统（CMME），

---

① 资料来源：中国气象局国家气象中心；中国气象局科技与气候变化司。

解决了 CMME 初始场对国外数据的依赖。① 完善系列气候现象监测预测系统,MJO 预测技巧提升至 23 天以上。研发出全国 50 千米网格气温、降水延伸期—月—季预测产品,预测技巧在动力模式的基础上明显提升。完善了气候预测模式产品检验系统(VECOM),不断拓展全球气候要素、全球气候现象、极地和海洋气候监测和概率预测产品。

(3)科技创新支撑预报业务能力进一步增强。2021 年,快速辐射传输模式 ARMSv1.1.2 版已接入中国气象局数值预报系统 CMA-GFS,在业务单位得到应用;基于 ARMS 建立的风云卫星产品集成反演系统已应用于 FY-3E 在轨测试;改进台风短临预报系统 TRANS,建立 V1.0 版本并完成对 2021 年登陆台风的业务化预报;持续完善区域高分辨率模式评估技术和业务系统;雷电临近预警系统 V2.1 实现在国家级短时临近预报系统(SWAN)平台的集成、升级的全国 9 千米分辨率化学天气预报模式 CUACE V3.0 均移植国家气象中心;亚洲气候动力诊断系统在国家气候中心中试平台运行;多项青藏高原及其影响的监测、检测和预测研究成果在国家气候中心"青藏高原气候监测诊断预测系统(TPMAPS)"建设中发挥了重要支撑作用。

2021 年,提升了高分辨率数值模式对短临预报的支撑能力。加强气象雷达资料在数值模式中的同化应用,完成新型遥感观测如 X 波段雷达、垂直遥感综合廓线等观测数据面向数值预报的质控和有效应用。推进卫星资料在快速循环模式系统中的应用,实现国产静止卫星资料的业务同化。改进 1 千米分辨率模式的关键物理过程,提高模式对小尺度天气的预报能力。加强雷达、卫星和新型遥感观测资料用于高分辨率数值模式的评估和模式偏差溯源。建设 1 千米分辨率或更高、1 小时更新或更快的数值同化预报系统,协同改进云分析和云微物理过程,有效缩短模式 SPIN-UP 时间,提高数值模式短临预报能力。

2021 年,加强了地球系统数据集研发。研制面向气候应用的长序列数据产品;升级全球地面气温、降水月值数据集(1850—2020 年),百年序列达到

----

① 　资料来源:中国气象局国家气候中心。

2500 条,数据质量达到国际同类产品水平;研制全球海表观测关键要素基本气候数据产品(1900—2020)和全球表面温度格点数据产品(1854—2020),优化海陆拼接方法,长度大幅度延伸,满足 IPCC AR6 引入标准,对全球增温科学事实的表征能力与国际同类产品相当;发布中国第一代全球大气和陆面再分析产品(CMA-RA);围绕典型应用需求研发人工智能训练数据集。[①] 通过研发改进数据整编技术,新增研制积雪、冻土、土壤温度、土壤湿度、生物要素、全球表面温度以及二氧化碳、甲烷、臭氧、气溶胶等大气成分长时间序列基础数据集。升级现有中国地面、高空、辐射关键要素均一化数据集,以及全球百年以上地面气温、降水基础数据集。基于多源卫星资料,构建长序列、均一化的卫星遥感植被指数、水体面积、地表温度、积雪、海冰和海表温度等气候数据集。提升全球海洋、冰冻圈、生物圈和陆地表层关键气候变量数据产品研发能力,探索开展气候系统多圈层过程变量基础数据集研制工作。

3. 精细服务核心技术攻关

(1)气象服务核心技术集中攻关。2021 年,发展了"智能预报＋气象服务"业务,研发应用基于格点化实况、多系列卫星遥感和智能预报产品的气象服务产品加工制作技术,实现气象服务数字化和智能化。开展社会需求挖掘研究,发展跨行业、跨学科交叉融合技术,建立基于影响的气象服务专业模式、模型和算法。开展风险判别的指标阈值和分析技术模式研究。发展基于影响的决策支持服务技术,提高决策用户应对极端天气气候事件的支撑能力。建立气象服务质量和效益评估体系,实现气象服务的智能化、持续性改进。

(2)加快冬奥气象保障技术攻关及系统集成。2021 年,建成了覆盖北京冬奥会核心区域的"百米级、分钟级"天气预报体系,气象服务科技原始创新和关键核心技术取得重大成就。[②] 一是组织完成了冬奥预报示范计划第一试验期的系统测试。强化人工智能技术在智能预报业务中的应用,开展短期新增积雪深度预报和中短期降水相态预报技术研发。开展大风落区分级预报业务和

---

① 资料来源:国家气象信息中心。
② 资料来源:中国气象局科技与气候变化司。

阵风预报业务试验。发展延伸期降水预报技术。二是组织完成了冬奥预报示范计划第一试验期的阶段性评估。推进月、季节滚动预测的多模式集合(CMME)预测技术研发,完善智能气候预测业务系统建设。组织编制温度和气压传感器、相控阵雷达、大型无人机气象载荷技术要求,引导企业开展研发。三是组织了开展基于 GRAPES 模式的全球再分析回算和检验。完成冬奥预报示范计划第二试验期的系统测试。面向冬奥的 1 千米 1 小时 GRAPES 模式系统实时运行。开展对 CMME 的改进升级,完善全球和我国基本气候要素的延伸期—月—季节网格预测产品,完成中国区域 50 千米候尺度气温和降水历史综合和实时网格预测检验,在国家级和试点省开展智能气候预测业务系统试用。

(二)气象科技重大项目推进

2021 年,全国气象系统围绕重点领域和重点区域业务能力提升,在数值模式、预报预测、人工影响天气、气候变化、农业气象、综合观测、气象服务等技术研发和创新平台建设方面部署研发任务 151 项,全年气象科技重大项目进展良好(表 10.1)。此外,中国气象局牵头承担"十四五"国家重点研发计划重点专项 2021 年度立项项目 5 项(表 10.2)。

表 10.1 2021 年气象科技重大项目进展

专项名称	项目名称	进展情况
"重大自然灾害监测预警与防范"重点专项	气溶胶对流云降水相互作用机理研究及京津冀区域模式应用示范	结合纹理分析、聚类以及阈值分析方法,发展了一套基于 Himawari-8 静止卫星 1 级产品的对流云识别算法,探索了对流云在不同海拔高度的特征及其日变化规律。利用 RMAPS-ST 和 GRAPES 等两个中尺度业务模式,开展了批量预报试验,发现考虑气溶胶效应可有效改进京津冀地区夏季降水预报精度。利用风廓线雷达中尺度组网观测,反演出对流可分辨尺度的散度、涡度、湍流耗散率等大气动力参数,并结合卫星、地面自动站等多源观测资料,捕捉对流触发前大气垂直动力、热力、水汽变化特征,为气溶胶—云降水相互作用研究提供重要观测支持。

续表

专项名称	项目名称	进展情况
"重大自然灾害监测预警与防范"重点专项	雷暴云起放电过程和雷击效应研究	升级和优化了闪电 VLF/LF 脉冲的三维通道实时成像系统,实现了基于闪电低频脉冲的实时三维定位;进一步发展了基于多源时空数据的深度神经网络闪电预报框架;构建了基于主从时空预测网络模型的雷电临近预警方法,搭建了短时预报和临近预警的融合框架,完成了基于人工智能的雷电短时预报系统的研制;架设了广州塔雷电流直接测量系统,改进了建筑物群三维多先导放电参数化方案,实现了上行闪电放电在雷暴云模式中的模拟;开展了浪涌保护器和碳纤维复合材料在雷击全电流下的损伤效应研究,研制了飞机及其油气系统试验模型,提出了飞机油气系统的雷电耐受特性试验评价方法,揭示了油箱口盖电晕流光的引燃规律和机理。
	超大城市垂直综合气象观测技术研究及试验	在北京、上海、广州 3 个城市及城郊对比站开展垂直廓线观测试验及云雷达和激光协同观测试验,获取大城市区水凝物的三维结构;完成了组网雷达协同控制试验与扫描策略、模式算法完善和工程化并在成都和北京地区业务应用;基于遥感反演数据集,对我国历史 20 年高分辨率近地表 PM₂.₅ 数据重建,完成重大大气污染过程中气溶胶时空分布演变过程和空间运移规律研究;完成微波辐射计算法模块工程化,并对 2018—2021 年资料进行回算,开展气溶胶辐射强迫效应的研究;分析对流发生前的边界层热力和动力结构特征,探讨对流触发的机制;完成了超大城市三维客观分析场的建立,完成了对观测资料和融合数据的检验评估。
	东亚区域高分辨率资料同化技术研发及大气再分析资料集研制	研发了时间范围为 1950—2018 年水平分辨率 12 千米、3 小时间隔的东亚区域大气再分析系统数据产品。完成了外场观测试验,获取了高空气压、温度、相对湿度、风速、风向等气象数据并开展了检验分析。分析结果表明,东亚区域再分析能够再现近地层的日变化,而欧洲再分析资料对日变化的描述存在较大的偏差。将不同再分析资料作为模式初始模拟 2012 年 7 月 21 日暴雨个例,对比结果表明,东亚区域再分析资料性能与欧洲中心的 EAR-Interim 相当,而且有更精细的降水模拟。

专项名称	项目名称	进展情况
"重大自然灾害监测预警与防范"重点专项	高精度可扩展数值天气预报模式研究	研发了三维高精度多矩全球平流模式、侧边界处理技术,优化了网格加密算法以及多矩通量订正地形滤波技术,进一步提高了多矩非静力大气模式动力框架的高效性和鲁棒性;完成网格尺度自适应湍流和积云对流参数化方案的研制;完成了多尺度适用物理过程软件包第一版本的研制,及其与 MCV 动力框架耦合的正确性试验;完成并行框架的设计和其中通用异步并行通信库的研制;完成 MCV 模式的 OpenMP 优化,形成 MPI+OpenMP 混合并行版本;完成了 C-Coupler3 第一版本即完成了业务运行软件支撑环境的研制;完成了复杂地形下百米级分辨率模式原型系统测试和正确性验证。
	重大灾害性天气的短时短期精细化无缝隙预报技术研究	完成覆盖全国范围的 3 千米高分辨率模式系统的系统建设并业务运行。总结了了江淮内陆和沿海暴雨系统配置模型,给出了广东沿海南风型暖区暴雨的前兆因子识别方法。基于深度学习技术,对雷暴大风预报模型进行优化,实现了 2 小时的雷暴大风概率预报产品;完成了适用于对流可分辨尺度模式分类强对流客观预报系统搭建。研发基于模式系统偏差订正、机器学习空间降尺度和邻域概率预报技术等多种技术集成的强降水概率预报技术,初步实现 0～24 小时降水概率预报产品最小空间分辨率达到 1 千米;建立了基于最优概率阈值法的降水相态客观精细预报,并实现业务化运行。完善固定时次短时短期网格气象要素预报,新增阵风预报,逐小时 5 公里网格气象要素预报准业务化运行;改进区域建模能见度预报,低能见度预报效果提升明显。
	基于非结构网格的天气－气候一体化模式动力框架研发	基于理想试验方案,对动力框架进行了检验测试,验证了动力框架在不同时空尺度上的精度和稳定性。在此基础上,结合一套模式物理过程,基于大气模式比较计划试验协议(AMIP),验证了这一完整大气环流模式配置在长期气候积分中的性能。结果表明,该模式对东亚降水小时尺度特征的模拟性能与全球多尺度超级参数化模式相当,充分验证了该动力框架模拟真实世界的精度和稳定性。完成了通用 CPU 万核并行测试,并行效率达到 69%,完成了国产神威超算平台百万核测试,并行效率达到 78%。

续表

专项名称	项目名称	进展情况
"重大自然灾害监测预警与防范"重点专项	多模式集合气候预测方法和应用研究	分析了 2020 年超强梅雨事件形成的物理机制及其可预测信号;研发了中国多模式预测综合应用系统,集成了 FODAS、MODES 和 CMME 三个业务系统的总计 6 种降水和气温产品,主要涵盖了项目运行周期内月、季节尺度的预报产品。现已完成多模式集合预测综合应用系统的验证、测试和集成,系统已上线运行。
	气候变暖背景下极端强降温形成机理和预测方法研究	研发了基于卷积神经网络和卡尔曼滤波技术的强降温过程路径动态识别技术,建立了可供监测预测业务应用的极端强降温事件指标体系和数据库;归纳了中国不同地区强降温事件的多因子多时间尺度协同作用概念模型,并在延伸期时间尺度上提取前兆信号;在国家级—省级业务主管部门建立动力—统计结合的极端强降温预测方法和预报系统,并开展预报试验,发布实时预报;研发场地降温过程精细化监测预测技术,并开展业务应用于冬奥气象预报保障;构建我国强降温事件电线结冰风险模型。
	青藏高原地—气相互作用及其对下游天气气候的影响	建立了一套由长期气象梯度观测、四分量辐射观测、土壤水热特征观测以及大气湍流特征观测构成的高时间分辨率青藏高原地—气相互作用综合观测数据集。分析了高原典型下垫面的地—气耦合特征,揭示出夏季高原边界层东—西向差异。开展了那曲、林芝、玉树和稻城雨滴谱差异研究,分析了热带气旋和臭氧浓度变化的作用机理。揭示地面潜热比地面加热更显著地影响高原对流发展,提出高原局地对流触发机制。基于高时空分辨率的 FY 卫星红外亮温与地面降水,建立高原对流识别追踪算法。应用多新监测和预测指标,新建"青藏高原区域气候监测诊断预测系统",开展准业务运行。

专项名称	项目名称	进展情况
"重大自然灾害监测预警与防范"重点专项	东亚季风气候年际预测理论与方法研究	明确了东亚季风气候年际变率的时空演变特征、理清了东亚季风气候年际变化中的关键动力学过程、揭示了年际变率的可预测性规律;揭示了不同海洋因子变异机理及其对东亚季风气候年际变率的协同影响;揭示了平流层准两年振荡对东亚季风气候年际变率的直接和间接影响特征及其机制;将改进同化和物理过程的预测模式定版,完成了历史回报和年际预测试验;形成了综合利用气候影响机理和动力模式两方面信息的动力—统计相结合的多源信息最优组合集成预测新方法;建立了我国主要大江大河、关键经济区的降水和气温年际数据集,建立了基于动力气候模式新版本的东亚气候年际预测业务系统,并开展业务应用。
	往返式智能探空系统研制及试验	在长江中下游四省六站开展了为期近 7 个月的探空组网试验,揭示了平流层气温和风的日变化特征以及季节变化规律。建立质控前、后标准数据集,建立了往返式智能探空天气分析系统,实时推送到国家气象中心提供质控后的观测数据集服务。完成"上升—平漂"气球、探测高度控制及熔断装置、充气控制装置和算法的考核评估,及新型多通道探空通讯网关、新型探空仪基测箱、双向通信探空仪的试验测试考核评估。完善温压湿风的修正模型,研发垂直风的提取技术。开发了基于 1.6G 窄带通信的远程控制装置,用于实现 200 千米范围内平漂探空的机动控制和目标观测。开发了视频探空仪,实现探空仪出入云的判识。
	近海台风立体协同观测科学试验	完成了高空大型无人机搭载多种探测系统的探测试验和一次平流层飞艇下投探空试验。评估了飞机下投探空目标观测资料对热带气旋路径和强度预报不确定性的影响,发现台风预报模式中考虑海洋飞沫台风的强度将更接近实际情况。基于多尺度同化技术建立了雷达、卫星、外场试验等多平台观测资料联合同化系统,开展了多源资料联合同化试验,生成了目标台风精细结构的同化分析数据集。研制了边界层参数化新方案,测试了不同微物理过程对 CMA-TYM 台风路径及强度预报影响,完成了边界层方案在业务台风模式系统 CMA-TYM 中的移植,明显改善了台风的路径预报能力。

专项名称	项目名称	进展情况
"重大自然灾害监测预警与防范"重点专项	全球气象卫星遥感动态监测、分析技术及定量应用方法及平台研究	建立了通用气溶胶云粒子散射计算理论与数据库和完善的海洋、陆面发射率理论模型和数据集,针对国产风云气象卫星仪器光谱特征发展了大气透过率快速计算模型,辐射传输模拟系统 ARMS 实现了辐射传输求解由标量到矢量的飞跃。构建了企业级风云卫星集成反演系统。构建了基于风云卫星的多要素的数据同化融合算法和产品,建立了风云卫星的多卫星、多通道降水反演算法。提出了适用于气象卫星数据的全球主要气象灾害定量监测模型,灾害遥感综合分析新产品在"一带一路"区域应用示范成效显著。
	多源气象资料融合技术研究与产品研制	10 千米分辨率的全球大气和表面实况分析产品实现业务应用,中国区域 1 千米分辨率融合实况产品实现业务化,产品时效达到 5 分钟,大幅度提升了极值刻画能力。建成冬奥和全运会百米实况分析系统,实现降水、气温、湿度、风等 7 类 100 米/10 分钟局地实况分析产品逐 10 分钟滚动更新。丰富面向灾害性天气应用的实况分析产品种类,新增中国区域逐小时更新的极大风、积雪深度、降水相态、$PM_{2.5}/PM_{10}$ 等实况分析产品提供用户试用。
	卫星资料四维同化关键技术研发与系统建立	完成了 HIRAS、MWTSIII 和 MWHSII L1c 同化支撑数据集产品和 AGRI CSR 晴空辐射产品生成模块的开发,通过 FY-3E 星和 FY-4B 星业务准入评审。实现 CMA-GFS 系统中可同化卫星资料占比达到 85% 以上,我国风云卫星资料占比达到 20% 以上。实现近地面卫星资料 AMSU-A 5—6 通道在 CMA-GFS 系统中的直接同化。实现全球所获取的业务静止卫星水汽通道辐射率资料同化。开发了显式流依赖的初值扰动系统和多种模式物理过程随机扰动技术,并应用于 En4DVar 示范系统。建立了 10 千米水平分辨率的 GRAPES 全球 En-4DVar 同化预报循环系统和 GRAPES 全球 En-4DVar 示范系统。
	高纬度地区区域数值预报模式关键技术研发及应用	完成多物理过程陆面模式、灰区尺度边界层参数化方案和多层城市冠层模式的 1 千米预报系统集成研发。完成积雪同化、陆面资料同化系统与全国 3 千米分辨率逐小时快速更新追赶循环预报系统(CMA-BJv3.0)模式系统的耦合及个例和批量试验。建立反映高纬度地区冰粒子群尺度增长和关键相变过程的云微物理参数化方案,发展了多源极轨卫星辐射率、风四静止卫星 AGRI 和 GIIRS 辐射资料质量控制和同化应用技术。全国 9 千米、华北 3 千米逐小时快速更新追赶循环预报系统通过中国气象局业务准入。华北区域 3 千米分辨率对流尺度集合预报系统投入实时运行。

续表

专项名称	项目名称	进展情况
"重大自然灾害监测预警与防范"重点专项	热带地区区域数值预报模式关键技术研发及应用	研发了适用于非均匀网格的 2 阶、4 阶和 6 阶精度差分方案，可用于提高数值天气预报模式中非均匀分层模式的垂直差分计算精度。完成了适应热带地区公里尺度模式的浅对流、多尺度深对流和云微物理相互协调的云降水物理方案基础版本，初步建立了热带地区千米尺度模式海陆面参数化方案。构建了高分辨率区域海气耦合模式系统 GRAPES-HYCOM 基础版本，初步建立了华南沿海台风风暴潮城市淹水预报预警系统。研发了 4DVar-IAU 技术方案，并进行了批量试验。优化了雷达定量降水估测及预报技术，发展了基于最优评分的模式降水分级预报订正技术，建立了基于模式 3 小时降水 OTS 订正的多模式降水分级最优化权重集成方法。
	多尺度全球大气数值模式物理过程和资料同化系统研究	全球多尺度大气数值模式 GRIST 实现了百公里级分辨率模式的长期稳定积分，使用由项目自主研发的双羽流（深、浅）对流参数化方案，提高了模式降水气候态的空间分布模拟能力和热带大气波动的描述能力。通过对 GRIST 模式非结构网格的局地加密，实现了全球 3～60 千米分辨率的变网格模拟，可以满足区域公里级分辨率的超高分辨率模拟和预报要求。
	中亚极端降水演变特征及预报方法研究	优化观测试验方案及开展观测试验，完成观测试验数据集。完善 20 年中亚极端降水事件数据库，建立极端降水多尺度演变综合指标体系和监测指标。研究边界层、水汽辐合等物理过程对极端降水的触发和增强作用，以及中尺度对流系统和水汽聚集对极端降水的组织化作用，揭示了天山冷锋暴雪和短时强降水微物理特征和中亚地区极端降水触发发展机制。风云 3 极轨卫星微波辐射率资料实现在睿图一中亚数值预报系统同化应用，建立了适用于新疆地区的雨滴谱双参数方案；实现了睿图一中亚 v2.0 业务试运行。
	西部山地突发性暴雨形成机理及预报理论方法研究	进一步改进完善了观测数据质控技术并完成了技术测试，建立了一套山地综合观测数据集，改进了西部山地定量降水估计技术，对大于 20 毫米的雨量估计提高了 5.6%。揭示了西南山地中尺度对流系统的活动特征、对降水的贡献和产生环境特征的差异，定量分析了西南复杂地形对区域主要影响系统以及爬流、绕流的具体作用。建立了逐时千米级快速更新循环同化预报系统、0～2 小时临近预报系统，完成了基于降尺度方案的对流尺度集合预报试验，完成了山地暴雨精细化模式系统 0～24 小时预报准确率批量试验和检验。开展了暴雨诱发滑坡致灾机理研究，建立了滑坡预测预报模型。

专项名称	项目名称	进展情况
"重大自然灾害监测预警与防范"重点专项	暴雨的多尺度作用机理及预测理论和方法	开展了2020年外场试验数据分析,提出了利用偏振雷达观测量回波强度差ZDR改进三维风场反演精度的方法。提出了极端持续性强降水(EPHR)的概念和判别标准,揭示了华南EPHR事件的发展规律、时空分布与天气形势特征。进一步开展了华南前汛期强降水的多尺度作用机理和云降水微物理过程研究,改进了云微物理参数化方案。完善了华南区域GRAPES-3km和WRF-3km对流尺度集合预报试验系统,在华南地区分别累计预报完成了14个和11个暴雨个例,GRAPES-3km集合预报系统具备了准业务运行的能力。
	基于综合观测的强对流天气识别技术和示范系统开发	发展了新一代SA天气雷达精细化和智能化探测技术和强对流综合监测预警技术,雷达数据分辨率由原有250米×1.0°提升为125米×0.5°,实现9个仰角体积扫描时间不超过4分钟,形成自适应快速扫描技术方案。建立了综合多源气象观测资料分级质控技术,通过对各类算法、参数、输出结果的配置选择,能够满足不同应用的质控要求。建立了对不同区域和不同季节可自适应的初生对流识别算法,适用于我国的对流降水和冰雹自动识别算法、下击暴流预警识别算法、超级单体龙卷识别算法。开发了以三维柱状连续卷积网络为前级空间网络,以长短期记忆网络堆叠编码的深度循环神经网络为后级时序网络,构建出时空耦合联动的临近预报模型。
	面向强降水短临预报的模式评估和订正方法研究	完善了基于天气尺度系统分型的客观方法,并利用多源观测数据分析了我国不同区域强降水过程的时空演变特征,重点针对复杂地形区降水过程分析了影响强降水区域差异的关键因子,为数值模式评估提供细致的观测依据。基于客观分类分型,开展了业务模式对我国强降水频发区不同类型降水过程的预报评估,揭示了模式对于不同降水过程的预报差偏差的关键影响因子。研发了基于多源观测和模式预报的深度学习降水订正方法,针对不同时效的预报设计了具有物理约束的订正模型,订正效果较原模式结果具有明显提升。
	中国区域重大极端天气气候事件的归因方法研究	研制了分步指纹法、环流相似、基于关键环流型的过程归因方法等新的归因方法,实施了四类区域极端事件的归因分析,量化归因了中国东部城市区域复合型极端高温的变化及其对人体健康的影响;对于近几年发生的重大极端事件,量化了人类活动及自然因子强迫的贡献大小,全面评估归因结论的信度;初步完成了中国区域极端事件在线检测归因系统的大框架建设,能够对极端事件开展诊断、检测和归因。

续表

专项名称	项目名称	进展情况
"重大自然灾害监测预警与防范"重点专项	气象预警快速制作和传播平台关键技术研究	完成气象灾害预警数据精准快速制作展示系统,优化和改进近地边界层三维实况分析系统,实现了提前30分钟制作示范区的精细化气象灾害预报数据,气象要素预报准确率在原有制作技术的基础上提升约5%。建立了基于影响的气象灾害预警系统,开展5G小区广播平台、风云四号卫星广播等软件系统的测试试验,并通过软件第三方测评。研发典型气象灾害事件预警落区/相位检验技术,建立气象灾害预警产品发布传播效果评估指标体系。建立基于柔性开放平台框架的气象预警精准快速发布业务示范平台,构建了气象灾害影响预警三维图形快速加工系统。
	气候变化风险的全球治理与国内应对关键问题研究	基于未来气候预估和极端事件客观识别方法,以气候变化敏感性—极端事件危险性—承灾体易损性为指标体系研制了综合风险区划产品。基于关键节能减排技术的低碳发展路径下,分别模拟了八个重点行业碳减排量的变化,发现碳市场中的优化配额分配方法在减排中发挥重要的杠杆作用。建立了"减缓与适应、气候与非气候、国际与国内"的多层次统筹协同保障体系,提出并完善了碳排放总量控制制度和气候投融资制度及行动方案。
	人工影响天气技术集成综合科学试验与示范应用	开展了3次华北多机联合观测,取得星—空—地联合观测数据集两套;完成一种浸润冻结机制冰核测量装置(FINDA)的搭建与应用,建立了基于华北山区的冰核数浓度与气溶胶数浓度以及活化温度三者的参数化公式;揭示了祁连山地形影响下的云降水演变特征与机理以及地形云降水微物理特征与降水机制;利用DBSCAN聚类算法及Hough变换,提出一种对雷达线状或带状飑线的自动识别方法,并用5次飑线天气过程进行检验;完成低频强声波、燃气炮增雨作业效果初步评估,初步建立了人工智能雷达外推模型。
	基于非结构网格的天气—气候一体化模式集成与应用	自主研发了适用于全球高分辨率非结构网格的耦合器,全球10km分辨率稳定运行;实现了全球10km涡分辨率海洋/海冰模式稳定积分;将我国自主研发的非结构网格大气模式GRIST与海洋模式MOM6进行耦合,构建了海陆气冰多圈层耦合模式,实现稳定积分。集成海陆气冰各分量的同化模块,构建了多圈层弱耦合同化系统,设计完成预报流程对比试验。对耦合框架进行性能分析并给出优化方案;在国产神威超算上完成大气分量模式的十万核规模并行试验,并行效率达到48%。完成从天气到气候的6个典型预报对象的定量评估标准的构建,初步形成针对一体化模式预报的评估体系。

专项名称	项目名称	进展情况
"大气污染成因与控制技术研究"重点专项	全耦合多尺度雾—霾预报模式系统	基于最新版本 GRAPES_Meso5.1 和大气化学模块 CUACE,建立了区域化学天气数值预报系统 GRAPES-Meso 5.1/CUACE 基础版本,完成了模式的初步评估和与旧版本的对比,新版本模式的整体效果、稳定性优于老版本;实现 CUACE 与 GRAPES_GFS 的完全在线耦合,初步完成 GRAPES_GFS 3.0/CUACE 模式在线嵌套,模式结果基本合理。区域 GRAPES_CUACE 版本在北京、上海和广东移植初步成功。
"全球气候变化及应对"重点专项	基于高分辨率气候系统模式的无缝隙气候预测系统研制与评估	高分辨率气候系统模式自主研发取得重要进展,发展和改进了多个模式物理过程参数化方案,中层大气关键动力过程模拟性能显著提升,特别是平流层准两年振荡(QBO)和爆发性增温(SSW)等方面的模拟能力与国际先进模式相当。完成了 T266 垂直 56 层(模式顶 0.1 百帕)的 BCC-CSM2-HR 和 T382 垂直 70 层(模式顶 0.01 百帕)的 BCC-CSM3-HRv0 研究开发。引入了对流重力波参数化方案,实现了热带平流层 QBO 模拟。
	云水资源评估研究与利用示范	完善云水资源评估理论方法,建立全球、中国和区域多尺度、多时段和多精度的云水资源评估数据集;研究得到全球、中国及不同区域的云水资源气候特性和时空分布特征,深入剖析了气候变化背景下全球及区域云水资源变化规律,进一步对影响全球及区域云水资源变化的机理进行了探索;完成了云水资源与陆地水资源耦合利用模式和云水资源与陆地水资源耦合利用的适应性对策研究;结合 2021 年重大活动人工影响天气保障服务,优化和完善人工干预特定目标的云水资源耦合利用关键技术和成套技术流程。
	黑碳的农业与生活源排放对东亚气候、空气质量的影响及其气候—健康效益评估	研究了黑碳气溶胶与健康暴露反应关系极其与气温协同作用对健康的影响,评估了全国人口黑碳气溶胶暴露水平和健康经济损失,量化了不同清净的黑碳气溶胶减排成本和效益。识别了省级黑碳气溶胶排放变化的社会经济因素及管件供应链,构建了未来我国黑碳气溶胶高—低排放情景和减排路径,综合黑碳气溶胶减排成本和健康经济损失,提出了黑碳气溶胶减排策略和减排建议。

专项名称	项目名称	进展情况
"全球气候变化及应对"重点专项	东亚地区云对地球辐射收支和降水变化的影响研究	在青海大柴旦开展了连续 9 个月的外场观测。采用基于小时级地面辐射数据识别晴空场景的新方法,量化了气溶胶和云辐射效应对地面太阳辐射趋势影响。探究夏季中国不同类型云的云量、光学厚度的时空变化特征,定量分析了水云和冰云在大气顶、大气中和地表多年平均的云辐射强迫的变化趋势。利用多源数据资料,构建了当前全天空和晴空条件下东亚陆地平均的能量收支平衡图。利用 CMIP5 和 CMIP6 多模式结果分析了东亚地区云反馈的空间、季节分布特征和模式间不确定性,并针对不确定性发展"萌现约束"方法进行约束,给出更加可靠的云反馈结果。
	小冰期以来东亚季风区极端气候变化及机制研究	完成了东亚季风区树轮、石笋、珊瑚等近 600 年古气候代用资料数据采集与收集整理,建立了数据集。开展了区域季节性气候要素均值序列及极端事件重建。利用 NorESM1-F 和 WRF 模式开展了历史时期重大极端气候事件过程模拟研究,揭示了东亚及其典型区域极端气候变化特征。完成了城市化对东亚地区地表气候观测序列影响研究,阐明了近 20 年区域气候变暖减缓期华北土壤水汽持续减少的事实与机理。完成了青藏高原东部 1867 年以来重建温度的变化和人为信号检测,开展了全球及大洲区域极端降水长期变化的检测归因。
	京津冀超大城市和城市群的气候变化影响和适应研究	开展了京津冀千米级分辨率气候预估数据集的研制。给出了基于多变量统计降尺度和区域气候模式动力降尺度相结合的长期气候变化预估方法,完成了年代际动力预测系统初始化模块的更新调试以及区域气候模式中单柱模式构建。建立了京津冀城市群城市内涝风险评估指标,并对京津冀建成区内涝风险进行了评估。构建了京津冀地区适应增暖路径及社会经济代价综合评估模型,对地区气候变化影响的损失、气候变化适应路径开展宏观模拟。探讨了雄安新区适应气候变化的智能城市绿色技术体系建设路径。

续表

专项名称	项目名称	进展情况
"地球观测与导航"重点专项	国产多系列遥感卫星历史资料再定标技术	建立了月球辐射基准模型;优化多源辐射基准模型、精细化辐射定标原型系统,建立了辐射定标链路仿真模型和辐射基准评价体系。优化凝练了国产卫星微波载荷历史数据再定标共性模型,完成了普洱微波外定标试验和国产卫星微波辐射计历史数据再定标共性模型集成。完成了 20 年卫星历史资料重处理和再定标场地的基准数据集构建,实现了陆地专题产品的工程化生产。实现了海洋卫星光学数据辐射衰减修正、海洋微波载荷遥感产品的算法更新以及海面高度、风场产品的精度验证,建立了不同类型水体的叶绿素反演的经验模型。历史资料数据库共享服务系统上线试运行。
"科技冬奥"重点专项	冬奥会气象条件预测保障关键技术	开展了张家口和延庆赛区第三次加密观测试验,实现赛区立体精细化观测网组建。建立了高影响天气预报指标和预报概念模型、局地风场概念模型,揭示了中、小、微尺度边界层风场的复杂性与影响机制。研发完成冬奥赛区 100 米分辨率、10 分钟更新的快速集成与无缝隙融合预报系统,通过技术优化,预报时效提升至 24 小时。研发了冬奥关键点位 0～24 小时、24～240 小时、0～240 小时定点无缝隙预报技术及产品。开发了冬奥特殊天气预报产品,形成了冬奥气象智能服务系列技术,制定了多项服务规范和行业标准。
"重大科学仪器设备开发"重点专项	高精度高空多参数监测传感器研发及应用	完成基于物联网的温湿压传感器标校系统测试,完成生产能力评估。完善高空智能综合修正模型,并进行应用测试。开展了集成的探空仪外场试验评估,集成的艇载观测仪搭载平流层飞艇完成 1 次应用观测,形成了高空观测数据质量控制算法。生产样机 1000 台并进行测试,测试结果达到任务书结题验收的技术指标要求。
"主要经济作物优质高产与产业提质增效科技创新"重点专项	主要经济作物气象灾害风险预警及防灾减灾关键技术	构建了农业气象灾害静态与动态风险耦合的综合评价技术方法体系和数量模型。系统建立了经济作物气象灾害指标与等级临界阈值,突破了传统农业气象灾害静态监测的瓶颈技术,实现了对灾变过程的逐日动态监测。研发了设施作物环境监测及优化调控、综合减灾技术,开发了灾害监测预报预警信息服务平台并开展了实时业务运行。研制经济作物气象灾害精准靶向调控制剂技术,设计开发了多种天气指数保险,并展开了推广应用。

续表

专项名称	项目名称	进展情况
"可再生能源与氢能技术"重点专项	风力发电复杂风资源特性研究及其应用与验证	进一步研究改进了风能环境指数算法和中国风环境区划,最终划分为 9 个风环境区。完成了中尺度气象模式与 CFD 模式耦合的典型地形风电场非定常多尺度风场数值模拟系统研发,锡林浩特平坦地形风速计算准确率提高 7%,山西复杂地形风电场风速计算准确率提高 5%。开发了考虑大气涡旋压力梯度和离心力、科氏力的台风边界层 CFD 求解器,并基于国内台风强风湍流观测的湍流模型进行参数标定。发展了台风影响地区极端风速和风电机组机位点台风风险的概率评估方法,制定了风电机组复杂地形条件下风资源特性测试验证框架。

数据来源:中国气象局科技司。

表 10.2　2021 年度中国气象局牵头承担的"十四五"国家重点研发计划专项

序号	类别	项目
1	"重大自然灾害防控与公共安全"重点专项	典型灾害天气公里级滚动预报关键技术研究与应用示范
2		台风变分辨率预报模式的关键物理过程研究与示范应用
3		海上多波段云雾观测设备研制及示范应用
4		基于国产快速辐射传输模式的大气海洋一体化参数反演与应用研究
5	"变革性技术关键科学问题"青年科学家项目	长江流域夏季强降水的前兆因子智能识别研究

数据来源:中国气象局科技司。

(三)气象科技创新平台建设

2021 年,全国气象系统把气象科技创新平台建设纳入科技创新体系进行布局,加强部门实验室建设与管理,明确重点实验室解决全国和区域科技问题、支撑业务发展的科研定位。[①]

---

① 资料来源:中国气象局科技司与气候变化。

1. 一批气象科技创新平台新建

(1)建设国家级人工影响天气科学试验基地和重点实验室。2021年,国家级人工影响天气科学试验基地和重点实验室建设,推进了分类建设人工影响天气科学试验示范区,持续开展人工增雨(雪)、防雹、消云减雨、消雾、改善空气质量等科学试验,开展蓄水增雨、灭火增雨等不同目标的外场试验和作业效果检验,逐步提高科技水平和科技成果转化成效。

(2)建设粤港澳大湾区气象科技融合创新平台。2021年,启动了粤港澳大湾区气象科技融合创新平台创建。建设内容(一期)主要包括粤港澳大湾区气象智能装备研究中心(广州)、智能制造成果转化平台、气象智能装备综合试验区。主要承担开展大湾区气象观测智能技术研发、构建国际气象创新合作平台、加强气象科技成果转化应用、打造大湾区气象生态知识产业、建设气象智能装备综合试验区等任务。

(3)建立了高原气象联合研究平台。2021年,由中国气象科学研究院统筹组建气科院高原气象研究分院,将气科院现有高原科研力量、成都高原气象研究所、西藏高原大气环境科学研究所等纳入统一管理,联合中国气象局横断山区(低纬高原)灾害性天气研究中心、有关攻关团队和高原周边省级研究力量,优化科研资源配置,激发创新潜力,形成创新聚合力。

(4)建立了青岛海洋气象研究平台。2021年,中国气象局、山东省人民政府、青岛市人民政府联合成立青岛海洋气象研究院。按照国际水准、国家站位、地方特色的总体定位,重点开展海洋气象观测技术与试验、海洋气象监测预报技术、海洋气象灾害形成机理、海洋气象服务及风险评估关键技术、海洋气候资源开发与海洋产业气象服务等核心技术研发,为国家海洋强国战略和防灾减灾救灾等重大部署提供科技支撑。

(5)组织实施国家级天气雷达研发应用实验室建设。2021年,经中国气象局批准,由气象探测中心组织实施国家级天气雷达研发应用实验室建设(一期),建设内容主要包括高性能集成化测试仪表、基于无人机的金属球标定系统、天线远场测试与标定系统、雷达有源辐射标定系统、信号处理器和算法标校装置系统、一体化雷达标定数据综合处理系统等。

（6）建设激光雷达维护维修测试及试验技术支撑平台。2021年,经中国气象局批准,由气象探测中心组织实施激光雷达维护维修测试及试验技术支撑平台(一期)项目,建设内容为标准气溶胶激光雷达建设、气溶胶激光雷达系统仿真测试平台建设、气溶胶激光雷达维护维修测试平台建设、气溶胶激光雷达数据质控及反演平台建设等。

（7）构建了七大流域气象科技创新平台。2021年,长江、黄河、海河、淮河、珠江、松辽、太湖等流域气象科技创新行动系统推进,流域气象科技创新支撑能力全面提升。

2. 重点开放实验室建设和运行管理更加规范

2021年,加强和规范了中国气象局重点开放实验室(以下简称重点实验室)的建设和运行管理,以发挥重点实验室科技创新主力军作用。规范明确了重点实验室科学研究地位、设立要求,规定重点实验室可以依托中国气象局国家级科研院所、业务单位和省(区、市)气象局建设,也可以依托高等院校、部门外科研机构和气象相关企业建设,实行人财物相对独立的管理机制和"开放、流动、联合、竞争"的运行机制。鼓励气象部门科研业务单位与高等院校、部门外科研机构或气象相关企业共建重点实验室,共建双方单位必须在资金、人员及相关资源方面有实质性投入,并以合同、协议等方式予以明确规定。

（四）气象科技体制机制创新

2021年,气象部门通过加强科技创新体制机制研究,强化了构建科技创新和科研与业务融合机制政策举措,明确5项重点任务。印发实施了《中国气象局加强气象科技创新工作方案》《中国气象局气象科技成果评价暂行办法》。通过探索建立核心技术攻关新型举国体制,有力有序推进创新攻关的"揭榜挂帅"体制机制。优化科研院所学科布局和研发布局。强化构建科技创新机制和科研与业务融合机制。破除"四唯"倾向,建立了气象科技成果分类评价机制。优化气候变化工作布局,完善气候变化管理机制,强化科技对气候变化支撑,增强气候变化业务服务能力。

1. 优化气象科技创新布局

2021年,新增设一批气象科技创新实体,南京气象科技创新研究院、深圳气象创新研究院、许健民气象卫星创新中心纳入气象科技创新布局。推进了高原气象研究院建设,加强了亚太台风研究中心、中国暴雨研究中心、中亚"一带一路"科技创新基地、沈阳大气环境研究所建设,成立了"中国气象局横断山区(低纬高原)灾害性天气研究中心",新建了中国气象局—中国农业大学农业应对气候变化联合实验室。成立了北京城市气象研究院、青岛海洋气象研究院。推进了中国气象局气候变化中心、温室气体及碳中和潜力监测评估中心建设。

面向遥感卫星及应用系统关键技术、新方法和基础理论,集基础理论与应用研究于一体,发挥产学研优势力量,组建了许建民气象卫星创新中心建设,明确了运行管理机制。① 依托国家气候中心,组建了中国气象局气候变化中心建设,构建了以战略规划与政策研究、IPCC与国际谈判、影响评估与风险管理为核心任务的国家级创新团队。依托中国气象科学研究院,组建了中国气象局温室气体及碳中和监测评估中心,形成了国家温室气体观测网,并公布了首批台站名录。依托中国气象局公共气象服务中心,联合有关单位,打造风能太阳能研发与服务团队,加强专业模式研发,提升监测预报与评估能力。设立了中国气象局雷达气象中心,以进一步充分发挥气象雷达在灾害性天气监测、预报、服务中的作用。同时,建设了河北雄安新区国家气候观象台、设立了三峡国家气候观象台。

通过强化与高校院所创新合作,联合成都信息工程大学加强了突发性暴雨观测体系和精准预报关键技术、西南多元资料数据智能处理关键技术、复杂地形快速更新同化数值模式关键技术、暴雨灾害评估关键技术等方面研究。联合中科院成都山地所加强突发暴雨在不同下垫面的地质灾害机理研究,构建基于降水—陆面承灾能力耦合的暴雨诱发地质灾害风险预估模型,实现突发暴雨诱发的地质灾害风险精细化动态监测和预警。

---

① 资料来源:中国气象局办公室。

2. 完善气象科技创新机制

（1）形成以业务需求为导向的科研立项机制。2021年，完善了以业务需求为导向的科研立项机制，推进建立科研成果业务转化合作交流机制，保障研究型业务有序推进。优化创新发展专项组织管理，针对业务上亟需解决的关键技术问题进行任务部署，着力发挥好创新发展专项"产、学、研、用"的统筹作用，促进业务能力提升。围绕解决气象业务发展的重大科技瓶颈问题，联合部门内外和国内外的优势科技力量集中攻关，推进气象业务高质量发展。

（2）完善气象科技成果分类评价机制。2021年通过实施《气象科技成果评价暂行办法》，[1]形成了以评价结果为导向的气象科技创新激励机制。基础研究成果，采用同行评议方式，评价基础研究成果的科学价值，重点评价其在大气科学和相关领域基础研究中，开拓新领域、提出新观点、构建新理论、作出新验证、取得新进展以及解决本学科或相关学科重要基础科学问题的质量和贡献。采用用户评价方式，重点评价其技术水平和转化应用绩效。[1]气象部门全年共申请科技成果登记978项，备案116项。健全国、省两级气象科技成果中试基地（平台）体系，41项科技成果进入中试。中国气象科学研究院获批开展"扩大高校科研院所自主权、赋予创新领军人才更大人财物支配权、技术路线决策权"试点和"中央级科研单位绩效评价"试点。气象科技创新全面开放融入全球网络，推进了气象科技创新成果惠及更多国家和人民。

（3）完善气象科技成果业务转化机制。2021年，以国省两级气象科技成果中试基地为依托，引进吸收科研机构和高等院校优秀科技成果，科技与业务职能部门协同，完善科技成果业务转化准入机制，把科技成果获得业务准入作为转化应用评价的重要指标，引导科技成果向气象业务服务转化；探索科技成果奖励激励机制，激发科研人员面向业务需求开发的积极性。[1]

（4）形成稳定气象科技研发投入机制。2021年，气象部门科研课题经费投入总额超过8亿元（图10.1）。其中，中央财政直接下达课题经费占28%，省级政府机构下达经费占21%（图10.2）。2016—2021年气象部门科研课题经

---

[1]　资料来源：中国气象局科技成果评价暂行办法。

费总体呈现上升趋势。全国科研项目经费投入总额排名前三的省份为广东省、云南省、上海市,分别为 3738.09 万元、3318.71 万元、3265.17 万元(图10.3)。

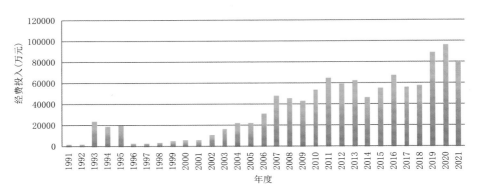

图 10.1　1991—2021 年全国气象科研项目经费总投入(单位:万元)

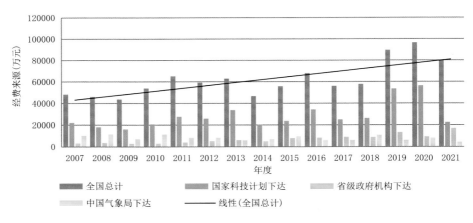

图 10.2　2007—2021 年全国科研课题经费来源情况(单位:万元)

(五)气象科技研发能力与成果

(1)气象科技研发能力持续提升。2021 年,气象部门全年落实气象科研项目经费相比 2020 年增长 12.3%。获得国家科技进步奖二等奖 1 项、省部级科技奖 71 项,取得专利授权 486 项。发表国内外核心期刊论文 2337 篇,在 2021

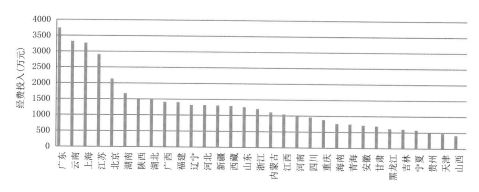

图 10.3　2021 年各省(区、市)气象科研项目经费投入情况(单位:万元)

年自然指数(地球和环境领域)公布的全球各国气象机构排名中位列第 2。产出业务技术类创新成果 903 项,业务成熟应用成果 681 项。各省(区、市)气象部门高度重视科研工作,加大研发力量和经费投入,上海获省部级科技奖励特等奖、新疆获省部级科技奖励一等奖。[①]

2021 年,牵头获批 5 项国家重点研发计划"十四五"重点专项项目,含 1 项揭榜挂帅项目和 1 项青年科学家项目。获批国家自然科学基金项目 100 项。国家自然科学基金委员会和中国气象局共同启动实施国家自然科学基金气象联合基金,2021 年度资助重点支持项目 14 项。中国气象局牵头气象联合基金 11 项、重点/面上/优秀青年基金等国家自然科学基金项目 104 项。围绕重点领域和重点区域业务能力提升的工作布局,优化创新发展专项组织,在数值模式、预报预测、人工影响天气、气候变化、农业气象、综合观测、气象服务等技术研发和创新平台建设方面部署研发任务 151 项。全年气象科技重大项目进展良好。[①]

(2)气象科技研发项目总体呈上升趋势。2010—2021 年,全国气象科研课题数量总体呈上升趋势,累计 46020 项。2021 年,气象部门气象科研课题总数为 2652 个,其中应用研究类 1916 个,占比 72.25%,基础研究类 625 个,占比 23.57%,研究与试验发展成果应用等其他课题共 111 个,占比 4.19%

---

①　资料来源:中国气象局科技与气候变化司。

(图 10.4,图 10.5)。应用研究类科研课题仍为重点研发项目。全国 31 个省级气象部门气象科研课题总数为 2040 个,其中排名前五位的省份为新疆、上海、北京、浙江、山东(图 10.6)。

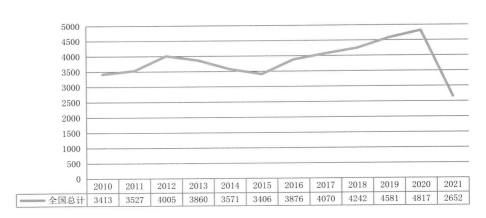

	2010	2011	2012	2013	2014	2015	2016	2017	2018	2019	2020	2021
全国总计	3413	3527	4005	3860	3571	3406	3876	4070	4242	4581	4817	2652

图 10.4　2010—2021 年气象部门气象科研课题总计情况(单位:个)

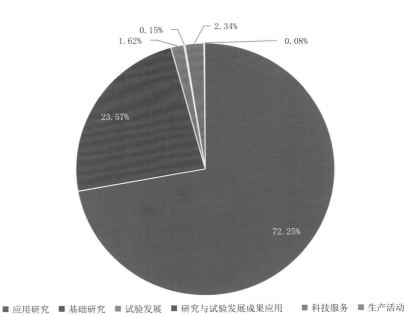

■ 应用研究　■ 基础研究　■ 试验发展　■ 研究与试验发展成果应用　■ 科技服务　■ 生产活动

图 10.5　2021 年气象部门气象科研课题分类情况(%)

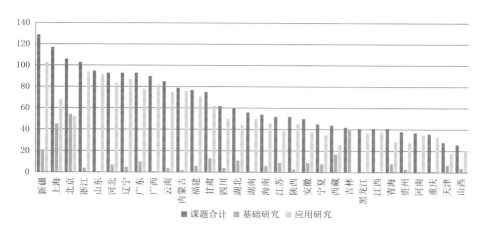

图 10.6　2021 年全国各省(区、市)气象部门气象科研课题分布情况(单位:个)

(3)气象重大科技成果。2021 年,气象重大科技成果丰硕。"区域/全球一体化数值天气预报业务系统"获得国家科学技术进步二等奖,8 项重大气象科技创新成果(表 10.3)、6 项科普成果亮相国家"十三五"科技创新成就展。

表 10.3　国家"十三五"科技成就展气象领域参展成果

序号	成果
1	区域/全球一体化数值天气预报系统
2	次季节—季节—年际尺度一体化气候模式预测业务系统
3	全球气象卫星遥感动态监测、分析技术及定量应用方法及平台
4	实况分析与中国第一代全球大气和陆面再分析产品
5	超大城市垂直综合气象观测技术
6	气象预警快速制作和传播平台关键技术
7	人工影响天气综合试验技术与应用系统
8	第二次青藏高原综合科学考察研究、碳卫星等相关成果

资料来源:中国气象报,2021 年 10 月 22 日,第一版。

(4)气象科学技术奖励。2021 年,中国气象局气象科技成果成效丰硕,共获得国家科技进步奖 1 项,省部级科技奖励 71 项,与上年比增加了 39 项,增长近一倍。从 2012—2021 年,气象科技成果获奖累计 452 项,年均 45.2 项,2021 年较 10 年平均增加 26.8 项,增长 59.3%(图 10.7)。

图 10.7　2010—2021 年气象科学技术奖励情况(单位:项)

(5)科学论文和专利成果。2021 年,全国气象部门发表 SCI 论文 705 篇,国内核心 1632 篇,在 2021 年自然指数(地球和环境领域)公布的全球各国气象机构排名中位列第 2。取得专利授权 486 项,产出业务技术类创新成果 903 项,业务成熟应用成果 681 项,"百米级、分钟级"精准预报关键技术研发取得重大成果,为冬奥会提供优秀的科技保障支撑。同时取得了一批气象科普成果。

(6)气象科技数据共享。中国气象数据网在科技部公布的 2021 年国家气象科学数据中心多项指标中排名第一。2021 年,气象共享数据累计支持国家科技支撑计划、973、863、自然科学基金等重点科研项目 10319 余项(表 10.4)。2021 年用户应用气象数据发表文章、论著及发布国家标准和行业标准共 792 篇,较 2020 年同期增长 8.2%(表 10.5)。

表 10.4　气象数据服务科研项目数量

科研项目类型	2020 年	2021 年
863 项目(课题)	46	23
973 项目(课题)	45	32
国家科技支撑计划项目(课题)	30	14
重大工程项目	43	44
国家自然科学基金项目(课题)	550	655
中科院知识创新项目	8	14
社会公益研究专项基金	16	32
气象事业业务拓展项目	11	5
内部项目	48	48
其他	791	752
合计(项)	1588	1619

数据来源:国家气象信息中心。

表 10.5　应用气象数据服务科研项目数量

科技成果类型	年份							合计
	2015	2016	2017	2018	2019	2020	2021	
发表论文、论著、成果	370	383	459	492	667	732	792	3895

数据来源：国家气象信息中心。

三、评价与展望

进入新发展阶段，我国气象科技事业锚定实现高水平科技自立自强战略目标，紧跟世界气象科技发展趋势和国家科技发展步伐，气象科技创新体系不断完善，气象科技创新能力和科技创新水平不断提高。数值预报、卫星、雷达、信息等支柱领域关键核心技术攻关取得新的突破，气象科技创新、成果转化和应用能力在各类重大气象服务保障中得到进一步彰显。我国气象科技创新由以跟踪为主发展到跟跑和并跑并存的新阶段。

面对新阶段新任务新要求，应当清醒地看到我国气象科技发展还面临一些突出问题。部分气象关键核心技术和装备依然受制于国外，特别是大数据、人工智能等新一代信息技术在气象领域的深度融合应用不足，高性能计算能力尚不足以适应气象科技创新发展需求和统筹发展与安全战略需求。数值预报发展水平依然与国际先进水平存在较大差距，科技创新资源配置效率有待提高，科技创新支撑有待加强，亟需培养气象领域战略科学家、建设高水平气象科技创新团队、提升基础研究和自主创新能力。

新一轮科技革命和产业变革深入发展，为气象科技发展提供了更多创新源泉，气象科技正孕育着革命性突破。气象科技创新发展全面谋划已日渐完整，"十四五"稳步开局，在未来中长期发展过程中，将紧紧围绕气象观测技术和方法、数据分析技术、天气气候机理研究与科学试验、地球系统模式、数字化预报技术和方法、人工影响天气理论和技术、应对气候变化与生态气象保障、人工智能气象应用技术等重点领域，建设高水平科技创新人才队伍，优化气象科技创新主体布局，构建协同高校的科技创新平台和科技基础支撑平台，并将重点推进气象关键核心技术攻关,在数值模式、雷达装备等关键领域争取国家科技计划更大支持,强化数据融合分析、卫星遥感应用等技术研发并强化成果应用。继续深化气象科技体制机制改革,发展气象战略科技力量,优化国家级科研院所协同创新机制,强化科技成果评价在科技创新发展中的指挥棒作用,推动科学普及与科技创新"一体两翼"融合发展。

第十一章　气象人才队伍建设[*]

　　2021 年,聚焦气象事业高质量发展要求,气象部门深入学习贯彻中央人才工作会议精神,全面贯彻落实党中央、国务院关于加强和改进新时代人才工作的总体要求,继续完善气象人才发展体制机制,着力加强气象高层次人才队伍建设,持续强化气象人才培养,努力营造气象人才创新发展的良好环境,为气象事业高质量发展提供了强有力的人才支撑。

一、2021 年气象人才队伍建设概述

　　气象创新人才高地建设初显成效。2021 年,气象部门积极组织打造一批一流科技领军人才和创新团队,发挥国家级气象科技实验室、气象科研机构、高水平研究型大学和科技领军企业的作用,在重点领域、重点区域及部门重点实验室所在单位,集中精锐力量,创新体制机制,协同攻关;进一步优化完善了现有人才工程(计划),加快了气象战略科技人才培养;以预报员队伍建设为重点统筹推进卓越工程师培养,持续推进预报员转型发展;统筹国内国际资源,加强国际化人才培养,打造气象创新人才高地初显成效。2021 年,积极推荐优秀气象人才参评"火炬计划""长江学者奖励计划""万人计划"等国家人才工程,一大批专家获得全国杰出专业技术人才称号,涌现出一批专业技术人才先进集体、新增一批领军人才、首席专家、青年英才;新增一批专业技术二级岗专

---

　　* 执笔人员:于丹　李萍

家和气象专业正高级专家。

气象人才培养工作进一步强化。2021年,强化了气象学科建设,气象类本科教育招生规模持续扩大,专业结构进一步优化,形成了高水平气象人才培养体系。2021年,持续加强气象教育培训体系和能力建设,克服新冠疫情对线下培训的影响,稳步推进各级各类气象教育培训工作。坚持把学习贯彻习近平新时代中国特色社会主义思想作为教育培训首课、主课、必修课,纳入中国气象局年度重点培训计划。突出抓好党史学习教育和党的十九届五中、六中全会精神培训,实现气象部门处级以上领导干部培训全覆盖。探索建设了面向国省市县四级预报员的分层分类培训体系,开展多层次、复合型预报能力培养。对接中组部、人社部举办气象防灾减灾高级研修班2期,29个省(区、市)的107名地方党政领导干部参加学习,为基层发展环境提供良好支撑;面向基层预报员和技术人员举办培训班59期,培训3680人次,强化了基层专业人才能力。

气象人才发展环境不断优化。2021年,全国气象部门各单位党组(党委)认真落实主体责任,积极打造有利于人才汇聚的事业发展平台,确保人才真正服务于事业高质量发展。着力优化青年人才培养使用机制,为青年人才发挥作用、施展才华提供舞台。同时,通过向用人主体放权,积极为人才松绑,继续深化人才评价改革,优化人才发展环境。积极破解基层进人留人困难问题,畅通基层职称评审渠道。2021年,气象人才队伍的规模、素质、结构得到持续改善。

二、2021年气象人才队伍建设进展

(一)2021年气象人才工作

1. 着力培养气象科技创新人才

2021年,印发实施《中国气象局创新团队管理办法》,进一步优化了创新团队组建方式、运行管理和支持保障等措施。聚焦气象科技创新和关键核心技术攻关,遴选出 17 个重点支持方向,强化科研、业务、培训深度融合。上海、湖北、安徽、甘肃、广西、云南等地气象部门,积极加强人才工作统筹规划,制定创新人才培养实施办法,与当地高校、研究中心合作搭建人才培养平台,地方气象人才队伍创新活力进一步提升。在高层次人才队伍建设方面,积极推荐参评"火炬计划""长江学者奖励计划""万人计划"等国家人才工程,1 人获得全国杰出专业技术人才称号、1 个集体获得专业技术人才先进集体、4 人入选国家减灾委第四届专家委员会、1 人获得国家自然科学基金优秀青年项目。新增领军人才 19 名、首席专家 31 名、青年英才 45 名、西部和东北优秀气象人才 14 名,高层次人次梯队建设更加合理。新增专业技术二级岗专家 39 人,正高级工程师 243 人,研究员 32 人,首次开展正高级会计师评审,23 人获得正高级会计师职称。

2. 进一步健全人才激励措施

2021 年,出台进一步激励气象干部担当作为的八条措施,切实推动各单位落实激励政策。发挥好公务员职级晋升、事业单位职员任用的激励保障作用,注重向贡献大、有援疆援藏扶贫驻村等急难险重经历的同志倾斜。完成公务员和公务员集体记一、二等功评选奖励。经党中央国务院同意,首次设立"基层气象工作 30 年纪念章",表彰 2.88 万余人。首次开展事业单位记大功奖励工作,为 3 名因公殉职人员进行追授。表彰全国气象工作先进单位 30 个、先进个人 60 名,对表现优秀的 55 名县级气象局局长、45 名援疆干部以及在气象法治工作中成绩突出的 9 个单位、40 名个人进行了通报表扬。在南疆四地州台站开展"定向评价、定向使用"试点,委托高校面向艰苦边远台站加强气象专业定向生招录,出台改进毕业生招聘、促进地编国编人员流通的政策文件,积极破解基层进人留人困难问题。

3. 继续加强气象人才政治教育和能力提升培训

2021 年,积极发挥教育培训在干部培养中的基础性、先导性、战略性作用,气象人才培训体系建设扎实推进,气象人才教育培训质量与培训能力不断提升。以中国气象局气象干部培训学院(中共中国气象局党校)和河北、辽宁、安徽、湖北、湖南、四川、甘肃、新疆等分院(党校分校)为培训主渠道,京外培训主要受疫情影响,面授人·天数大幅减少,但采取线上+线下"混合式培训"的教学方式,全年举办各类面授和网络培训班 176 期、培训各类气象干部人才 9900余人、培训量为历史最高达 22 万人·天(图 11.1);中国气象远程教育网在线自主学习 5.7 万人、学习总时长 983 万小时、人均有效学时 62.5 小时;2021 年非学历教育培训总人次为 6.39 万人,为近五年的最大值,培训总人次呈现增长趋势(图 11.2)。

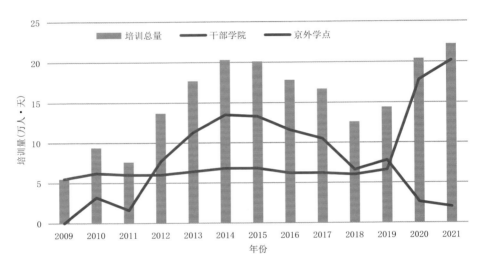

图 11.1　2009—2021 年气象部门培训机构的培训情况

(数据来源:中国气象局气象干部培训学院)

2021 年,干部培训以提高"政治领悟力、政治判断力、政治执行力"为重点,围绕理论教育、党性教育和能力提升,举办干部类培训班 61 期,培训 3049 人。突出抓好党史学习教育和党的十九届五中、六中全会精神培训,在中国气象局气象干部培训学院(中共中国气象局党校)和各省级气象部门举办专题培训班实现气象部门处级以上领导干部培训全覆盖;牢固树立"人民至上,生命至上"理念,在培训班中创新开展河南"7·20"特大暴雨访谈式教学,激励预报员提升责任感、使命感和荣誉感;在中国气象远程教育网开设党史学习教育专栏,围绕党史学习教育,党的十九届五中、六中全会精神,习近平总书记中青班系

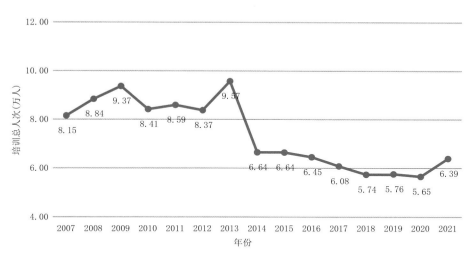

图 11.2　2009—2021 年气象部门全国非学历教育培训总人次

（数据来源：《气象统计年鉴》，2010—2021）

列讲话等开发学习课件 57 门、200 余学时，全年共有 2.6 万人参加线上学习，总学时达 121.8 万小时。

2021 年，气象业务培训以提升"观测精密、预报精准、服务精细"能力为重点，围绕气象业务人员岗位素质能力，开展天气预报、气候预测、县级综合业务、农业气象服务等培训；围绕气象业务新技术新方法应用，开展双偏振雷达推广应用、高分辨率数值预报、多源资料融合、人工智能气象应用等培训。全年举办业务类培训班 60 期、3680 人次、16.6 万人·天。

2021 年，国际培训以服务"全球监测、全球预报、全球服务"为重点，聚焦全球业务布局和 WMO 优先领域，全年举办风云气象卫星应用、临近预报、气候监测预测、气象卫星遥感、航空气象、地面观测设备等培训共计 12 期，培训了 100 余个国家和地区的 2200 名国际学员。首次举办全球综合观测系统（WIGOS）、气象国际治理高级培训班，气象水文高级管理人员高级研修班，为提升我国国际气象治理能力起到了重要推动作用。

(二)气象部门人才队伍情况

1. 气象人才队伍总量

截至 2021 年底,气象部门共有职工 104027 人,其中在职职工 63757 人(国家气象编制人员 52010 名,地方气象编制人员 5206 名,编外用工 6541 名),离退休人员 40270 人。国家编制在职人员中,参公管理人员约 1.5 万余人,事业单位人员约 3.7 万人。从 31 个省(区、市)气象部门国家编制在职人员情况来看,四川省气象部门人数最多,在职人员超过 3000 人。

截至 2021 年底,全国现有 31 个省(区、市)气象局、333 个市(地、州、盟)气象局、2188 个县(市、区、旗)气象局,2427 个有人值守国家级气象观测站(其中艰苦气象站 1213 个,占 50%)。

2. 气象人才学历结构

截至 2021 年底,气象部门国家编制在职人才队伍中,研究生学历占比19.42%,本科学历占比 68.83%。总体来看,在职国家编制人才队伍的学历水平持续稳步提高,本科以上学历人数所占比例较 2020 年提高了 1.55 个百分点,较 2010 年提高了 34.45 个百分点(图 11.3);研究生学历人数所占比例较

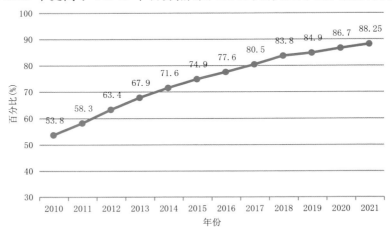

图 11.3　2010—2021 年气象部门在职国家编制人才队伍本科以上比例

(数据来源:《气象统计年鉴》,2010—2021)

2020 年提高了 1.15 个百分点,较 2010 年提高了 12.22 个百分点。31 个省(区、市)气象部门学历分布差距依然明显,本科以上学历占比最高(96.67%,北京)与最低(75.46%,新疆)之间的差值为 21.21 个百分点,差距较 2020 年缩小 2.29 个百分点。2021 年,22 个省(区、市)气象部门本科以上学历占比较上年均有所提高。中国气象局直属事业单位中国家气候中心、中国气象局气象宣传与科普中心、中国气象报社本科以上学历占比达 100%。

3. 气象人才专业结构

截至 2021 年底,气象部门国家编制人才队伍中,大气科学类专业占 51.36%;地球科学类专业占 7.84%;信息技术类专业占 19.54%;其他专业占 21.25%。总体来看,气象在职人才队伍专业结构不断优化,大气科学类专业人才占比 2021 年较 2010 年增长 10.16%,近十年呈现增长趋势(图 11.4)。

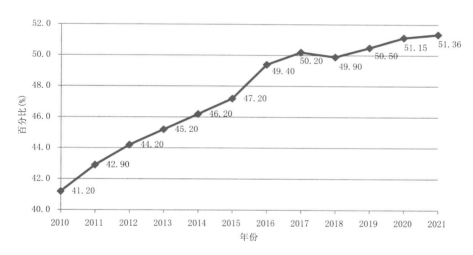

图 11.4　2010—2021 年气象部门在职国家编制人才队伍大气科学类专业占比

(数据来源:中国气象局人事司)

4. 气象人才职称状况

截至 2021 年底,气象部门在职的国家编制各类专业技术职称人员中,正高级职称占 3.37%,较 2020 年增长 0.44%;副高级职称占 21.97%,较 2020 年增长 0.94%;中级职称占 44.69%(图 11.5)。

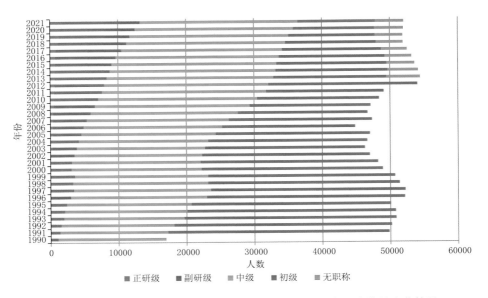

图 11.5　1990—2021 年气象在职职工人才队伍专业技术职称数量变化情况

（单位：人）（数据来源：《气象统计年鉴》，1990—2021）

5. 气象人才层级分布

截至 2021 年底,气象部门国家编制人才队伍中,国家级、省级、市级和县级气象部门人才队伍数量分别占全国气象人才队伍总量的 6.16%、23.86%、32.78% 和 37.2%。

气象部门各层级在职人才队伍学历结构中,研究生占本级人才队伍比例随国家、省、市、县四级逐级降低,分别占 73%、39%、11.6% 和 4.9%;各层级人才队伍中本科生比例县级最高,达到 78%(图 11.6)。与 2020 年相比,县级和市级本科以上学历占比有一定增长;而研究生比例,国家级、省级、市级和县级均有所增长,分别增长 0.5 个百分点、1.2 个百分点和 1.8 个百分点,1.9 个百分点。

各层级气象部门在职人才队伍中,大气科学类专业人员所占比例较高,国家级、省级、市级和县级分别达到 46.6%、46.58%、51.49% 和 55.11%(图 11.7)。

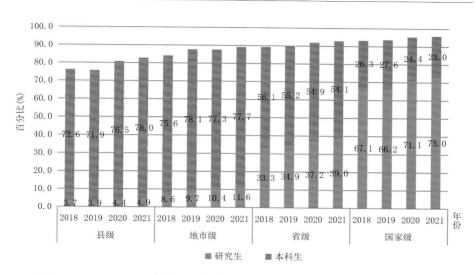

图 11.6　2018—2021 年各层级气象在职国家编制人才队伍本科以上学历结构

（数据来源：中国气象局人事司）

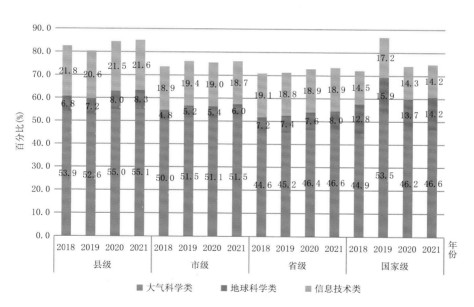

图 11.7　2018—2021 年各层级气象在职国家编制人才队伍专业结构

（数据来源：中国气象局人事司）

6. 气象人才区域分布

气象部门本科以上学历的人才总量在东、中、西部地区均呈现逐年增长趋势(图 11.8)。2021 年与上年相比,东部、中部、西部地区本科以上学历的人才数量分别增长 1.56%、2.31%和 1.80%。本科以上学历人数占人才总量的比例,东部、中部、西部地区 2021 年较 2014 年分别增长 15.15 个百分点、17.10 个百分点和 18.10 个百分点。

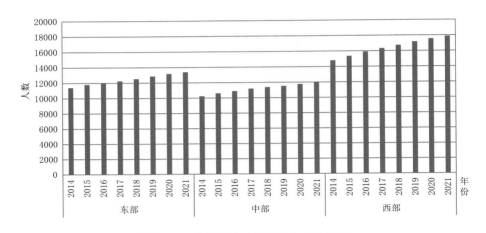

图 11.8　高学历人才地域分布变化趋势

(数据来源:《气象统计年鉴》,2014—2021)

(三)行业气象人才队伍状况

1. 民航气象

民航气象人员实行执照管理制度,主要包括观测、预报、设备维护岗位的气象人员。2021 年,新增 320 人取得民航气象人员执照。截至 2021 年底,持有民用航空各类气象人员执照共有 6046 人,包括持有预报类别执照人员 2839 人,持有观测类别执照人员 2793 人,持有设备保障类别执照人员 3381 人(部分人员持多岗执照)。持有执照人员中,具有博士研究生学历 8 人,硕士研究生学历 558 人,研究生以上学历占 9.4%;具有本科学历 4467 人,占 73.9%;具有大专学历 876 人,占 14.5%(表 11.1)。2021 年,民航气象人员本科及以上学历占比较 2020 年增长 0.8 个百分点,较 2015 年增长 8.2 个百分点。

表 11.1　2015—2021 年民航气象人员变化情况

年份	气象人员总数(人)	本科学历以上人员	
		本科及以上学历人数(人)	本科及以上人员占比(%)
2015	3811	2860	75
2016	4302	3295	76.6
2017	4636	—	—
2018	4976	3932	80
2019	5302	4406	81.5
2020	5726	4716	82.4
2021	6046	5033	83.2

2. 农垦气象

北大荒农垦集团有限公司(以下简称北大荒集团)是黑龙江省农垦总局改制后的企业集团。农垦气象管理工作纳入北大荒集团农业发展部工作职责。垦区目前建有气象台站共 94 个(具有地面观测业务的台站 92 个),其中集团及分公司层级气象台 7 个、农场气象站 86 个,北大荒通用航空公司气象站 1 个,形成了体系比较完备,独具农垦特色的专业气象队伍。垦区现有气象科技人员 224 人,其中,副高级职称 36 人,中级职称 55 人。气象专业人员普遍经过国家气象院校的正规学习和培训,其中研究生毕业 5 人,占 2%,本科毕业 125 人,占 56%,大专毕业 61 人,占 27%。从事气象专业技术工作的业务人员 70% 工作年限在 15 年以上,具备一定的专业技术理论水平和较强的实际工作能力,积累了丰富的气象为农业生产服务的工作经验。垦区各级充分发挥国家气象管理、技术、人才优势,有力推动垦区气象事业发展和现代化建设。

3. 森工气象

中国龙江森林工业集团有限公司森林生态建设部负责气象工作,实行集团生态建设部—林业局有限公司气象站—林场气象哨三级管理。

森工集团现有森林物候气象哨(林场所)96 个,气象台站 23 个,其中自动站 20 个,标准化达标站 17 处。2021 年,森工集团引进 2 名硕士研究生,努力提高气象业务水平和管理能力,推进系统内观测业务人员技术转型。截至2021年底,森工集团共有气象工作人员 95 人,全部具有企业编制。森工集团气象人员中,高工 8 人,工程师 14 人;博士 1 人,硕士 3 人,本科及以下学历 91人。整体上看,气象专业人员较少,多为林学、森保等农林专业(表11.2)。

目前,龙江森工林区各林业局机构改革工作还在进行中,即将成立林业局级林业工作总站,配备正科级工作人员 10～12 人,气象工作为其分管业务。林业工作总站的成立,将全面推动龙江森工林区气象事业发展更上新的台阶。

表 11.2　2015—2021 年森工集团气象人员变化情况

年份	气象人员总数(人)	本科学历以上人员	
		本科及以上学历人数(人)	本科及以上人员占比(%)
2015	146	13	8.9
2016	146	13	8.9
2017	145	12	8.3
2018	139	12	8.6
2019	132	14	10.6
2020	134	16	11.9
2021	95	14	14.7

4. 海洋气象

国家海洋环境预报中心(自然资源部海啸预警中心)主要职能是负责我国海洋环境预报、海洋灾害预报和警报的发布及业务管理,为人民生产与生活、海洋经济发展、海洋管理、国防建设、海洋防灾减灾等提供服务和技术支撑。预报中心组建于 1965 年,1983 年更名为国家海洋环境预报中心,1985 年开始以国家海洋预报台对外发布预报。

国家海洋环境预报中心提供的海洋预报服务,主要包括海洋灾害预警报、海洋环境预报和海上突发事件应急预报。海洋灾害预警报主要有:海浪、风暴潮、海冰、海啸预警报以及赤潮、绿潮等海洋环境灾害分析预测;海洋环境预报主要有:海流、海温、盐度、海洋气象预报、海洋气候、厄尔尼诺等;海上突发事件应急预报主要是指针对海上搜救、溢油、污染物等制作发布漂移轨迹、扩散路径等分析预测结果。预报服务范围从全球大洋到我国管辖海域,实现了无缝覆盖。另外还开展海洋灾情调查与评估、预报业务系统运行与管理、预报警报发布、标准规范制定、技术开发、专业培训与咨询服务等项工作。

2021年,国家海洋环境预报中心有职工360多名,其中中国科学院院士1名,正研究员级技术人员20名,副研究员级技术人员50多名,中级技术人员180多名,享受政府特殊津贴20人。根据上年情况从事气象工作的有61人。预报中心是国务院学位委员会授权的物理海洋和气象学硕士生学位点,同时与中国海洋大学、厦门大学等多家高校、研究机构联合培养研究生。

(四)大气学科领域专业人才培养

1. 高校和研究院所气象专业设置

根据教育部制定的《普通高等学校本科专业目录(2020年)》,"大气科学"学科大类下包括大气科学、应用气象学、气象技术与工程3个二级学科(也称"专业")。2021年,国内有25所高校、3家科研院所(与上年无变化)设置大气科学类专业。其中,招收大气科学类专科生的高校有1所,招收大气科学类本科生的高校有22所,招收大气科学类硕士研究生的高校有19所,招收大气科学类博士研究生的高校有15所;科研院所中除了中国科学院地理科学与资源研究所大气科学类专业仅招收硕士研究生外,其他科研院所均招收大气科学类硕士、博士研究生。

2. 高校和研究院所气象专业人才培养①

根据2013—2021年毕业生统计情况来看,大气科学类及相关专业的毕业生人数呈波动上升趋势,2021年毕业人数较2013年增长约27%,较上年增长约8%。从学历层次来看,2021年硕士和博士学历层次毕业生人数较上年略有下降,本科毕业生仍是毕业生供给的主要来源。2013—2021年,本科及以上学历的大气科学类(气象学类)专业毕业生数量占所统计毕业生总量的72.49%。

2013—2021年大气科学类及相关专业的毕业生中,本科毕业生数量约占

---

① 资料来源:中国气象局人事司、中国气象局人才交流中心。

所统计毕业生总人数的 63.83％。其中,大气科学类(气象学类)专业本科毕业生数量占到本科毕业生统计数量的 80.24％。

2013—2021 年大气科学类及相关专业的毕业生中,硕士研究生数量约占所统计毕业生总量的 18.44％。其中,气象学(含大气科学、气候学、气候系统与气候变化、气候系统与全球变化、流体力学、海洋气象学、大气探测)、应用气象学、大气物理专业的毕业生数量占硕士研究生总量的 80.55％。

2013—2021 年大气科学类及相关专业的毕业生中,博士毕业生数量约占所统计毕业生总量的 8.39％。其中,气象学(含气候学、气候系统与气候变化、气候系统与全球变化、流体力学、大气探测、海洋气象学)、应用气象学、大气物理专业毕业生数量占博士毕业生统计数量的 90.96％。

目前,南京信息工程大学、成都信息工程大学、南京大学、兰州大学、中山大学、云南大学、中国海洋大学、中国农业大学、中国科学院、中国气象科学研究院等院校是大气科学类专业毕业生集中的院校,是大气科学高等教育招生的主力。其中,2021 年南京信息工程大学和成都信息工程大学大气科学类及相关专业的毕业生数量达到该年所统计毕业生总量的 51.84％。

3. 高校学科评估大气科学排名情况

学科评估是教育部学位与研究生教育发展中心(简称“学位中心”)按照国务院学位委员会和教育部颁布的《学位授予与人才培养学科目录》(简称“学科目录”)对全国具有博士或硕士学位授予权的一级学科开展整体水平评估。

第一轮(2002—2004 年)学科评估中,共有 4 所具有大气科学学科“博士一级”授权的高校和科研单位参评。此轮评估整体水平排名由高至低依次为:中国科学院大气物理研究所、北京大学、南京大学、中国海洋大学(表 11.3)。

表 11.3　第一轮大气科学学科评估排名(2002—2004)

排名	学校名称	整体水平得分(分)
1	中国科学院大气物理研究所	86.57
2	北京大学	76.87
3	南京大学	72.48
4	中国海洋大学	67.71

第二轮(2007—2009 年)学科评估中,全国高校中具有大气科学学科"博士一级"授权的单位共 6 个,参评高校共 6 所。此轮评估整体水平排名前三的高校依次是南京大学、北京大学、南京信息工程大学(表 11.4)。

表 11.4 第二轮大气科学学科评估排名(2007—2009 年)

排名	学校名称	整体水平得分(分)
1	南京大学	75
2	北京大学	73
3	南京信息工程大学	70
4	兰州大学、解放军理工大学	69
6	中国海洋大学	68

第三轮(2012 年)学科评估中,全国具有大气科学学科"博士一级"授权的高校共 7 所,有 6 所参评;还有部分具有"博士二级"授权和硕士授权的高校参加了评估;本次参评高校共计 8 所。此轮评估整体水平排名前三的高校依次是南京信息工程大学、南京大学、北京大学(表 11.5)。

表 11.5 第三轮大气科学学科评估排名(2012 年)

排名	学校名称	整体水平得分(分)
1	南京信息工程大学	89
2	南京大学	83
3	北京大学	81
4	解放军理工大学	79
5	兰州大学	77
6	中山大学	69
7	成都信息工程学院	67
8	沈阳农业大学	61

第四轮(2016—2017 年)学科评估中,全国具有大气科学一级学科"博士授权"的高校共 9 所,有 8 所参评;还有部分具有"硕士授权"的高校参加了评估;本次参评高校共计 14 所,北京大学、南京信息工程大学获得 A+(表 11.6)。中国科学院大学作为科研单位也申请参加了此轮评估,评估结果为 A+。

表 11.6　第四轮大气科学学科评估结果(2016—2017 年)

序号	学校名称	评估结果
1	北京大学	A＋
2	南京信息工程大学	A＋
3	南京大学	B
4	国防科技大学(原由解放军理工大学申报)	B
5	兰州大学	B－
6	清华大学	C＋
7	中国海洋大学	C＋
8	中山大学	C
9	中国科学技术大学	C－

4. 高校气象院系概况(排序不分先后)

(1)南京信息工程大学①

南京信息工程大学是以江苏省管理为主的中央与地方共建高校,主要在大气科学学院、应用气象学院、大气物理学院和无锡学院招收气象类专业学生。2017 年成为国家双一流建设高校,大气科学入选国家"双一流"建设学科,在教育部一级学科评估中蝉联全国第一,获评 A＋等级。

大气科学学院:设有大气科学本科专业,气象学、气候系统与气候变化两个硕士点;大气科学一级学科博士点,气象学、气候系统与气候变化两个二级学科博士点;设有大气科学一级学科博士后科研流动站。2019 年大气科学专业入选国家一流本科建设专业。2020 年大气科学拔尖学生培养基地入选教育部首批基础学科拔尖学生培养计划 2.0 基地。2021 年大气科学专业成功获批江苏省高校国际化人才培养品牌专业建设项目。截至 2021 年,学院有专任教师 140 名,包括教授(研究员)63 名、副教授(副研究员)38 名、博士生导师 61 名、硕士生导师 63 名。学院有中国科学院院士 1 人、科技部"973"项目和重点专项首席 8 人、国家重大人才计划特聘专家 3 人、国家重大人才计划青年学者 1 人、教育部特聘教授 1 人、国家杰出青年科学基金获得者 6 人(海外杰青 2 人)、国家重大人才计划领军人才 2 人、国家重大人才计划青年拔尖人才 2 人、国家优秀青年基金获得者 1 人、科技部创新

---
① 资料来源:南京信息工程大学。

推进计划"中青年科技创新领军人才"1人、享受"国务院政府特殊津贴"12人、入选"国家百千万人才工程"2人,教育部"新世纪优秀人才支持计划"1人。

应用气象学院:设有应用气象学(含公共气象服务方向)、生态学、农业资源与环境三个本科专业,应用气象学、生态学、农业资源与环境三个学术型硕士学位授权点和农业专业硕士学位授权点,应用气象学及环境生态学两个二级博士学位授权点。截至2021年底,学院有专任教师87人,其中教授25人、副教授42人。拥有国家杰出青年科学基金获得者、教育部特聘教授、江苏省杰出青年科学基金获得者、江苏省"双创计划"、江苏省特聘教授、江苏省"333高层次人才培养工程"等高层次人才30余人。

大气物理学院:设有大气科学(大气物理方向)、大气科学(大气探测方向)、气象技术与工程、安全工程及防灾减灾科学与工程5个本科专业(方向),拥有大气物理学与大气环境、大气遥感与大气探测、雷电科学与技术、空间天气学4个专业的学术硕士、博士学位授予权以及资源与环境(气象工程)、电子信息(安全工程)2个专业的专业硕士学位授予权。截至2022年3月,学院有专任教师96人,其中教授29人、副教授43人、博士生导师25人,拥有中国科学院双聘院士1人、国家特聘专家3人、"四青"(青年千人计划、青年选拔人才、青年长江学者、优秀青年科学基金项目)人才3人、江苏省"普通高校优秀学科带头人"2人、江苏省"青蓝工程"和"333人才工程"22人(次)、享受江苏省"六大人才高峰"计划资助5人。

无锡学院:其前身为创建于2002年5月的南京信息工程大学滨江学院,2021年1月25日转设为无锡学院。其中大气与遥感学院在南京信息工程大学大气科学学院、应用气象学院、大气物理学院、地理科学学院和遥感与测绘工程学院全力支持下所创建。大气与遥感学院下设五个专业:大气科学、地理信息科学、遥感科学与技术、测绘工程、安全工程。拥有精良的师资队伍,其中教授11人、副教授19人,享受国务院特殊津贴专家1人、江苏省教学名师1人,骨干教师37人。学院成立至今已形成了一支学历层次高、知识结构科学、年龄结构合理、学缘结构良好的多元化教学队伍。

2021年,南京信息工程大学气象类专业本科生招生2093人,研究生招生

886 人(其中博士研究生 152 人)(表 11.7)。

表 11.7　2018—2021 年南京信息工程大学气象类专业招生情况(单位:人)

气象专业招生	年份			
	2018	2019	2020	2021
本科生	1183	1164	1106	2093
研究生	428	394	381	886

(2)成都信息工程大学①

成都信息工程大学是四川省和中国气象局共建的省属普通本科院校。学校以信息学科和大气学科为重点,以学科交叉为特色,多学科协调融合发展。

大气科学学院:现有大气科学和应用气象学两个本科专业,大气科学一级硕士学位授位点,并开展了农业推广硕士专业学位研究生培养工作。2021 年,学院共有教授 24 人,副教授 51 人;其中博士生导师 10 人,硕士生导师 52 人。

电子工程学院(大气探测学院):全国高校中唯一从事气象探测工程与技术人才培养的单位。学院现有电子信息工程(含气象探测、信号处理 2 个方向)、电子信息科学与技术、生物医学工程三个本科专业,信息与通信工程、气象探测技术两个学术型硕士学位授权点。学院拥有一支大气探测技术国家级教学团队、首批全国气象教学团队、国家综合气象观测专项试验外场及大气探测技术博士后科研工作站

2021 年,成都信息工程大学气象类专业本科生招生 1065 人,研究生招生 381 人(表 11.8)。

表 11.8　2018—2021 年成都信息工程大学气象类专业招生情况(单位:人)

气象专业招生	年份			
	2018	2019	2020	2021
本科生	1099	1104	1089	1065
研究生	182	186	212	381

注:2020 年以前数据略有修正。

---

① 资料来源:成都信息工程大学。

（3）南京大学大气科学学院①

南京大学是教育部直属重点高校。南京大学大气科学学院设有大气科学和应用气象学两个本科专业,气象学、大气物理学与大气环境和气候系统与气候变化三个硕士专业,拥有大气科学一级学科博士点。2021年,全院在职教职工95人,包括教授34人,副教授29人。拥有中科院院士3人、国家杰出青年基金获得者3人、中组部学者6人、新世纪"百千万人才工程"国家级人选2人,国家优秀青年基金获得者2人;教育部新(跨)世纪优秀人才4人;其他省部级人才10余人。

2021年,南京大学气象类专业本科生招生80人,研究生招生110人(其中博士研究生45人)(表11.9)。

表 11.9　2018—2021 年南京大学气象类专业招生情况(单位:人)

气象专业招生	年份			
	2018	2019	2020	2021
本科生	83	90	54	80
研究生	76	100	96	110

（4）兰州大学大气科学学院②

兰州大学是教育部直属重点高校,2004年6月成立我国高校第一个大气科学学院,拥有大气科学一级学科博士学位授予权,气象学、大气物理学与大气环境、气候学三个二级学科博士点,气象学、大气物理学与大气环境、应用气象学、气候学四个二级学科硕士点。现有1个大气科学博士后科研流动站,1个大气物理与大气环境国家重点培育学科。2021年,学院教师团队共62人,包括教授23人,副教授26人。

2021年,兰州大学气象类专业本科生招生148人,研究生招生111人(其中博士研究生36人)(表11.10)。

---

① 资料来源:南京大学。
② 资料来源:兰州大学。

表 11.10　2018—2021 年兰州大学气象类专业招生情况(单位:人)

气象专业招生	年份			
	2018	2019	2020	2021
本科生	146	146	153	148
研究生	95	103	107	111

(5)中山大学大气科学学院①

中山大学是教育部直属重点高校。中山大学大气科学学院建立了从本科、硕士到博士的完整人才培养体系。目前设有大气科学、应用气象学两个本科专业;设有气象学、大气物理学与大气环境、气候变化与环境生态学三个硕士点和博士点。2021 年,全院教师团队共 102 人,包括教授 32 人,副教授 64 人。

2021 年,中山大学气象类专业本科生招生 103 人,研究生招生 160 人(其中博士研究生 58 人)(表 11.11)。

表 11.11　2018—2020 年中山大学气象类专业招生情况(单位:人)

气象专业招生	年份			
	2018	2019	2020	2021
本科生	105	150	130	103
研究生	64	96	149	160

(6)北京大学物理学院大气与海洋科学系②

北京大学是教育部直属重点高校。北京大学物理学院大气与海洋科学系具有包括本科生、硕士和博士研究生在内的完整的人才培养体系,拥有大气物理学与大气环境和气象学两个国家二级重点学科,自设气候学和物理海洋学两个二级学科,设有大气物理学与大气环境、气象学、物理海洋学硕士点和博士点。大气科学学科 2019 年入选首批国家级一流本科专业建设点;2020 年,未名学者大气科学拔尖学生培养基地入选教育部第二批基础学科拔尖学生培

———————————

① 资料来源:中山大学。
② 资料来源:北京大学。

养计划 2.0 基地名单。2021 年,有教职工 28 人,其中教授 18 人,副教授 6 人。

2021 年,北京大学气象类专业本科生招生 9 人,研究生招生 25 人(其中博士研究生 21 人)(表 11.12)。

表 11.12 2018—2021 年北京大学气象类专业招生情况(单位:人)

气象专业招生	年份			
	2018	2019	2020	2021
本科生	23	7	14	9
研究生	33	22	21	25

(7)中国科学技术大学地球和空间科学学院[1]

中国科学技术大学是中国科学院所属重点高校。中国科学技术大学地球和空间科学学院 1982 年获得大气科学一级学科硕士学位授予权,在大气科学专业培养本科、硕士研究生,在大气物理学与大气环境专业培养硕士和博士研究生。该专业 2021 年师资队伍共有 38 人,其中教授 12 人,副教授 7 人。

2021 年,中国科学技术大学气象类专业本科生招生 18 人,研究生招生 44 人(其中博士研究生 16 人)(表 11.13)。

表 11.13 2018—2021 年中国科学技术大学气象类专业招生情况(单位:人)

气象专业招生	年份			
	2018	2019	2020	2021
本科生	15	12	13	18
研究生	30	31	30	44

(8)中国海洋大学海洋与大气学院海洋气象学系[2]

中国海洋大学是教育部直属重点高校。中国海洋大学海洋与大气学院大气科学专业以海洋气象为特色,是我国培养海—气相互作用与气候、海洋气象学等方面人才的重要基地之一。目前海洋与大气学院下设海洋气象学系,拥有大气科学本科专业,以及大气科学博士学位授予权一级学科点,下设大气物

---

① 资料来源:中国科学技术大学。
② 资料来源:中国海洋大学。

理学与大气环境和气象学两个二级学科博士和硕士点,设有博士后流动站。该系 2021 年师资队伍共有 57 人,其中教授 19 人,副教授 21 人。

2021 年,中国海洋大学气象类专业本科生招生 90 人,研究生招生 69 人(其中博士研究生 17 人)(表 11.14)。

表 11.14　2018—2021 年中国海洋大学气象类专业招生情况(单位:人)

气象专业招生	年份			
	2018	2019	2020	2021
本科生	80	157	169	90
研究生	44	116	140	69

(9)云南大学地球科学学院大气科学系[①]

云南大学是教育部直属重点高校。云南大学资源环境与地球科学学院大气科学系建立于 1971 年,具有完整的本科、硕士、博士人才培养体系,现设有大气科学本科专业,并有气象学、大气物理学与大气环境 2 个硕士学位点和大气科学一级博士学位点。2021 年拥有专任教师 22 人,其中教授 6 人,副教授 7 人。

2021 年,云南大学气象类专业本科生招生 68 人,研究生招生 27 人(其中博士研究生 5 人)(表 11.15)。

表 11.15　2018—2021 年云南大学气象类专业招生情况(单位:人)

气象专业招生	年份			
	2018	2019	2020	2021
本科生	73	69	58	68
研究生	17	19	21	27

(10)复旦大学大气科学研究院大气与海洋科学系[②]

复旦大学是教育部直属重点高校。2016 年 4 月复旦大学成立大气科学研究院,增设大气科学学科。2017 年大气科学研究院分别获得本科生和研究生

---

① 资料来源:云南大学。
② 资料来源:复旦大学。

招生资格。2018年1月,复旦大学批准建立大气与海洋科学系,现设气象学与大气环境、气候系统和气候变化、大气物理和化学过程以及海洋气象学与物理海洋四个学科方向。2018年3月,大气科学一级学科博士学位授权点获国务院学位委员会审批通过。2021年有专任教师34人,其中教授/研究员19人,副教授/副研究员9人。

2021年,复旦大学气象类专业本科生招生12人,研究生招生31人(其中博士研究生16人)(表11.16)。

表 11.16　2017—2020 年复旦大学气象类专业招生情况(单位:人)

气象专业招生	年份				
	2017	2018	2019	2020	2021
本科生	20	18	30	35	12
研究生	7	30	50	59	31

(11)中国农业大学资源与环境学院农业气象系①

中国农业大学是教育部直属重点高校。中国农业大学农业气象系源于1956年成立的农业物理气象系,1992年并入资源与环境学院。设有应用气象学本科专业,拥有农业气象学专业博士点,大气科学一级学科硕士点(包括气象学、大气物理与大气环境两个硕士专业),农业硕士专业学位点。2021年,农业气象系师资队伍共有16人,其中教授7人,副教授9人。

2021年,中国农业大学气象类专业本科生招生34人,研究生招生44人(其中博士研究生7人)(表11.17)。

表 11.17　2018—2021 年中国农业大学气象类专业招生情况(单位:人)

气象专业招生	年份			
	2018	2019	2020	2021
本科生	17	22	34	34
研究生	27	28	47	44

① 资料来源:中国农业大学。

(12)浙江大学地球科学学院大气科学系①

浙江大学是教育部直属重点高校。地球科学学院前身是 1936 年由时任校长竺可桢先生创办的史地系,通过八十多年的发展,地球科学学院已经成为一个学科综合性强的学院,下设大气科学系、地质学系、地理科学系 3 个系,有地质学、地理信息科学、大气科学 3 个本科专业。拥有地球气候与环境等 8 个二级学科博士学位授权点。2021 年,大气科学系师资队伍共有 13 人,其中教授 7 人,副教授 4 人。

2021 年,浙江大学气象类专业本科生招生 18 人,研究生招生 11 人(其中博士研究生 7 人)(表 11.18)。

表 11.18　2018—2021 年浙江大学气象类专业招生情况(单位:人)

气象专业招生	年份			
	2018	2019	2020	2021
本科生	73	69	16	18
研究生	17	19	17	11

(13)中国地质大学(武汉)环境学院大气科学系②

中国地质大学(武汉)是教育部直属全国重点大学。大气科学系始于 2005 年设立的大气物理与大气环境研究所,2015 年在环境学院正式成立大气科学系,2016 年开始招收大气科学专业本科生,具有大气科学一级学科硕士点和水文气候学二级学科博士点。每年约招收 30 名大气科学(菁英班)本科生,10～15 名硕士研究生和 3～5 名博士研究生。2021 年,大气科学系拥有专任教师18 人,其中教授 7 人,副教授 8 人。

2021 年,中国地质大学(武汉)气象类专业本科生招生 34 人,研究生招生31 人(其中博士研究生 8 人)(表 11.19)。

---

① 资料来源:浙江大学。
② 资料来源:中国地质大学(武汉)。

表 11.19　2018—2021 年中国地质大学(武汉)气象类专业招生情况(单位:人)

气象专业招生	年份			
	2018	2019	2020	2021
本科生	33	30	30	34
研究生	11	20	35	31

(14)东北农业大学资源与环境学院[①]

东北农业大学资源与环境学院 2000 年成立,2016 年通过教育部普通高等学校本科专业备案审批,开设应用气象学本科专业。学院现有农业资源与环境一级博士学位授权学科和博士后流动站各一个,拥有生态工程与农业气象等五个二级学科博士点和农业生态与气候变化等五个二级学科硕士点。2021年,学院气象类相关专业教师共 6 人,其中教授 1 人。

2021 年,东北农业大学气象类专业本科生招生 61 人(表 11.20)。

表 11.20　2018—2021 年东北农业大学气象类专业招生情况(单位:人)

气象专业招生	年份			
	2018	2019	2020	2021
本科生	54	58	60	61
研究生	3	4	5	—

(15)沈阳农业大学农学院[②]

沈阳农业大学是以辽宁省管理为主、辽宁省与中央共建的重点高校。农学院下设应用气象学和大气科学本科专业,拥有大气科学一级学科硕士点。2021年,应用气象学专业拥有专任教师 8 人,其中教授 2 人,副教授 4 人;大气科学专业拥有专任教师 10 人,其中教授 2 人,副教授 2 人。

2021 年,沈阳农业大学气象类专业本科生招生 61 人,研究生招生 18 人(表 11.21)。

---

① 资料来源:东北农业大学。
② 资料来源:沈阳农业大学。

表 11.21　2018—2021 年沈阳农业大学气象类专业招生情况(单位:人)

气象专业招生	年份			
	2018	2019	2020	2021
本科生	53	57	60	61
研究生	18	18	18	18

(16)清华大学理学院地球系统科学系[①]

清华大学是教育部直属重点高校,2009 年 3 月,清华大学成立地球系统科学研究中心(简称"地学中心")和全球变化研究院。2016 年 11 月,在地学中心的基础上成立地球系统科学系(简称"地学系")。2021 年,地学系共有专任教师 22 人,其中正高级职称 8 人,副高级职称 12 人。拥有大气科学一级学科硕士学位授权点和生态学一级学科博士学位授权点。地学系目前尚未开始招收大气科学本科生,但已面向全校本科生开展"大气科学(全球变化方向)"辅修专业教育。每年招收大气科学方向的博士生、硕士生各 10 余名。

2021 年,清华大学气象类专业博士研究生招生 35 人。

(17)华东师范大学地理科学学院[②]

华东师范大学地理科学学院由华东师范大学地球科学学部管理,未开设大气科学本科专业,仅在二级学科硕士学位授权点包含气象学专业。2021 年,地理科学学院气象类专任教师有 15 人,其中教授 5 人,副教授 6 人。

2021 年,华东师范大学气象类研究生招生 17 人(其中博士研究生招生 4 人)。

(18)安徽农业大学资源与环境学院[③]

安徽农业大学资源与环境学院 2004 年成立,未开设大气科学本科专业,现有大气科学一级硕士学位授权学科。大气科学系现有专任教师共 5 人,其中教授 1 人,副教授 1 人。

2021 年,安徽农业大学气象类专业招生 8 人。

---

①　资料来源:清华大学。
②　资料来源:华东师范大学。
③　资料来源:安徽农业大学。

(19)广东海洋大学海洋与气象学院①

广东海洋大学是广东省人民政府和国家海洋局共建的省属大学,2001年湛江气象学校并入海洋大学。海洋与气象学院是广东海洋大学重点建设和优先发展的学院之一,拥有海洋科学一级学科博士点和一级学科硕士点,设有物理海洋学、海洋气象学两个学科方向;本科有海洋科学、大气科学和应用气象学三个专业,其中应用气象学本科专业2017年获批开始招生。2021年大气科学专业入选广东省一流本科专业建设点。据2021年11月学院官网显示,学院有专职教师65人,其中正高9人,副高14人;博士生导师7人,硕士生导师22人。

2021年,广东海洋大学气象类专业本科生招生207人。

(20)中国民航大学空中交通管理学院②

中国民航大学空中交通管理学院是我国空管人才培养的发源地和主力军。学院现设有应用气象学、交通运输、交通管理三个本科专业,于2014年成立航空气象系。截至2021年,专职气象教师13人,其中教授1名,副教授2名。中国民航大学应用气象学本科专业2017年获批开始招生,首批招生40人,2018年招生76人,2019年招生77人,2020年招生79人,2021年招生81人。

(21)中国民用航空飞行学院③

中国民用航空飞行学院空中交通管理学院从20世纪60年代开始从事民航空中交通管理人才的培养。2021年7月成立航空气象学院,开设大气科学、应用气象两个本科专业,拥有大气科学一级学科硕士学位授权点,设有气象学、大气物理学与大气环境两个学科方向。现有专任教师25人,其中博士14名(含1名"第一层次人才"及1名博士后);高级职称9人。

空中交通管理学院现有交通运输、导航工程、应用气象三个本科专业和一个交通运输工程研究生专业。学院现有专任教师40人,其中教授14人,副教授24人。应用气象学本科专业2016年开始招生,首批招生39人,2018年应用气

---

① 资料来源:广东海洋大学。
② 资料来源:中国民航大学。
③ 资料来源:中国民用航空飞行学院。

象专业招生 60 人,2019 年招生 74 人,2020 年招生 90 人,2021 年招生 160 人。

(22)内蒙古大学生态与环境学院大气科学系①

2017 年 1 月,由内蒙古大学与内蒙古自治区气象局联合成立了以培养大气科学专业学生为主的大气科学系,2017 年 3 月获得本科生招生资格,2017年 9 月招收首批大气科学专业本科生。2021 年,大气科学系师资队伍共 15人,其中教授 5 人,副教授 6 人。

2021 年,内蒙古大学气象类专业本科生招生 141 人。

(23)兰州资源环境职业技术大学气象学院②

兰州资源环境职业技术大学于 2021 年 5 月 31 日经教育部批准设立,学校前身是由隶属于中国气象局的原国家重点中专兰州气象学校(始建于 1951年)和隶属于甘肃省煤炭工业局的甘肃煤炭职工大学(始建于 1984 年)于 2004年合并组建的兰州资源环境职业技术学院。现有智慧气象技术、大气科学技术、大气探测技术、大气探测技术(气象装备维护方向)、应用气象技术、应用气象技术(防灾减灾方向)、防雷技术 7 个教学专业。2021 年,学院有专兼职教师38 人,其中教授 4 人、副教授 9 人、高级工程师 3 人。

2021 年,兰州资源环境职业技术大学气象类专业本科生招生 95 人。

(24)江西信息应用职业技术学院气象系③

江西信息应用职业技术学院是经江西省人民政府批准,教育部备案的公办专科层次普通高校。目前,气象系设有大气探测技术、防雷技术、大气科学技术三个专业。2021 年,气象系有专任教师 33 人,其中教授 7 人,副教授 12 人。

2021 年,江西信息应用职业技术学院气象类专业专科生招生 154 人。

5. 气象类科研院所概况

(1)中国气象科学研究院④

中国气象科学研究院(简称"气科院")是中国气象局直属国家级研究院,

---

① 资料来源:内蒙古大学。
② 资料来源:兰州资源环境职业技术大学。
③ 资料来源:江西信息应用职业技术学院。
④ 资料来源:中国气象科学研究院研究生部。

是国家级气象科研基地和人才培养基地。现拥有大气科学、环境科学与工程两个一级学科硕士学位授权点，自然地理学和物理海洋学两个二级学科硕士学位授权点。2020年，经教育部批准，硕士招生指标从45人增长到70人。据气科院官网显示，研究生导师队伍中，正研级科研人员68名，副研级科研人员94名；拥有中国科学院院士2名、中国工程院院士2名；国家杰出青年基金获得者5人、国家"万人计划"领军人才1人、国家"千人计划"人才4人、国家"百千万计划"人才5人、国家优秀青年基金获得者1人。

2021年，中国气象科学研究院气象类专业研究生招生69人。

（2）中国科学院[①]

中国科学院大气物理研究所（简称"大气所"），设有大气科学、海洋科学、环境科学与工程3个一级学科博士学位培养点和硕士学位培养点以及环境工程全日制专业学位硕士培养点。其中大气科学在全国一级学科评估中两次荣获第一，在第四轮全国学科评估中荣获A＋。2020年12月，成立大气所碳中和研究中心，是全国第一家从事碳中和基础研究的科研机构。2021年，大气所有博士生导师119名（其中中国科学院院士5人，"杰青"19人，"优青"9人），国内外联合博士生导师62人，硕士生导师164名。

中国科学院地理科学与资源研究所（简称"地理资源所"），设有气象学二级学科硕士研究生培养点。2021年，共有博士生导师116人、硕士生导师100人，包括中国科学院院士5人、中国工程院院士3人、发展中国家科学院院士3人、中组部"青年千人计划"1人、中科院"万人计划"1人、中科院"百人计划"入选者27人、"西部之光"人才入选者20人、国家杰出青年科学基金获得者17人、"新世纪百千万人才工程"国家级人选6人。气象学专业共有导师5人。现有在学研究生759人，其中博士生489人。

中国科学院西北生态环境资源研究院（简称"西北研究院"）是由原中国科学院寒区旱区环境与工程研究所、地质与地球物理研究所、西北高原生物研究所等6家单位于2016年6月整合而成。西北研究院兰州本部是中国科学院

① 资料来源：中国科学院大学。

博士生重点培养基地,博士和硕士招生专业均包括气象学、大气物理学与大气环境专业。2021年,气象学共有研究生指导教师8人,大气物理学与大气环境共有研究生指导教师14人。

中国科学院青藏高原研究所(简称"青藏高原所")于2003年成立,实行"一所三部"的运行方式,三个部分别设在北京、拉萨和昆明。青藏高原所设有大气物理学与大气环境专业博士研究生培养点与硕士研究生培养点,现有研究生314人。2021年,青藏高原所共有职工352人,拥有中国科学院院士4人、特聘中国科学院院士3人、特聘中国科学院外籍院士2人、国际维加奖获得者1人、全国杰出专业技术人才1人。"国家杰出青年基金"获得者15人(含双聘2人)、"优秀青年基金"获得者10人。

2021年,中科院气象类专业研究生招生184人(其中博士研究生招生104人)。

(3)中国农业科学研究院农业环境与可持续发展研究所①

中国农业科学研究院农业环境与可持续发展研究所(简称"环发所")是中国农业科学院直属研究所之一,现有在职人员188人,拥有国家和省部级人才28人(次)、享受国务院特殊政府津贴专家20余人。环发所设有大气科学一级学科硕士研究生培养点、农业气象与气候变化博士研究生培养方向、资源利用与植物保护农业硕士研究生培养领域,主要开展农业气候资源利用、气候变化影响与适应、气象灾害与减灾、农业温室气体排放及减排等研究,现有相关专业博士生导师11人,硕士生导师11人,研究生43人。

2021年,环发所气象类专业研究生招生13人(其中博士研究生3人)。

三、评价与展望

2021年,全国气象系统努力营造气象人才创新发展的良好环境,对气象事业发展支撑保障能力显著增强。但对照气象事业高质量发展要求,气象人才

---

① 资料来源:中国农业科学研究院农业环境与可持续发展研究所。

队伍建设仍有不少差距和短板：一是气象创新人才高地不够突显，气象领域国际高端人才仍然缺乏，对"高精尖缺"人才的引进和集聚力度不够，科研队伍的体量、布局以及自主创新能力仍然不足。二是各级气象人才布局有待优化，受气象人才数量、政策、环境等现实情况的影响，气象人才的专业结构、学历结构、职称结构仍表现出显著的区域差异、层级差异，艰苦边远等基层地区面临进人留人困难问题。三是人才自主培养能力较弱，气象行业高校专业人才培养与现代气象业务发展需求之间存在脱节现象，气象基础人才供给的数量和质量与气象高质量发展要求仍存在较大差距。四是青年人才队伍建设较为迫切，未来几年面临青年后备人才不足、人才年龄结构有待优化、支持青年人才挑大梁当主角的发展环境有待于进一步优化。

　　针对党中央对人才工作的新指示，按照《全国气象发展"十四五"规划》对建设高水平气象人才队伍的新要求，新时代气象人才队伍建设：一是强化高层次科技人才队伍建设，加快培养造就一批勇于创新发展的战略科技人才、科技领军人才和创新团队、青年科技人才、卓越工程师。聚焦气象重点领域"卡脖子"技术，精准引进"高精尖缺"人才。支持气象科技企业创新领军人才培养。二是强化高素质管理人才队伍建设。坚持党管干部的原则，落实好干部标准，加强对敢担当善作为干部的激励保护，以正确用人导向引领干事创业导向。加快实施"三百年轻干部培养锻炼计划"，大力选拔培养锻炼优秀年轻干部。三是优化人才发展环境。完善气象干部教育培训体系建设，强化中国气象局气象干部培训学院（中共中国气象局党校）理论教育、党性教育、新技术培训能力，加强分院（分校）特色专业、能力培养、教学平台环境建设。四是完善气象创新团队支持机制，推动形成"人才＋团队＋基金"的发展模式。健全以创新能力、质量、实效、贡献为导向的科技人才评价体系，构建充分体现创新要素价值的激励机制，激发气象人才创新活力。

改革发展篇

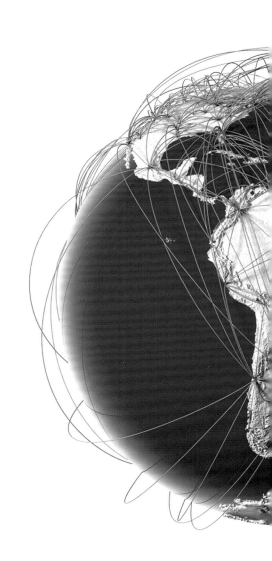

第十二章　气象改革、法治与党建[*]

2021年,气象部门认真贯彻落实习近平总书记关于气象工作重要指示精神和党中央国务院重大改革决策、法治政府建设部署,以深化改革努力突破科技发展瓶颈,以改革创新提升气象监测预报服务能力,以气象服务供给侧结构性改革厚植发展新优势、拓展发展新空间,以充分发挥气象法治工作保障作用,推进气象法治建设,统筹推进党建与业务融合,为气象事业高质量发展注入了强大动力和政治保障。

一、2021年气象改革、法治与党的建设概述

2021年,气象部门以气象科技创新体制机制改革为突破口,以业务技术体制改革为着力点,以气象服务体制改革为关键,以气象管理体制改革为保障,紧盯解决突出问题,加强改革的整体推进、系统集成,推动气象事业转变发展方式、优化事业结构、转换发展动力,气象改革为气象事业高质量发展提供了强大动力。

2021年,气象部门持续深化"放管服"改革,不断优化了营商环境。稳妥推进了事业单位改革试点,推动了明确基本公共气象服务事权。规范了中国气象局直属企业改革发展,全面完成气象部门国有企业公司制改革工作。支持深圳气象先行示范建设,推动了兵团气象管理体制改革。着力推进气象科技

＊　执笔人员:卢介然　谢博思　李萍　王晓璇

创新体制机制改革,有力有序推进创新攻关的"揭榜挂帅"体制机制。优化了气候变化工作布局,完善了气候变化管理机制。同时,全面推进业务技术体制重点改革,形成了国省两级"数算一体"云平台建设和业务系统"云＋端"业态;深入推进了气象服务体制改革,优化了气象服务业务布局和业务流程

2021 年,推动气象各项工作纳入法治轨道,依法保障气象事业高质量发展。进一步完善了气象法律规范体系,推进气象立法工作,加快了重点领域标准制定,完善了气象法治监督体系建设,加强了气象法治宣传,气象法治工作取得了显著成效。同时,为有效推进气象法治工作,全面加强了气象管理保障工作,强化了气象事业发展的财务保障,严格安全和疫情管理工作,为气象事业高质量发展提供了有力支持。

2021 年,进一步加强了气象部门党的建设,扎实推进党史学习教育,以政治建设为统领推动全面从严治党向纵深发展,持续强化党的思想建设,不断增强党组织政治功能和组织力,强化监督执纪,持之以恒正风肃纪反腐,推动巡视巡察上下联动,提升巡视巡察工作质效,扎实做好党的群团工作,在气象高质量发展中充分发挥了党建工作的引领保障作用。

二、2021 年气象改革主要进展

2021 年,全国气象部门围绕气象事业高质量发展,充分发挥改革的突破和先导作用,加强了改革的整体推进、系统集成,推动了气象事业转变发展方式、优化事业结构、转换发展动力,气象改革取得了积极进展。

(一)气象行政"放管服"改革

2021 年,气象部门全面贯彻落实国家"放管服"改革要求,印发贯彻落实国务院深化"放管服"改革的实施方案,细化了气象部门改革举措。编制中央层面设定的行政许可事项清单,将全部行政许可事项纳入清单管理。部署实施了 15 项气象"放管服"改革重点任务,从优化审批服务、创新监管方式、严格规范执法等重点方面抓实抓细改革措施的落地生效,不断优化营商环境。

2021年,气象部门推进了气象"证照分离"改革,制定实施了《气象部门全面推行证明事项告知承诺制的实施方案》,进一步加大改革力度。在全国范围内将"防雷装置检测资质认定""升放气球资质认定"改为优化审批服务,此外在自由贸易试验区将"升放气球资质认定"改为告知承诺。深入推进气象"减证便民",对保留的4项法律法规设定的证明事项全面推行证明事项告知承诺制。按照国务院要求参与修订新版市场准入负面清单(表12.1),选择符合条

表 12.1　市场准入负面清单(2020 年版·气象)

项目号	禁止或许可事项	事项编码	禁止或许可准入措施描述	主管部门	地方性许可措施
二、许可准入类					
(五)建筑业					
38	未取得许可或履行法定程序,不得从事建筑业及房屋、土木工程、海洋工程等相关项目建设	205001	新建、扩建、改建建设工程避免危害气象探测环境审批	气象局	
(十三)科学研究和技术服务业					
83	未获得许可或未履行法定程序,不得从事特定气象、地震服务等相关业务	213008	气象专用技术装备(含人工影响天气作业设备)使用审批	气象局	
			升放无人驾驶自由气球或者系留气球活动审批;升放无人驾驶自由气球、系留气球单位资质认定	气象局	
(十四)水利、环境和公共设施管理业					
89	未获得许可或资质认定,不得进行限定领域内雷电防护装置施工,不得从事雷电防护装置检测工作	214006	油库、气库、弹药库、化学品仓库、烟花爆竹、石化等易燃易爆建设工程和场所,雷电易发区内的矿区、旅游景点或者投入使用的建(构)筑物、设施等需要单独安装雷电防护装置的场所,雷电风险高且没有防雷标准规范、需要进行特殊论证的大型项目的雷电防护装置设计审核	气象局	
			雷电防护装置检测单位资质认定	气象局	

发布日期:2021年1月2日。

件的地区开展放宽市场准入试点，推动"全国一张清单"管理模式在全国气象部门落实，全部完成 24 项气象证明事项的清理规范。

2021 年，按照国务院"互联网＋政务服务"建设要求，推进了中国气象局一体化政务服务移动端系统建设。政务服务平台移动端系统上线，实现审批信息手机查询功能。推动实现了同一事项无差别受理、办理，确保行政审批规范运行，"互联网＋政务服务"相关服务成效得到有关领导和部门的肯定。完成省级以下电子证照和印章试点工作，13 个省级平台与全国平台的数据完成对接，通过气象"一网通办"，实现了让数据多跑路、让群众少跑腿。配合地方相关部门做好投资建设领域审批制度改革，精简整合审批流程，推行多规合一、多图联审、联合验收等做法，极大方便了行政相对人，产生了显著经济社会效益。

2021 年，气象部门持续深化"放管服"改革，不断优化营商环境。巩固防雷体制改革成果，出台防雷检测机构相关监管办法，制定了防雷检测单位年度报告、信用信息、质量考核等监督管理办法和配套标准。按要求继续做好中国气象局权责清单编制工作，推动政府明确基本公共气象服务事权。

（二）推进气象事业单位改革试点

2021 年，是气象部门事业单位改革取得重大进展的一年。气象部门积极稳妥推进中央事业单位改革试点任务落实，并获中央机构编制委员会批复同意支持。根据改革方案，顺利实施了中国气象局 13 个直属事业单位改革工作。通过改革优化了国家卫星气象中心、国家气象信息中心机构设置，组建了中国气象局地球系统数值预报中心、人工影响天气中心、雷达气象中心，强化了"四根支柱"支撑保障能力。批复成立新型研发机构青岛海洋气象研究院，审定印发中国气象局气候变化中心、温室气体及碳中和监测评估中心、风能太阳能中心、中国气象科学研究院研究生院建设方案等。围绕加强科学管理总体要求，完成了中国气象局部分内设机构职责和处级机构优化调整，增强机关内设机构履职整体性、协同性、科学性。围绕服务保障气象事业高质量发展，印发实施国家事业编制动态调剂制度，提高编制使用效益。同时，为贯彻落实

《国企改革三年行动方案(2020—2022 年)》精神,规范中国气象局直属企业发展,全面完成气象部门国有企业公司制改革工作。着力促进政企分开、政资分开,有效推动企业法人治理结构完善和经营管理水平提升。

2021 年,推进了省级气象事业单位改革试点。制定了《中国气象局关于深化省及省以下气象系统事业单位改革试点工作的意见》,指导 6 个试点省级气象局认真落实改革任务,取得阶段性进展。指导基层积极加强与地方政府的工作力度,切实落实机构编制、经费等基础保障政策,进一步优化了基层气象事业发展环境。省级以下气象部门通过推进气象事业单位改革,优化了省、市、县级气象部门所属事业单位布局结构。

(三)气象业务服务体制改革

2021 年,气象部门出台了保障气象事业发展的各项改革举措,制定实施了《2021 年全面深化气象改革工作要点》,推进实施了 39 项重点改革任务(气象科技体制改革见第十章)。

1. 气象业务技术体制改革

2021 年,气象部门积极落实业务技术体制重点改革意见和实施方案(2020—2022 年)年度任务,在数值预报、人工影响天气、风云气象卫星、雷达等重点业务领域推进改革,构建了与"云+端"气象业务技术体制相适应的组织架构和业务布局。推进了气象观测、预报等业务考核改革,开展气象预报业务流程协同试点建设,实现了全流程联调试运行,优化了次季节、月、季节监测预测业务流程,改进客观化预报产品检验评估技术流程,完成月、季节预测数据全国"一张图"。统筹推进了数值预报体制机制改革,基本建立数值预报研发、检验、应用的全流程研发体系。建立联合协同工作机制。支撑研究型业务发展的体制机制不断完善。

2021 年,开展异地备份中心建设、国省业务系统集约化建设和"云化"改造。完成气象综合业务实时监控系统升级,加强国省联动运维,强化省级本地化应用。实施了《气象综合业务实时监控系统业务管理规定(试行)》,31 个国家级业务系统完成对接。强化省级气象综合业务实时监控系统本地化应用,扩展地县级监视功能。

2021年,气象业务布局进一步向集约化迈进。综合气象观测业务布局更加协调,观测数据传输流程进一步优化。气象大数据云平台在国家级和省级正式业务运行,业务系统云化改造稳步推进。国家级牵头建设的统一业务系统在全国推广应用,初步形成核心业务技术研发上收、应用服务下沉的集约化格局。气象业务运行向互动协同推进,通过不断深化业务体制改革,基于气象预报需求建立了加密气象观测运行机制,初步实现灾害性天气影响期间高频次、高精度加密观测。紧密结合精细化气象服务需求,加快发展无缝隙、精细化智能网格预报业务,对基于位置的精细化气象服务和交通、旅游等专项气象服务的支撑能力有明显增强。研究型业务建设持续推进,业务和科研融合发展取得初步成效。气象业务服务能力稳步提升,通过气象业务体制改革,初步建立了自主研发的全球和区域数值预报模式体系,基本建立了从零时刻到月季年的无缝隙预报业务体系,初步具备任意地点天气实况和未来15天内任意时段的精细化预报服务能力。

2. 气象服务体制改革

2021年,气象部门健全分类推动气象服务改革发展机制,优化气象服务业务布局和业务流程,完善面向各个部委的气象服务机制。优化国家级公共气象服务业务运行机制,推进农业气象服务供给侧结构性改革,促进公共气象服务集约化、品牌化发展,促进了社会气象服务企业新增长。

2021年,进一步推进了气象服务上下游衔接。打破观测、预报、服务分割的业务布局,强化观测、预报等基础业务对气象服务的支撑,推动了观测和预报业务对气象服务需求的快速响应和持续改进。各级气象部门开展了"气象+"赋能行动,积极融入数字政府建设,发展插件式、基于影响的数字气象服务。优化行业气象合作机制,对接行业发展需求,部分省份将气象服务作为企业运营保障指挥平台有机组成,融入企业生产管理全过程。

2021年,推进气象服务集约发展,增强国省和省际协作一盘棋合力。组织推动了专业气象服务联盟试点,推进完善了长江航运、中欧班列、远洋导航气象服务联盟机制。改革气象服务业务"上下一般粗",建立了属地为主、上下协同、快速响应的决策服务业务机制,推进了专业气象服务业务集约化发展。各级气象部门进一步优化了气象服务业务岗位,设立气象服务总师和服务首席制度,开展气象服务业务团队建设。推进了产业示范园或示范基地建设,形成多元化气象服务供给格局。促进国有气象服务企业集团化、规模化发展。

2021 年,气象部门强化远洋导航气象服务联盟机制建设。上海市气象局牵头召集中国远洋导航气象服务联盟共同研讨,联合国家级气象业务单位及沿海各省份共同推进系统平台和合作机制建设。建立了国产大飞机试飞集约高效的创新服务模式。结合中国商用飞机有限公司等单位需求,发挥国家级气象业务单位技术支撑和省级气象部门专业优势,依托上海市气象局建立"一个口子受理服务需求,一个口子对外服务"的试飞气象服务运行机制,实现对外统一和对内统筹。

3. 气象工作创新成效

2021 年,气象部门在面对极端天气多、重大活动多等特殊形势下,积极推动科技创新,监测精密、预报精准、服务精细能力提升,深化改革破解体制机制难题。在加强行政管理和党的建设等工作中,开展了大量卓有成效的创新探索,对推动气象事业高质量发展发挥了示范引领作用。2021 共 40 项工作被评为气象部门创新工作,其中中国气象局直属单位 13 项、省级气象局 27 项;科技类 4 项、科学管理类 15 项、业务服务类 21 项。

三、2021 年气象法治主要进展

2021 年,气象部门以制度建设为着力点,推动气象部门各项工作纳入法治轨道,气象法治和气象管理保障工作取得了积极进展。

(一)气象法治建设

气象立法。2021 年气象部门扎实推进《气象法》修订工作。围绕"放管服"改革继续推进部门规章修订,贯彻落实新修订的《行政处罚法》,修订《气象行政处罚办法》等 2 部规章。围绕保障气象事业高质量发展,启动 2 部规章修订。全年各省(区、市)制修订地方性法规 7 部、地方政府规章 9 部,气象法律法规体系更加完善。

气象标准。2021 年,气象部门编制完成"十四五"气象标准体系框架及重点气象标准项目,启动修订《气象标准制修订管理细则》。完成强制性国家标准实施情况统计分析报告和推荐性国家标准计划项目再评估。强化标准实施应用,征集 62 个气象标准实施典型案例。全年发布全国性团体标准 7 项,地标105 项。截至 2021 年,累计发布气象领域国家标准 203 项、行业标准 642 项、团体标准 25 项、地方标准 819 项(图 12.1,图 12.2)。2000 年以来,特别是近 10 年气象领域发布的国家标准和行业标准实现了快速增长(图 12.3,图 12.4)。

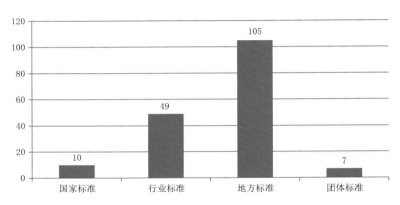

图 12.1　2021 年气象领域新增发布标准情况统计(单位:项)

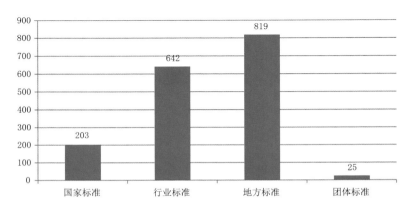

图 12.2　截至 2021 年气象领域颁布标准总计(项)

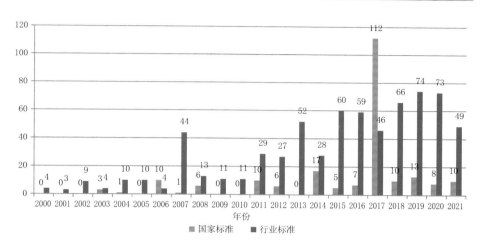

图 12.3　2000—2021 年气象国家标准与行业标准年度发布情况统计(项)

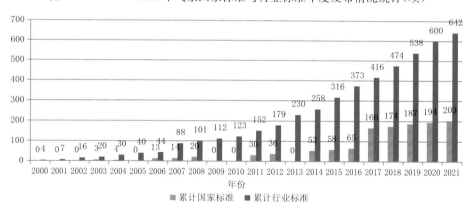

图 12.4　2000—2021 年气象国家标准与行业标准年度累计情况统计(项)

气象执法。2021 年,气象部门严格规范公正文明执法,严格贯彻落实新修订的《行政处罚法》,结合气象行政执法工作实践,全面修订《气象行政处罚办法》。深入落实行政执法三项制度,出台《气象重大行政执法决定法制审核指导目录(2020 年版)》。进一步规范气象行政执法行为,制定《气象行政执法证件管理办法》,推进全国气象执法证件统一管理,完成 1.5 万个证件的信息汇集和样式、编号的规范。加强重点领域执法,结合新媒体传播等特点,加大对气象预报发布传播、气象数据管理等重点领域的执法检查。2021 年全国气象部门共开展执法检查 85937 次,其中"双随机、一公开"检查 34818 次。严格执行依法科学民主决策,完善党对气象工作的领导制度,修订省(区、市)气象局和中国气象局直属单位党组(党委)工作规则。严格执行议事决策规则和程序,修订印发了《中国气象局工作规则》。认真执行《中国共产党重大事项请示报告条例》及有关规定。全面推行气象行政规范性文件合法性审核机制,制发的行政规范性文件均履行了合法性审核程序。严格落实重大行政决策经集体讨论决定制度,重大事项实行个别酝酿、民主讨论、集体决策制度。

气象政务服务。2021 年,气象部门继续推进"互联网＋政务服务",加快推进全国气象部门一体化在线政务服务平台建设,开发政务服务平台移动端系统,实现审批业务信息手机查询。全面建成省级以下电子证照和印章系统,积极推动 13 个省(区、市)地方政务服务平台与气象部门一体化在线政务服务平台开展垂直对接,实现了 5 项行政审批事项"部省协办"。

气象法治监督。2021 年,气象部门进一步加强行政复议应诉和政务公开工作,严格贯彻落实《行政复议体制改革实施方案》各项要求,持续推进行政复议规范化建设,充分发挥行政复议在化解相关执法案件纠纷中的主导作用。2021 年全国气象部门受理行政复议案件 3 件,参与行政应诉案件 3 件。及时回应公众关切,切实做好政府信息公开,全年在中国气象局网站主动公开 505 条政府信息、65 份文件,收到和依法处理社会公众提出的政府信息公开申请 50 件,回复局长信箱和公众留言办结率达 100%。

2021 年,突出整治形式主义突出问题,持续推动为基层减负工作,推动全部门形成厉行节约反对浪费的良好风尚。加强对制度执行、权力运行及廉洁风险防控情况的监督,扎实推进气象系统巡视全覆盖。严格按照信访工作流程和要求依法办理信访事项,全年共转送、交办各类信访事项件全部按时办结。积极配合人大监督,全年办理代表建议和委员提案 25 件。加强审计监督,加强对重大经济决策、规划和财政保障落实情况、中央八项规定精神执行情况、问题整改情况等的审计。

气象法治宣传。2021 年,气象部门编制印发《气象部门法治宣传教育第八个五年规划(2021—2025 年)》。大力开展世界气象日、国家安全教育日、民法

典宣传月、宪法宣传周等法治宣传活动,切实抓好宪法、民法典以及气象法律
法规的学习宣传和贯彻落实。气象部门 2 个单位和 2 名个人荣获中央宣传
部、司法部、全国普法办的"七五"普法表彰。气象部门法律顾问和公职律师积
极参与部门相关案件办理,有力推进了气象部门行政决策科学化、民主化和法
治化。首次开展气象部门法治工作先进单位和先进个人通报表扬,9 个单位和
40 名个人获得中国气象局通报表扬。

(二)气象管理保障工作

全面加强气象管理工作,强化气象财务保障,严格落实安全和疫情管理工
作,既是有效实施气象法治工作的重要保证,也是推进气象事业高质量发展的
必然要求。

1. 气象财政保障。2021 年,通过积极争取中央预算增量,加强财政资源
统筹和预算管理的科学性,继续完善气象部门财政保障政策和制度体系建设,
开展内部控制建设和监督检查,提升计财管理信息化水平,加强工程项目管理
和国有资产管理,扎实开展内部审计各项工作,极大地提升了气象财务保障
水平。

2021 年,气象部门推动建立完善地方政府安排气象部门预算合法、规范的
财务渠道,确保各级地方政府对气象部门安排的各项经费的合法性和规范性。
按照公用经费预算,遵循"增量调整、保持稳定、小幅增长"的原则,保持东部总
体稳定,稳步提高中西部地区中央财政保障占比。

积极推动基建投资大幅增长。在中央压缩投资大背景下,气象部门全年
落实中央预算内投资 59.75 亿元,实现了较大幅度增长。其中,基层气象台站
专项投资规模由"十三五"期间平均每年 5 亿元增加到 10 亿元。重点工程投
资规模由每年 25 亿元增加到 43 亿元,有力促进气象事业高质量发展,实现了
"十四五"良好开局。

持续完善计财制度体系建设。制修订《中国气象局重点工程项目管理办
法》《中国气象局关于加强县级气象部门财务管理的意见》。不断加强国有资
产管理,完善资产报告机制,梳理国有资产管理工作中的重点、难点和堵点,提

出了改进措施。推进企业公司制改制,截至 2021 年 11 月,完成改制比例达
90％。建立健全预算审查机制,重点开展维持类项目中委托业务费和机动经
费的预算评审,加强机动经费项目安排的规范性。提升绩效目标管理质量,完
善项目支出核心绩效目标和指标设置及取值。完善预算执行督导长效机制,
形成督导合力。

2. 气象安全生产。2021 年,气象部门认真贯彻落实党中央国务院关于安
全生产工作决策部署,印发《中国气象局关于做好 2021 年安全生产工作的意
见》,对气象部门全年安全工作作出部署,提出强化安全生产气象服务保障、抓
好防雷和升放气球安全监管、提升人工影响天气作业安全能力等 12 项重点工
作,全面做好易燃易爆场所安全隐患排查整治,强化年度重点工作部署,切实
推动气象安全稳定整体水平与推进气象现代化建设相适应。

持续深化安全生产专项工作,进一步优化气象安全生产环境。持续推进
防雷与升放气球安全专项整治三年行动,将防雷安全工作纳入安全生产责任
制和地方政府考核评价指标体系,防雷与升放气球安全责任体系初步健全。
全面提升人工影响天气安全管理效能,明确了职责分工和废旧装备、过期及故
障弹药、弹药残骸处理流程;强化人工影响天气飞机安全检查,加强人工影响
天气飞机航材库管理,保障安全运行。制订作业空域申请和使用要求、装备维
护、弹药检验等国家和行业标准。全面开展安全生产专项督查。强化涉氢涉
气等业务安全管理,组织开展台站制氢设备大修和更新。

广泛开展安全宣传培训,开展新《安全生产法》专题宣传培训。通过组织
开展"安全生产月"活动,全国各级气象部门举行各类宣传培训及演练等活动
19812 场次,线上线下累计参与 1.3 亿人次。

四、2021 年气象部门党的建设

(一)把政治建设放在首位,以实际行动践行"两个维护"

坚决做到"两个维护"。2021 年,全国气象部门聚焦落实习近平总书记重

要指示精神,全面推进党中央重大决策部署落地见效,做到责任、任务、措施、时限"四明确",自觉增强"四个意识"、坚定"四个自信"、做到"两个维护",不断提高党员干部政治判断力、政治领悟力、政治执行力。继续强化政治机关意识,推动政治机关意识教育向机关处室、基层单位延伸,督促指导各级党组织围绕"提高政治站位、强化政治机关意识"开设专题党课,持续开展"让党中央放心、让人民群众满意"的模范机关创建工作。持续巩固深化中央巡视整改成果,统筹抓好整改长期任务落实,推进落实深化整改措施77项,推动巡视整改工作进一步做深做细做实。全面落实重大事项请示报告制度,及时向党中央报告落实习近平总书记重要指示精神、党中央重大会议精神等重要事项达40余件。

压紧压实政治责任。2021年,中国气象局党组坚决扛起管党治党政治责任,坚持走在前、做表率,切实发挥把方向、管大局、保落实的领导作用。将"加强党的建设,持续推进全面从严治党向纵深发展"列入年度八项重点工作之中,明确党组、党组书记和班子其他成员落实全面从严治党责任年度任务,强化检查指导,狠抓督促落实,确保全面从严治党各领域各方面各环节全覆盖。以政治建设督查为抓手,层层压实责任,督促各级党组(党委)制定全面从严治党责任年度任务安排清单,细化"三重一大"决策事项清单和局属企业重点问题整改工作,认真履行主体责任和"一岗双责"。首次开展各省(区、市)局党组全面从严治党主体责任落实情况考核工作,积极推动考核结果运用。

(二)持续加强思想建设,扎实推进党史学习教育

2021年,全国气象部门坚持把学懂弄通做实习近平新时代中国特色社会主义思想作为首要政治任务,把深入学习党的十九届五中、六中全会精神、习近平总书记关于气象工作的重要指示精神、党史学习教育等作为重点学习内容,气象部门各级党组坚持了党组理论学习中心组学习制度,提高了各级党组的政治站位,增强了引领气象事业高质量发展的领导能力。

全国气象部门认真贯彻落实党中央决策部署,牢牢把握"学史明理、学史增信、学史崇德、学史力行"总要求,把思想建设与深化党史学习教育有机结

合,把学习贯彻全会精神作为深化党史学习教育的重大任务,把深入理解全会精神的丰富内涵作为主要内容,把深刻领悟新时代历史性成就和历史性变革作为突出重点,把深刻领会"两个确立"的决定性意义作为根本要求。持续推进"人民至上、生命至上"主题实践活动,不折不扣落实"我为群众办实事"清单,创新方式方法,建立长效机制,以实践成果检验党史学习教育成效。

按照党中央统一部署,强化"责任、组织、力量、学习、宣传、督导"六个到位,推动气象系统党史学习教育有力有序有效开展,获得中央第 23 指导组充分肯定。及时跟进、深入学习习近平总书记在党史学习教育动员大会、庆祝中国共产党成立 100 周年大会、党的十九届六中全会上的重要讲话精神以及关于党史系列重要论述,与习近平总书记关于气象工作重要指示精神贯通领会。成立 10 个巡回指导组对气象系统全覆盖式指导督查。

2021 年,全国气象部门开展党史学习教育,坚持以上率下、一体推进,做到气象系统动员部署一贯到底、目标要求一贯到底、重点任务一贯到底、督促指导一贯到底。坚持学深细悟,推动党史学习入脑入心,共组织专题培训 665人,综合培训 1400 多人,远程培训 1.2 万人次、总学时达 39.9 万小时。突出气象特色,将学习党史和学习党领导下的气象史结合起来,讲好气象红色故事、用好红色资源,"延安——人民气象事业发祥地"主题展受到中央领导同志肯定。持续推动"我为群众办实事"实践活动走深走实,制定气象系统"我为群众办实事"项目清单,按时督促落实,全年国省市县四级气象部门共完成为群众办实事 1.9 万个项目 3.5 万条举措,切实为基层解困,为群众解忧。在全国预报员队伍中开展"人民至上、生命至上"主题实践活动,进一步激励广大预报员心系人民、精准预报、为民服务。

多渠道强化气象部门党史学习教育宣传,通过开设党史学习教育报网专栏专题、组织推出重点文章和工作简报、出版重点图书、策划开展融媒体宣传活动、联合社会媒体开展宣传推广等多种形式,深入宣传党中央精神和有关部署、中国共产党百年光辉历程、开展党史学习教育的亮点成效及先进典型,为广大党员搭建学习交流、经验互鉴的平台。编印气象部门党史学习教育简报99 期,在中央党史学习教育简报和工委党史学习教育简报刊登气象部门信息

10条,中国气象报网及新媒体推出相关宣传报道1868篇,在党史学习教育官网、旗帜网、人民网和支部工作APP等媒体上发布相关报道105篇,推荐研讨会论文3篇,12名同志获得"我的入党故事"征文比赛一等奖。发表《永葆初心服务人民 把党史学习教育成果转化为气象服务成效》署名文章,接受党史学习教育专网访谈,在"学习强国"学习平台刊发《党领导新中国气象事业发展的历史经验与启示》,扩大了气象发展社会影响力。

制定实施《中共中国气象局党组关于加强和改进新时代气象部门思想政治工作的若干措施》,加强了气象媒体阵地管理,全国气象部门思想政治工作进一步抓紧抓实。教育引导党员干部联系思想和工作实际,自觉运用马克思主义立场、观点、方法分析解决思想问题和工作难题;坚持并运用好"三会一课"、主题党日等组织生活制度,将现实工作当中的重大政策和重大战略部署纳入学习内容",增进党员干部对党的建设和重大业务工作的认识和理解,形成党建与业务工作相融合、同促进的思想自觉,形成干事创业的广泛认同。

(三)加强党的干部队伍建设,不断夯实党的基层组织

1. 加强气象干部队伍建设。根据新时代气象事业高质量发展要求,加强了气象干部队伍建设,加大选任优秀年轻干部的力度。2021年,聚焦气象事业高质量发展要求,坚持正确选人用人导向,选优配强各级领导班子。制订气象部门公务员平时考核办法,全方位、多渠道、近距离了解干部的日常表现。完成44个单位的司局级干部调整补充,选拔任用司局级干部117人,其中提任司局级领导干部33人,调整31个领导班子,领导干部在业务服务发展、核心技术突破、加强党建工作上的支撑引领作用进一步凸显。分类推动干部交流、轮岗、转任,加大横向交流力度。认真贯彻中央加强对"一把手"和领导班子监督政策要求,制定了细化落实措施。规范领导干部在高校和科研院兼职行为,完成领导干部亲属经商办企业清理规范。严格执行个人有关事项报告制度两项法规,"一报告两评议"结果进一步向好。

2021年,加大选任优秀年轻干部的力度,及时使用成熟的年轻干部。全部门80后正处级领导增加28%,85后副处级领导增加41%。动态调整"三百计

划"人选名单,加大实施力度,将年轻干部培养选拔融入日常。落实重大业务工程青年人才培养要求,为国突工程选配负责人员5名,为雷达工程、海洋工程、169工程、气象信息化工程选配一级系统负责人员102名,其中45岁以下青年人才达75%。通过培养选拔优秀年轻干部,气象干部队伍结构进一步优化,促进了气象干部队伍健康有序发展。

2.加强部门党的组织建设。气象部门党的组织建设不断夯实,到2021年全国气象部门建立党组织达到5279个,比2015年增加650个,其中基层党委198个、党总支部205个、党支部4876个(图12.5),基层党委与党支部比2015年分别增加91个、708个,党总支部较2015年减少149个,气象部门机关、事业单位、气象企业、气象群团和社团实现了党组织全覆盖。

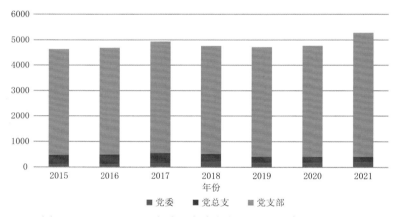

图12.5　2015—2021年全国气象部门党的组织建设情况(个)

气象在职人员中党员比例持续增长,2021年达到63.5%,比2012年提高了8.5%(图12.6)。

3.充分发挥各级党组织和党员先锋模范作用。2012—2021年全国气象部门受到省部、地市、县市级地方党组织表彰的先进党组织达到4056个、优秀党员6618名、优秀党务工作者2670名(图12.7,图12.8),其中2021年分别为680个、846名、534名。2021年,全国省市县三级气象局表彰的党组织集体、优秀党员和优秀党务工作者分别为704名、4033名、1242名(图12.9),2012—2021年受到此类表彰的党组织集体、优秀党员和优秀党务工作者总数分别达

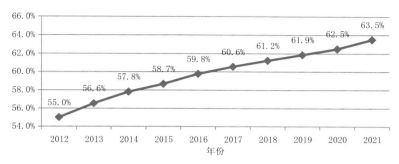

图 12.6　2012—2021 年气象在职人员中党员所占比例情况

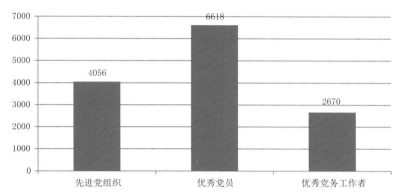

图 12.7　2012—2021 年全国气象部门受到省市县级地方党组织

表彰的集体(个)与个人总况(名)

到 4042 个(次)、24169 人(次)、6452 人(次)(图 12.10)。

2021 年,中国气象局办公室被中央和国家机关工委评为创建模范机关先进单位,中国气象局 2 个党支部入选全国党建创新成果"百优案例",中国气象局气象宣传与科普中心获评 2018—2020 年度首都文明单位。中国气象局直属单位有 3 名优秀共产党员、2 名优秀党务工作者、2 个先进基层党支部受到中央和国家机关工委表彰。中国气象局直属机关党委表彰优秀共产党员 46 名、优秀党务工作者 20 名、先进基层党支部 12 个。全国各级气象部门充分发挥了先进典型的模范带动作用。

气象部门各级党组织在精神文明建设中充分发挥政治引领作用,扎实推进气象部门文明单位创建工作开展。国家级和省级文明单位持续增长,到

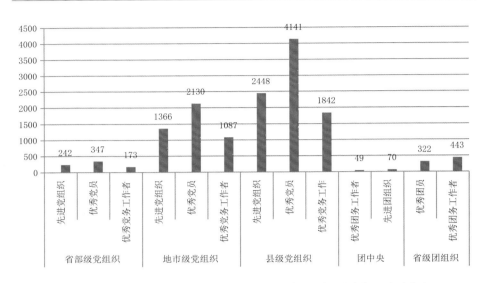

图 12.8　2012—2021 年全国气象部门受到省部、地市、县市级地方党组织
表彰的集体(个)与个人(名)

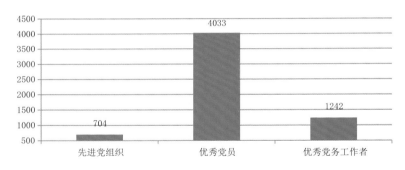

图 12.9　2021 年省市县级气象局表彰的党组织集体(个)与党员个人(名)

2021 年全国文明单位达到 198 个、省级单位文明达到 1205 个,全国气象部门文明单位比例达到 95%。

4. 扎实做好党领导的统战和群团工作。以风云青年学习汇为平台组织青年讲党史,2500 余名青年参加党史知识促学测试,举办青年演讲比赛、座谈会,开展"根在基层""筑梦新气象"青年调研实践活动,线上线下、同频共振,不断引导青年坚定理想信念、爱岗敬业奉献。协助组织第八届全国气象行业天气

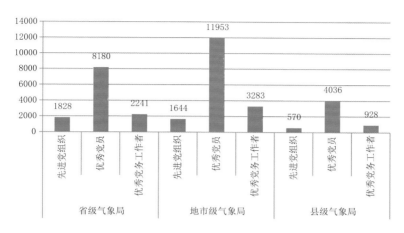

图 12.10　2012—2021 年全国省市县三级级气象局表彰的
党组织先进集体(个)与个人情况(名)

预报职业技能竞赛和首届全国气象服务创新大赛;开展"恒爱行动——百万家
庭亲情一线牵"公益活动,把对党忠诚教育纳入家庭家教家风建设,不断提升
广大气象职工个人素质。举办"永远跟党走"书画摄影展、归国留学生"向祖国
报告会",承办中央和国家机关侨联庆祝建党 100 周年故事分享活动,强化对
统战工作的领导。积极选树推荐和宣传表彰职工群众先进典型,营造比学赶
帮的良好氛围,2021 年,获得全国、中央和国家机关个人表彰 15 人次,集体奖
励 6 项。

(四)强化监督执纪,持之以恒正风肃纪反腐

2021 年,出台贯彻落实《加强中央和国家机关部门机关纪委建设的意见》
实施方案,扎实做好"学、抓、改、强"活动。推动开展垂管单位纪检监察体制改
革试点工作。紧盯党中央重大决策部署落实情况,加强监督检查,推进政治监
督具体化常态化。强化对落实中央八项规定精神情况的监督检查,紧盯关键
节点和重点领域,做实做细日常监督。把好干部入口关,做好干部廉政意见回
复工作。召开气象系统警示教育大会,通报典型违纪违法案件,要求党员干部
深刻吸取教训。召开以案促改推进会,推动各项整改任务落实。强化对处级

以下党员干部问题线索的处置,指导各省级气象部门开展问题线索核查并对核查报告进行审核把关。强化制度建设,规范气象系统纪检机构涉案款保管和收缴管理工作。

2021年,推动巡视巡察上下联动,提升巡视巡察工作质效。全面贯彻落实中央单位巡视工作指导意见和巡视巡察上下联动意见,扎实推进气象系统巡视全覆盖,全年组织完成对12个单位的常规巡视。做深做实巡视"后半篇文章",推进2020年巡视整改后续工作,完成2021年第一轮巡视集中整改情况的审核评估工作,建设巡视整改业务管理系统,持续推动落实巡视整改责任。完善巡视巡察监督格局,推出13项落实上下联动的具体举措,明确联动监督3项重点内容,完成巡察专项检查和巡视带巡察工作,印发巡视监督与其他监督贯通融合形成合力工作办法。加强宣传交流,分别在中国纪检监察学院交流和在《中央和国家机关工委简报》《巡视巡察参考》刊发交流文章。

2021年,持续落实中央八项规定及其实施细则精神。教育引导党员干部习惯在纪律和规矩下工作学习。开展《中共中国气象局党组落实中央八项规定实施细则精神的实施办法》贯彻落实情况评估,修订《气象部门机关办公用房管理办法》,紧盯重点单位和重点领域开展监督检查,继续解决形式主义官僚主义突出问题,重点解决"指尖上的形式主义",进一步为基层减负,建立发文动态检测和通报制度,营造良好的政治生态。加大任中审计力度,印发《中国气象局党组关于建立健全审计查出问题整改长效机制的意见》和《气象部门内部审计查出问题整改办法》,建立问题整改长效机制;结合典型案例开展第20个党风廉政宣传教育月活动。

五、评价与展望

2021年,气象部门改革、法治与党建工作取得了较大进展,但对照气象高质量发展要求,在气象改革力度、气象法治水平和气象党建与业务融合等方面还存在一些不足。气象业务技术体制与气象新技术快速发展还不够适应;气象科技体制机制改革活力激发仍有不足;气象服务体制机制改革动力不足,政府作用和市场作用发挥均显不够。气象重点领域立法还不够健全,基层立法与上位法衔接不够,涉及气象市场主体监管有待加强;气象部门党的建设还需要持续强化。

在新发展阶段,气象部门应继续坚持全面深化改革,全面落实国务院"放管服"改革要求。持续推进气象行政审批网上平台升级改造,加强与省级地方行政审批平台深度对接工作。针对气象发展中的突出问题和不足,按照"强基础、调结构、优管理、提质量"的改革要求,再造业务布局分工和业务流程,全面构建新型气象业务技术体制,持续推进气象业务技术体制、气象科技体制、气象服务体制改革,对重点改革工作进行专项督导,做好改革成果的总结和经验推广。

在新发展阶段,气象法治工作应加强重点领域、重大问题的立法研究和制度设计,稳实推进《气象法》修研工作,修订完善相关部门规章,细化实化地方立法。开展市代县气象执法试点,提升基层执法能力。进一步优化政务服务,深入推进气象部门一体化在线政务服务平台建设。加强各级领导干部政治素质和现代技术素质培训,进一步提升气象管理科学化和信息化水平。

在新发展阶段,气象部门应持续深入贯彻落实习近平总书记关于气象工作的重要指示精神,巩固和深化党史学习教育成果,围绕气象事业高质量发展,坚持统筹推进机关党建和系统党建,坚持党建和业务深度有效融合,坚持忠诚履职依法依规监督执纪,为新时代气象高质量发展提供坚强的政治保证。

第十三章　气象开放与合作*

2021年,全国气象部门深入贯彻落实习近平总书记关于气象工作的重要指示精神及中央总体外交部署,努力克服全球疫情影响,大力推进气象国内外开放合作,深度融入国内国际双循环。通过加强全球气象业务、深化国际合作、部际合作、省部合作,局校和局企合作等,有效协调国际资源、调动中央和地方的积极性,在信息共享、气象预报、灾害预警、气象卫星国际应用等工作中积极担当,进一步提升气象全球监测、全球预报、全球服务水平,在世界气象组织等框架下积极参与国际气象事务,推动中国气象国际影响力持续提升。

一、2021年气象开放与合作概述

2021年,全球气象业务能力和水平显著提升。世界气象中心(北京)全球业务建设工作有序推进,全球综合观测系统区域中心(北京)正式业务运行,承担了20多个世界气象科技中心业务服务。全球中期数值模式和全球高分辨率气候系统模式研发、全球四维变分同化系统建设、卫星快速辐射传输模式ARMS同化应用、雷达标校技术、全球和区域高分辨率实况产品业务转化等取得突破。中国气象局加强与世界气象组织(WMO)等积极合作,有效推动了《中国气象局与世界气象组织关于推进区域气象合作和共建"一带一路"的意向书》实施,在发挥中国承担的 WMO 中心特别是世界气象中心(北京)作用、

---

　　* 执笔人员:陈鹏飞

风云气象卫星国际应用与服务、气候服务、国际培训等方面合作成效显著。至2021年底，风云卫星数据国际用户增加至 121 个（85 个"一带一路"沿线国家和地区），在服务"一带一路"沿线乃至全球的气象预报、灾害应对和生态治理方面发挥着积极作用，践行了气象卫星为各方提供气象服务的郑重承诺。

2021 年，气象国际治理和务实合作深入推进。中国气象局深入参与气象国际治理，着力推动气象国际合作高质量发展。严格执行新冠疫情期间的外事管理规定，有效应对了疫情的不利影响，深度参与联合国政府间气候变化专门委员会（IPCC）报告政府评审、联合国气候变化框架公约（UNFCCC）谈判工作，组织参加世界气象大会特别届会、WMO 执行理事会届会、台风委员会届会等国际会议，加强与美国、英国、韩国、越南、蒙古等国家气象部门的沟通联络，积极推动务实双边气象科技交流合作。组织开展"一带一路"气象国际治理、风云卫星产品应用、综合观测、气象卫星遥感、航空气象、农业气象等 12 个国际培训班，培训 100 多个国家和地区的 2200 多位国际学员，突破了年度国际培训新纪录，持续提升中国气象国际影响力。

2021 年，气象国内合作效能进一步发挥。中国气象局党组统筹部署，面向部委开展气象服务需求调查，并按"一部一策"原则分别制订台账，将其纳入"我为群众办实事"实践活动任务清单，逐一落实。总结评估了"十三五"期间气象省部合作工作，更务实高效推动"十四五"省部合作工作，制定了年度省部合作计划，完善了合作文本审核流程。按照"一省一档案、一协议一台账"模式，省部、局校和局企合作继续深化。2021 年与 7 个省份、3 个部局、5 所高校召开合作联席会议或座谈会，有的签署了新一轮合作协议或会议备忘录，完成了 9 个省部合作协议的报批。推动 25 个省级政府出台气象事业高质量发展相关政策文件，气象工作保障政策、重大项目、建设资金得到有效落实。

二、2021 年全球气象业务发展

(一)全球气象监测业务

2021 年,对标全球预报服务应用需求,围绕全球监测业务覆盖度和精密度提升核心问题,开展卫星关键技术攻关,推动新观测装备试验,强化全球综合数据的观测和获取能力,提升观测能力和效益。

目前,我国已经形成了通过国内通信系统获取的中国地面国际交换站和通过全球通信系统获取的国外地面国际交换站每日常规多次观测时次的气压、温度、湿度、风向、风速、降水量等观测数据能力。为充分发挥气象部门在国家应对气候变化工作中的支撑作用,2021 年,中国气象局制定实施了《中国气象局气候变化监测评估工作方案》,明确提出依托北京气候中心(BCC)和第三极区域气候中心(TPRCC),逐步开展全球重大气象灾害风险监测评估,提升全球气候变化评估与服务水平的重点任务。同时,在南北极、南海等部署开展温室气体在线或采样观测任务,补充完善气候系统关键要素观测,增强我国对海洋、极地、高山冰冻圈观测能力。

2021 年,我国成为 WMO 最先批准的两个全球综合观测系统(WIGOS)区域中心之一,中日两国将联合开展亚洲范围内的观测站网监控和评估工作。WIGOS 区域中心(北京)建立了元数据管理标准、管理系统及面向二区协 WIGOS 数据质量监视系统,前期已为 WMO 二区协国家或地区统一了标准规范、改进了观测质量,开展了为期 4 年的业务试运行,并通过了 WMO 业务认证;具备实时监测全球地面、探空交换站数据质量和可用性的业务能力,持续发布探空和地面观测数据质量评估报告,监视二区协会员数据质量,开展异常事件管理和追踪解决工作,已多次帮助亚洲相关国家发现和处理观测数据质量问题,受到相关国家的感谢和好评。

2021 年,风云四号 B 星和风云三号黎明星(E 星)于 6 月和 7 月成功发射,黎明星填补晨昏时刻全球气象观测空白,其成功搭载了太阳望远镜——太阳

X 射线、极紫外成像仪,开创了我国太空天文观测先河。风云卫星实现了从太阳爆发、地磁等现象"全过程"监测。边测试边服务,成功发布黎明星"看太阳""看大气""看地球"3 批图像和产品。推进实施风云气象卫星应用先行计划,深化推进卫星遥感综合应用体系建设,大力推进风云卫星典型产品气候数据集研发等,卫星天气应用服务核心业务取得突破性进展。

全球综合观测系统区域中心(北京)正式业务运行

　　2021 年 12 月 17 日,世界气象组织(WMO)全球综合观测系统(WIGOS)区域中心(北京)揭牌仪式在中国气象局举行。这是中国气象局践行习近平主席构建人类命运共同体的具体行动,致力于全球监测、全球预报、全球服务的重要成果。中国气象局将以 WIGOS 区域中心(北京)为桥梁,推动区域和全球数据质量和观测能力不断提升,持续为世界和区域气象事业发展注入新的活力。

　　据悉,2018 年,中国气象局气象探测中心代表中国气象局向 WMO 提出承办 WIGOS 区域中心(北京)的申请,经过 4 年努力,在 2021 年二区协第 17 次届会上获最终批准。目前中国气象局气象探测中心作为首批获 WMO 批准的全球两个业务化 WIGOS 区域中心之一,充分反映了 WMO 对中国气象局相关业务能力的肯定和信任,是二区协探索区域观测能力发展的重要举措,也是 WMO 机构改革的重要成果。该中心已具备二区协观测站网数据质量监控、评估、跟踪和改进的能力,将为全球不同地区提供高质量信息支持,特别是在不发达国家和地区增强观测资料使用、质量控制和数据共享能力方面发挥重要作用。

　　　　　　　　　　　　　　　　　(摘自:中国气象局网站)

　　2021 年,我国研发的全球大气实况分析系统,基于国际先进的集合变分混合同化技术,实时收集并融合应用中国特有常规与卫星观测资料及国际交换数据,产出全球 10 千米、6 小时分辨率的三维温度、湿度、风、位势高度等大气

实况分析产品,质量总体与国际同类产品相当,时效明显优于国外产品。全球表面实况分析系统利用局地集合变换卡尔曼滤波同化技术,融合了全球地面和海洋表面观测资料,产出全球 10 千米、3 小时分辨率的 2 米高度气温、湿度,以及 10 米高度风场等表面实况分析产品,质量与国际同类产品相当,且在中国区域质量更优。全球大气和表面实况分析系统部署在中国气象局"派"曙光高性能计算机系统,数据环境安全可靠、系统运行稳定高效。投入业务运行后,系统产出的两套产品将为全球预报和全球服务提供更加精准的网格实况产品支撑,对提高全球—区域一体化实况产品体系自主可控水平,以及全球业务能力具有重要意义。

（二）全球气象预报业务

2021 年,大力推进全球预报业务能力建设,完成了国家级全球区域模式、集合预报、台风模式等优化改进和技术升级。进一步强化实况业务能力,构建覆盖全球的精细化实况产品体系,丰富产品要素,提升网格实况产品质量和时效。

2021 年 9 月,我国自主研发的 GRAPES_GFS 全球同化预报系统完成版本升级,实现了对全球范围台风的预报,可用天数稳定在 7.8 天左右,在赋能"一带一路"、海洋强国建设的同时,还将惠及全球受热带气旋影响的国家和人民。版本升级后,针对热带气旋的预报范围将从之前的西北太平洋和南海扩展到全球,不仅能够填补对西北太平洋、南海以外其他海域热带气旋预报的空白,还标志着我国已具备全球热带气旋监测预报服务能力。台风模式实现"一带一路"数值预报业务整合,全球气候模式水平分辨率由 45 千米提高至 30 千米,垂直分层由 56 层增加至 70 层,模式顶由 0.1 百帕提高至 0.01 百帕,国产模式与国际领先水平差距正不断缩小,全球预报预测准确率稳步提高。

对我国台风预报业务而言,升级后的全球模式可与区域台风模式形成互补。升级后的全球模式还破解了此前热带气旋在环流条件变弱或下垫面情况较复杂时,"风眼"识别和定位困难的问题,进一步提升了热带气旋的路径预报能力。2021 年，当地时间 8 月 29 日中午，四级飓风"艾达"(历史上袭击美国大陆的第五大飓风)在美国路易斯安那州富尔雄港附近登陆，登陆时风速约为 67 米/秒，相当于超强台风级别。我国利用 GRAPES_GFS 全球同化预报系统，首次对影响我国以外的其他海域的热带气旋进行了成功预报。

根据全球预报对服务产品的需求，专门开发了全球红外及水汽云图、热带气旋路径叠加 120 小时累计大风、热带气旋强度等产品，还针对西北太平洋、北印度洋、北大西洋及东北太平洋等重点海域开发区域产品，完成了东北太平洋和北大西洋飓风预报试验，有力支撑全球监测、全球预报、全球服务工作开展。建立了第二代全球区域一体化资料再分析系统；启动了地球系统数值预报模式研发工作；完善了气候预测模式产品检验系统(VECOM)，不断拓展全球气候要素、全球气候现象、极地和海洋气候监测和概率预测产品。

(三)全球气象服务业务

2021 年，研发百万站点精细化预报服务产品，提升全球气象服务支撑能力。世界气象中心(北京)全球服务能力进一步增强，发布《全球热带气旋监测公报》335 期，主要粮食作物长势等监测预报拓展至六大洲；完成全球灾害性天气监测预报服务材料 30 余期，开展远洋导航服务超 1500 个航次；发挥世界气象中心(北京)牵头协调作用，新增全球再分析产品和气候监测指数等产品，面向社会公众发布了中国第一代全球大气/陆面再分析产品。

2021 年，制定印发《2021 年度风云气象卫星国际服务工作计划》，聚焦提升风云气象卫星服务水平、数据服务能力和开展风云气象卫星产品推广等三大领域，统筹推进风云气象卫星服务"一带一路"建设 23 项阶段任务，推动共建风云气象卫星服务"一带一路"持续高质量发展。同时，中国气象局加强与 WMO 的沟通合作，双方就共同推进"一带一路"倡议、区域气象发展等事务开展了高层交流，深入推进全球和"一带一路"沿线地区极端气候事件监测和灾害性天气过程预测，重点为"一带一路"地区、亚洲区域气候状况的科学预判分析提供有力支持。

截至 2021 年底，中国风云卫星数据国际用户由上年的 115 个国家和地区增加至 121 个,风云卫星国际影响力不断扩大。2021 年,进一步建设完善"风云卫星天气应用平台"和"风云卫星遥感数据服务",为国际用户启动风云卫星应急保障服务 17 次,为 16 个国家提供极端事件遥感监测服务,与国外气象部门多次在线遥感应用会商。

中国全球气象服务产品,覆盖"一带一路"沿线 137 个国家和地区的重要城市。中国天气网全球实时提供 6 万个国内外城市、乡镇、景区、机场、海岛、滑雪场和高尔夫球场的气象信息和服务,最长预报时效达 40 天,最小时间分辨率精细到 5 分钟;紧跟大数据时代洪流,匠心打造天气大数据应用产创平台,覆盖国外主要城市 8 万余站,支持天气预报、实况、指数、空气质量等几十种要素,实现多种数据接口自由定制。

(四)世界气象中心(北京)建设

世界气象中心的具体职责包括提供制作全球确定性数值天气预报、全球集合数值天气预报和全球长期数值预报等。世界气象中心(北京)还把帮助发展中国家加强能力建设视为重要职责,切实为"一带一路"沿线国家和地区提供技术支持和人员培训。2021 年,世界气象中心(北京)履职能力不断提升,对全球指导产品不断丰富,推进了国际培训和业务交流,服务"一带一路"倡议成效显著;无缝隙数值预报不断发展,灾害性天气监测能力提高,"组团式"对外服务工作机制不断完善;积极参加世界气象组织(WMO)等多边框架下国际交流活动,在全球气象治理中发挥重要作用。

加强顶层设计和对未来发展规划,瞄准"巩固区域,走向全球"的目标,谋划世界气象中心(北京)发展。对照 WMO 对世界气象中心的基本职责要求,以及中国气象局建设世界气象中心(北京)的目标,继续推进"三个全球"核心业务能力建设,进一步提升对"一带一路"欠发达地区技术支持能力;积极参与国际活动,充分发挥世界气象中心(北京)"大网络"工作机制优势,主动组织协调并调动各相关单位积极性;调研用户新需求,增强了世界气象中心(北京)服务效益。

2021 年,中国国际服务贸易交易会上,世界气象中心(北京)在国家会议中心的国别展区亮相,展示了中国"全球监测、全球预报、全球服务"业务能力建设的核心技术力量。世界气象中心(北京)运行办公室代表中国气象局参加世界气象组织(WMO)"加强国家气象和水文部门以及 WMO 认定中心之间协作,通过预算外项目对会员提供有效支持"研讨会,主要针对支持会员能力建设、世界气象中心(北京)运行办公室相关活动进行探讨。

三、2021 年气象国际交流与合作进展

(一)积极参与国际组织活动

2021 年,组织开展三次联合国政府间气候变化专门委员会(IPCC)报告政府评审,推动科学、客观和平衡反映最新科学进展。组织参加 IPCC 第 53 次全会第二次会议和第 54 次全会,积极推动报告审议取得建设性进展,为决策者摘要等结论的通过作出贡献,发挥了重要的作用。同时,组织科学解读和宣传 IPCC 有关最新成果,使公众和业内人士更好地了解气候变化科学进展,增强节能减排意识和成果应用,并积极为国家应对气候变化和实现"碳达峰、碳中和"目标提供决策支撑。深度参与联合国气候变化框架公约(UNFCCC)谈判工作,派员参加 UNFCCC 第 26 次缔约方大会,积极主动与各缔约方密切磋商、协调立场,维护了《公约》《巴黎协定》确定的共同但有区别的责任等相关原则和发展中国家的权益,发挥了积极建设性作用。

2021 年,进一步加强与 WMO 的交流合作。举办中国气象局与 WMO"一带一路"合作第五次对接会,回顾年度合作进展并规划未来合作方向,继续深入推进《中国气象局与世界气象组织关于推进区域气象合作和共建"一带一路"的意向书》的实施。同时,中国气象局与 WMO、WMO 二区协就共同推进"一带一路"倡议、区域气象发展等事务开展了高层交流。参加世界气象大会特别届会,WMO 执行理事会第 73 次和 74 次届会,基础设施委员会、服务委员会届会,二区协第 17 次届会、政策咨询委员会等重要会议,深度参与 WMO 资料政策、全球基本观测网和系统观测融资机制等战略规划制定,关于 WMO 资

料交换的新政策提出了中国意见。中国气象局庄国泰局长被指定为 WMO 执行理事会代理成员，同时担任政策咨询委员会成员。积极推动二区协改革，中国气象局 3 名专家当选二区协相关工作组组长、副组长或联系人，参与 2021—2024 年运行计划策划和编制以及区域气候状况报告编写。

2021 年，参加了台风委员会第 53 次届会及咨询工作组、气象工作组远程会议。上海亚太台风研究中心的建立获得台风委员会届会最终批准，并正式挂牌。该中心是由联合国亚太经社理事会、世界气象组织台风委员会提案，在上海市政府和中国气象局的共同支持下，由上海市科学技术委员会举办的新型研发机构，也是目前全球唯一的国际性台风联合科研专业机构，将聚焦台风数值预报及相关领域关键技术、台风科学观测试验及大数据分析技术以及多尺度台风机理等方面开展研究。

2021 年，与欧洲气象卫星开发组织（EUMETSAT）联合举办国际气象卫星协调组织第 49 次届会，与会国内外专家回顾第 48 次届会以来各机构取得的最新进展以及未来卫星发展规划，并就 WMO 资料政策进展、卫星数据和产品应用、业务连续性和应急计划、空间天气、全球气候观测系统、温室气体监测等方面的议题进行交流研讨。

（二）双边多边气象交流与合作

2021 年，克服新冠疫情影响，加强双边气象科技交流合作，与美国、英国、韩国、越南、蒙古等国家气象部门进行积极沟通交流。落实美国国家海洋与大气局（NOAA）采购全球导航卫星系统无线电掩星数据共享。开展 CMA-GFS 模式系统系列关键技术、冬奥预报技术等国际专家在线指导交流。推进我国广东省气象局、新疆维吾尔自治区气象局、中国气象科学研究院、辽宁省气象局等与新加坡、哈萨克斯坦、泰国、韩国对口单位在灾害风险、气候学、人工影响天气、百年气象站历史等领域的务实交流合作及文件签署。组织为巴布亚新几内亚、阿曼、吉尔吉斯斯坦等 10 个国家提供中国气象局卫星广播系统（CMACast）远程技术指导、软件升级及硬件设备更新支持；为老挝、瓦努阿图、所罗门群岛等国提供了预报产品支持；为斯里兰卡等国开通世界气象中心（北京)高交互服务通道,提供定制化预报等产品;与孟加拉国气象部门联合会商孟加拉湾风暴"亚瑟"预报及影响;配合国家国际发展合作署完成气象援助老挝项目立项;与越南气象水文局协商双边合作活动项目,分享中国气象观测站网建设和发展经验;向缅甸果敢地区提供气象服务信息;向朝鲜气象水文局提供冰雹预报技术支持;与韩国光州地方气象厅联合举行在线双边气象科技交流并签署合作文件。

2021年,继续加强区域气象交流,中国气象局和WMO共同在线举办第十七届亚洲区域气候监测、预测和评估论坛,来自20多个国家和地区的53名代表出席会议,围绕夏季风预测、气候影响和气候服务等主题进行研讨,相关成果对促进亚洲地区气候业务、服务和科研起到了积极作用。举办了主题为"应对气候变化、加强科技交流、服务区域发展"的东北亚气象科技论坛,来自世界气象组织(WMO)、中国、俄罗斯、蒙古、韩国、日本等国际组织和国家气象部门的管理和科研人员以线上、线下相结合的方式参加,围绕东北亚高影响天气、异常气候事件监测预测技术、气候变化及影响、气象灾害防御等主题开展交流,通过探索次区域合作机制,共同提高气象防灾减灾能力,为东北亚经济发展和人民福祉提供有力支撑。以远程视频会议方式召开第六届中亚气象科技国际研讨会,来自不同国家的专家学者交流分享了中国西北暖湿化趋势、中亚干旱区气候变化及其可能机制、基于影响的预报预警服务面临的机遇与挑战等最新研究进展,并围绕提升中亚气象灾害共同防御能力、区域气候变化及其影响、卫星遥感监测技术等进行交流,共同推动提升区域防灾减灾能力。

2021年,加强气象卫星领域的国际交流,多次在线举办风云气象卫星相关国际会议。举办了第7届风云卫星发展国际咨询会,中外气象卫星领域资深专家围绕加强风云卫星长期规划论证科学性和先进性,促进风云卫星可持续发展,提高风云卫星服务能力,满足用户需求等进行研讨。与中国国家航天局联合主办第11届亚洲大洋洲气象卫星用户会议暨2021年风云气象卫星国际用户大会,来自50多个国家和地区、国际组织等气象卫星数据提供方、用户代表、专家,围绕提升气象卫星国际交流合作和应用水平,优化风云气象卫星国际应用、国际用户防灾减灾应急保障机制,共同增强亚洲大洋洲乃至全球气象防灾减灾和应对气候变化能力等进行深入研讨。

2021年,加强气象科技国际前沿探索和前瞻布局,通过《国际气象视野》《科技信息快递》《领略资讯》等途径分享美国气象学会第101届年会、欧洲中期天气预报中心(ECMWF)未来十年战略、国际资料交换政策等国际气象科技发展动态。加强与欧洲气象卫星应用组织(EUMETSAT)、ECMWF 沟通交流,更新《中国气象局与 EUMETSAT 关于气象卫星资料应用、交换和分发合作协议》附件,EUMETSAT 重申了与我方交换 METOP 资料的承诺。

(三)培养与输送气象国际人才

2021年,中国承担的两个区域气象培训中心再创国际培训学员数新高。聚焦全球监测、全球预报、全球服务,围绕世界气象组织优先发展领域和"一带一路"倡议推进实施,共举办"一带一路"气象国际治理、风云卫星产品应用、综合观测、气象卫星遥感、航空气象、农业气象等12个国际培训班,培训100多个国家和地区的2200多位国际学员。通过不断探索和实践国际培训新理念、新举措,高质量履行气象国际培训职能,高标准服务"全球监测、全球预报、全球服务"能力建设,进一步提高新形势下气象参与全球治理水平,提升中国在气象领域国际合作交流中的话语权和影响力。

2021年的气象国际培训开创了多个"首次",有效拓展了气象国际培训教学和支持领域。举办了首期世界气象组织综合全球观测系统(WIGOS)国际培训班,聚焦 WIGOS 主要职能和发展历程、世界气象组织二区协 WIGOS 区域中心(北京)工作职责、全球先进的观测技术等内容开展,注重提升 WIGOS 区域中心和世界气象组织区域培训中心联合履职能力,有来自全球54个国家和地区的251名国际学员注册报名参与。举办了首期"一带一路"气象国际治理高级研修班,加强气象和气候变化国际谈判骨干人才的培养。举办了首期气象水文管理人员高级国际研修班,支持发展中国家气象水文部门能力建设,参加培训人数达220余人,并且该培训项目中标国家国际发展合作署援外国际培训项目。

2021 年,进一步加大气象国际人才推送力度。中国气象局与留学基金委合作,向 WMO 秘书处推荐初级专业官 5 名,选派 41 名科技骨干人才公派出国留学。2021 年,中国共有 8 人被 WMO 秘书处正式聘用,使 WMO 中国国际职员总数达到 15 人,创历史新高,在 WMO 会员中列第三位。5 人通过驻外使领馆选调干部考试,选派 2 名科技驻外干部。

四、2021 年气象国内开放合作进展

(一)部际合作

2021 年,中国气象局与自然资源部、生态环境部、国家能源局等签署战略合作协议,加强气象风险预警、数据共享、气象服务、科研合作等专业领域的合作,有序深化部门间合作,打造气象服务共生体,大力提升服务效能。

2021 年,中国气象局与国家发改委等 11 部委共同发布《关于做好 2021 年春运工作和加强春运疫情防控的意见》。气象部门加强与有关部门的合作,主动将气象服务融入到各部门的决策部署中,把疫情防控放在首位,坚持常态化精准防控和局部应急处置有机结合,加强天气会商和区域联防,提高预报预测准确率和精细化服务水平,春运气象服务有力保障了人民群众平安有序出行。

中国气象局与自然资源部在京签署《关于深化地质灾害气象风险预警工作的合作协议》。在原有合作基础上,双方进一步联合加强地质灾害易发区雨量监测站网建设,做好气象风险预警,强化预警信息发布,完善预警响应机制,开展地质灾害趋势预测,开展预警技术攻关等,提升地灾预警精准化水平和风险防控能力。2021 年,共成功预报地质灾害 905 起,最大限度地保障了人民群众生命财产安全。

中国气象局与生态环境部在京签署《〈蒙特利尔议定书〉受控物质监测和履约评估合作协议(2021—2025 年)》。双方将在蒙约受控物质监测、质控和排放量模式反演评估等领域深化务实合作,联合规划构建覆盖监测网络,合作开展相关国家标准和规范制定等工作,进一步加强数据共享和科研合作,共同提

升我国在全球履行蒙约科学评估工作中的话语权。

农业农村部、水利部、应急管理部、中国气象局联合召开全国农业防灾减灾工作推进视频会，主要围绕确保全国粮食和农业丰收目标，面向全国主要粮食产区，立足于防、着眼于早，分区域、分作物、分灾种、分环节，建立特别工作机制，进一步完善和强化农业生产天气会商制度，紧密结合农业生产需求，做好天气气候研判。国家体育总局、工业和信息化部、中国气象局等 11 部门联合印发《关于进一步加强体育赛事活动安全监管服务的意见》，要求各类体育赛事活动一律制定灾害性天气等风险防范及应急处置预案（包括实时风险评估、预警、防范、及时救援等内容）。

另外，气象部门进一步加强了在能源、交通等领域的合作。中国气象局与国家能源局联合召开了全国能源保供气象服务工作视频会议，签署了《中国气象局 国家能源局战略合作框架协议》，双方将联合开展风能太阳能资源普查，健全监测预测与预警服务保障机制，深化电力安全气象服务合作，共建"国家能源气象资源开发中心"，加强数据共享和面向全球合作研究，做好国家应对气候变化宣传、科普等工作，促进能源与气象共同发展，为助力实现碳达峰碳中和目标作出积极贡献。中国气象局、公安部、交通运输部印发《关于联合开展省级恶劣天气高影响路段优化提升工作督办的通知》，共同选择 108 条受雨雪雾等恶劣天气影响较大的路段，切实做好恶劣天气情况下的交通安全协同联动预警处置工作，最大限度地降低恶劣天气对道路交通安全的影响。中国气象局与国家铁路局、自然资源部、水利部、应急管理部、中国地震局和中国国家铁路集团有限公司联合制定印发了《关于加强铁路自然灾害监测预警工作的指导意见》，提出了健全完善铁路沿线自然灾害风险防范协调机制，开展多部门重大自然灾害联合会商研判，加强风险评估、隐患排查、应急演练、业务培训等方面的交流合作，推进铁路沿线隐患排查、超前预警、自然灾害科学防治等工作形成合力，强化铁路沿线自然灾害监测预警工作，有助于铁路部门全面提高暴雨、台风、山洪、泥石流等自然灾害的预警防范能力。

2021 年，气象部门面向 30 个部委开展气象服务需求调查，25 个部委提出新的气象服务需求。通过气象服务需求调查和供给台账落实,继续深化与各有关部门的合作,在深化地质灾害气象风险预警,提升能源保供和绿色发展气象保障水平,守护交通安全,助力丰产丰收等方面共同履职尽责,成效显著。30 个气象灾害预警服务部际联络员成员单位对更加聚焦、高效、智慧、多元的气象服务在春运、高考等重要节点,在农业丰收、交通安全、能源保供等关键领域发挥的作用予以肯定。

(二)省部合作

2021 年,中国气象局全面总结评估了 2015 年以来 31 个省(区、市)人民政府与中国气象局合作开展情况。评估结果表明,"十三五"期间,中国气象局共与 31 个省(区、市)政府开展了省部合作,召开联席会议或座谈会 46 次,签订合作协议或合作备忘录 25 份,推动地方出台加强气象工作管理的省级政策文件 160 余件,落实基层气象现代化建设项目近 200 个,气象省部合作成效显著。

一是省部同频共振,深入贯彻落实习近平总书记重要指示精神和党中央、国务院决策部署更加有力。各地气象部门结合学习贯彻习近平总书记关于新中国气象事业 70 周年重要指示精神和对本地区工作重要指示精神,与地方党委政府共同谋划贯彻落实的重点任务,通过省部合作渠道,全面融入和服务脱贫攻坚和乡村振兴、军民融合、"一带一路"建设等国家重大战略,编制黄河流域生态保护和高质量发展、京津冀、长江经济带、长三角、粤港澳大湾区等气象保障规划。

二是强化顶层设计和高位谋划,统筹推进更高水平气象现代化建设更加高效。31 个省(区、市)政府印发"十三五"气象事业发展规划,江西、山东、湖南、贵州、新疆、西藏、浙江、云南等省(区)气象重点工程均列入地方"十四五"规划,高位谋划推动地方气象事业发展。

三是气象科技合作和投入力度逐步增强,持续提升科技创新能力举措更加扎实。省级气象部门承担"重大自然灾害监测预警与防范""大气污染成因与控制技术研究""全球气候变化及应对""科技冬奥"等多项国家重点研发

·

358 ·   中国气象发展报告(2022)

项目。

四是围绕防灾减灾、为农服务、生态文明、专业服务等重点领域共同发力，服务保障地方经济社会发展更加有效。各地气象防灾减灾组织和应急体系日趋完善，成功应对历次台风、特大洪水、低温雨雪冰冻等重大气象灾害，充分发挥了气象防灾减灾第一道防线作用。气象服务拓展到农业、交通等几十个领域，气象服务经济社会效益投入产出比达到 1∶50。

五是不断优化地方气象事业发展体制机制，气象事业发展保障环境更加良好。"十三五"期间，地方在保障气象事业发展方面的投入总额同比增长55%。全国 31 个省(区、市)政府将气象工作纳入全局工作部署和目标考核，并结合实际出台多项政策法规，依法发展气象事业环境进一步优化。

2021 年，中国气象局继续深入推进省部合作工作，先后与新疆、湖北、山东、四川、河北、黑龙江、湖南 7 省(区)召开联席会议，签署合作协议(备忘录)，积极对接相关部门落实各项任务，有效提升省部合作效益。同时，推动天津、河北、内蒙古、吉林、江苏等 25 个省级政府出台气象事业高质量发展相关政策文件，充分发挥中国气象局和地方政府推进气象事业高质量发展的两个积极性和合力，共同贯彻落实习近平总书记重要指示精神，共同做好国家重大战略实施气象保障服务，共同推动气象融入地方经济社会发展，共同推进更高水平气象现代化建设。

(三)局校及局企合作

2021 年，气象领域的局校合作进一步深化和常态化，其中中国气象局与成都信息工程大学、中国农业大学、中国地质大学、南京信息工程大学、郑州大学、中国商用飞机有限责任公司、网上车市等交流合作进行了新一轮共商。到2021 年，中国气象局与相关高校合作共建了 10 个联合实验室(研究中心)(详细名单见表 13.1)。联合实验室聚焦气象业务关键核心技术开展研发，解决灾害性天气监测预警、海洋气象、农业气象、智慧气象等气象业务关键科学问题，以及培养人才和汇聚人才等方面发挥了重要作用。

表 13.1　中国气象局局校联合实验室(研究中心)名单

序号	名称	依托单位	成立时间
1	中国气象局－南京大学天气雷达及资料应用联合开放实验室	中国气象科学研究院、国家气象中心、中国气象局气象探测中心、南京大学大气科学学院	2015
2	中国气象局－南京大学气候预测研究联合实验室	国家气候中心、南京大学大气科学学院	2016
3	中国气象局－成都信息工程大学气象软件工程联合研究中心	国家气象信息中心、成都信息工程大学气象信息共享与数据挖掘四川省重点实验室	2016
4	中国气象局－复旦大学海洋气象灾害联合实验室	上海市气象局、复旦大学大气与海洋科学系	2018
5	中国气象局－河海大学水文气象研究联合实验室	国家气象中心、河海大学水文水资源学院	2019
6	中国气象局－广东海洋大学南海海洋气象研究联合实验室	中国气象科学研究院、广东海洋大学南海海洋气象研究院	2019
7	中国气象局－成都信息工程大学人工影响天气联合研究中心	中国气象科学研究院、成都信息工程大学光电工程学院、成都信息工程大学人工影响天气研究院	2019
8	中国气象局－南开大学大气环境与健康研究联合实验室	天津市气象局、南开大学环境科学与工程学院	2020
9	中国气象局－中国地质大学(武汉)极端天气气候与水文地质灾害研究中心	中国气象科学研究院、中国地质大学(武汉)	2020
10	中国气象局－中国农业大学农业应对气候变化联合实验室	中国气象科学研究院、中国农业大学资源与环境学院	2021

数据来源:中国气象局科技与气候变化司。

2021 年,中国气象局与中国商用飞机有限责任公司签署战略合作框架协议。双方将谋划建立长期合作伙伴关系,将在国产民机试飞气象保障工作、国产民机大气环境适航性研究、推进航空气象领域技术攻关等方面深入合作,推动航空气象科学技术创新突破,进一步做好专项气象保障服务。双方还将建立高层会晤机制和日常工作联络机制,确保合作协议推进落实。中国气象局直属单位围绕科技创新不断拓展合作。国家气象信息中心与郑州商品交易所签署战略合作框架协议,充分发挥各自专业优势,全面启动天气指数编制与应用、天气衍生品研发上市、"期货＋气象"复合型人才培养等系列合作,为服务构建新发展格局贡献更多智慧与力量。国家卫星气象中心、国家气象中心(中央气象台)分别与南京信息工程大学签署合作协议。在卫星气象事业方面,双方将进一步扩展合作领域,瞄准国家重大需求,共同培养拔尖创新人才、构筑原始创新策源地、突破空间天气监测预警等领域核心技术。在天气业务、气象服务等领域,双方将开展全方位深度合作,充分发挥各自特色优势,进一步深化人才培养、科技创新、国际培训和科技成果转化等方面合作。

2021年,华风气象传媒集团有限责任公司与杭州海康威视数字技术股份有限公司在杭州签署战略合作协议。双方将建立联合执行团队,充分发挥各自产品和技术优势,构建长期沟通交流机制,拓展双方合作的领域和途径,形成科技协作的新合力,加快推动景区气象增值服务应用、智慧气象服务算法研究和中国天气网产品的合作研发,积极开拓面向公众的气象服务及"行业＋气象",实现双方的合作共赢。同时,华风集团与网上车市签署战略合作协议,以普通受众密切相关的出行领域为切入点,聚焦大交通、大能源,为受众提供个性化、定制化的出行服务;为企业提供面向用户群体的个性化、定制化服务。双方在新媒体方面、共建 IP 内容方面,特别是打通气象资源、媒体资源、用户数据资源方面开辟了新的业态。

(四)港澳台气象合作

随着国家粤港澳大湾区战略的深入推进,粤港澳大湾区气象监测预警预报中心各项工作取得较好进展,世界气象中心(北京)粤港澳大湾区分中心和粤港澳大湾区气象科技融合创新平台筹建项目已正式开工建设,粤港澳三地目前拥有较好的气象基础能力,在探测共建、数据共享、数值天气预报模式开发、预报服务改进等方面建立了长期稳定的交流合作机制,取得了一系列的丰硕成果。

2021年,广东省气象局、香港天文台和澳门地球物理暨气象局联合发布由三地气象部门共同编制的《2020 年粤港澳大湾区气候监测公报》(简称《公报》),对粤港澳大湾区总体气候特征进行深入分析,为公众提供大湾区气候状态的最新监测信息,对于提升气象保护生命安全、赋能生产发展、促进生活富裕、守护生态良好的能力具有重要意义。《公报》的发布,是粤港澳三地履行职能、深化合作以及推进《粤港澳大湾区气象发展规划》实施的具体举措。

2021 年,第 26 届粤港澳气象业务合作会议暨第 34 届粤港澳气象科技研讨会在澳门召开。围绕热带气旋及其强对流、暴雨与极端天气、遥感技术及短临预报、数值模式及天气业务、气候及气候变化、深度学习、综合应用等多个方面进行了学术交流,三方将继续全面推进《粤港澳大湾区气象发展规划》的实施,在科技与业务上开展更加紧密的合作为粤港澳大湾区乃至琼桂地区经济社会高质量发展和人民安康福祉提供更优质的气象保障。

2021 年,第九届海峡青年节·海峡气象青年汇的重要活动"海峡气象青年说"在福州和台北两个会场以视频连线形式共同开展,围绕气象传播与气象科普开展交流,探讨气象服务新思路。"海峡气象青年汇"是两岸气象融合发展先行区建设的重要内容,活动搭建了两岸交流新平台,回顾并展望了两岸气象、农业等领域的合作,并寄语两岸青年精诚团结、携手同心,深化闽台气象科技交流,探索两岸融合发展的新路径、新模式。第十三届海峡论坛·第九届海峡两岸民生气象论坛在厦门举办,来自海峡两岸的气象、海洋、环境等业界专家围绕"深化气象交流　惠泽两岸民生"主题,深入交流研讨过岛台风、局地暴雨等预报技术,探讨提高气象监测预报预警和防范重大气象风险能力的有效办法,共享气象科技最新成果,共商气象服务民生大计,共促两岸气象融合发展。

五、评价与展望

2021 年,气象部门科学研判国内外发展形势,坚持以开放、合作、共赢胸怀谋划事业发展,坚定不移深化全方位、多层次、多元化的气象开放合作,完善了开放合作机制,提高了开放合作效益。但仍存在短板和不足,开放、交流、合作的载体和平台有效利用仍显不够,国际合作的复杂性、前瞻性预估有待加强,国内合作的协同性、务实性和实效性有待提升。

在新发展阶段,应凝聚气象高质量发展的更强大合力,推动开放合作的创新发展,把省部合作成为气象事业高质量发展、重大工程项目建设的重要抓手,提高省部合作的计划性,有序推动实现新一轮省部合作全覆盖,合力推动更高水平气象现代化建设取得新进展。持续推动部际、局校、局企等合作,加强沟通协调,跟踪对接合作需求,结合各自实际及时制定相关配套方案,切实保证与有关部门的合作项目精准落地,强化合作共赢。同时,加强开放合作载体平台、示范试点的建设工作。

在新发展阶段,应进一步营造气象高质量发展的良好国际环境。结合"全球监测、全球预报、全球服务"业务发展实际需求,持续推进"一带一路"建设气象服务,深化与东盟、中亚等区域的气象国际合作,为"一带一路"国家和地区提供技术支持、设备援助、国际培训等。持续推动风云气象卫星国际应用,加强完善风云气象卫星国际用户防灾减灾应急保障机制,深入推进与太平洋岛国、非洲国家、阿拉伯国家、上合组织国家的风云气象卫星国际应用合作。有序推动区域合作和与重点国家的双边气象科技合作,加强气象国际合作人才培养。深入参与国际治理,积极参与世界气象组织、联合国政府间气候变化专门委员会、台风委员会等国际组织治理活动,进一步扩大气象国际影响力。

主要参考文献

陈洪滨,李军,马舒庆,胡树贞,2019.海洋气象观测技术研发进展[J].科技导报,37(6):91-97.

国家统计局,2022.中华人民共和国2021年国民经济和社会发展统计公报[B].2022-02-28.

匡昌武,张雪芬,黄斌,等,2020.南海海洋气象观测技术现状与发展[J].气象科技进展,10(4):151-152.

李栋,肖芳,王喆,等,2021.气象人才资源结构分析与测评[M].北京:气象出版社.

林明森,张毅,宋清涛,等,2014.HY-2卫星微波散射计在西北太平洋台风监测中的应用研究[J].中国工程科学,16(6):46-53.

《气象科技发展战略研究》编委会,2021.气象科技发展战略研究[M].北京:气象出版社.

全国绿化委员会办公室,2022.2021年中国国土绿化状况公报[B].2022-03-11.

上海市气象局,2021.上海市气象局关于报送第四届中国国际进口博览会气象保障服务情况的报告[R].

王柏林,姜长波,刘欣,等,2022.关于促进国内气象企业健康发展的思考[J].气象科技进展,12(1):37-43.

王梅华,刘蕊,2020.气象部门高层次人才评价研究[J].气象科技进展,10(2):79-82.

王若嘉,2022-01-03.服务重点行业:"气象+"加出新效能——2021我们的答卷[N].中国气象报社.

姚秀萍,李鑫,索渺清,等,2022.新时代局校合作的践行与思考[J].气象科技进展,12(2):5-7,12.

应急管理部,2022.应急管理部发布2021年全国自然灾害基本情况[EB/OL].http://society.people.com.cn/n1/2022/0123/c1008-32337707.html.

于新文,等,2019.气象改革开放40年[M].北京:气象出版社.

张杰,马毅,孟俊敏,2017.海洋测绘丛书:海洋遥感探测技术与应用[M].武汉:武汉大学出版社:277.

中共中国气象局党组,2021.开启新时代气象强国建设新征程为全面建设社会主义现代化国家作出新贡献[N].人民日报,2021-12-15.

《中国气象发展报告2020》编委会,2020.中国气象发展报告2020[M].北京:气象出版社.

《中国气象发展报告 2021》编委会,2021.中国气象发展报告 2021[M].北京:气象出版社.

中国气象局,2021.2021 年国内外十大天气气候事件评选揭晓.(2021-12-29).http://www.
　　cma.gov.cn/2011xwzx/2011xqxxw/2011xqxyw/202112/t20211229_589812.html?.

中国气象局,2021.中国共产党成立 100 周年庆祝活动气象保障服务工作情况报告[R].

中国气象局,2022.2021 年全国生态气象公报[R].

中国气象局,2022.大气环境气象公报(2021 年)[R].

中国气象局,2022.中国气候变化蓝皮书(2022)[R].

中国气象局,国家气候委员会,2022.中国气候公报(2021 年)[B].

中国气象局风能太阳能中心,2022-04-29.2021 年中国风能太阳能资源年景公报[R].

中国气象局公共气象服务中心,2022.2021 年全国公众气象服务评价分析报告[R].

中国气象局公共气象服务中心,中国气象服务协会,成都信息工程大学,携程研究院,2022.
　　2021 中国天然氧吧绿皮书[R].

中国气象局计划财务司,2021.气象统计年鉴[M].北京:气象出版社.

中国气象局人事司,中国气象局人才交流中心,2020.2021 年气象类毕业生信息汇编[R].

中国气象局现代化办,中国气象局气象发展与规划院,2022.促进和规范气象产业发展调研
　　报告[R].

中华人民共和国国家质量监督检验检疫总局,2017.草地气象监测评价方法:GB/T
　　34814—2017[S].北京:中国标准出版社.

中华人民共和国国务院新闻办公室,2021.中国应对气候变化的政策与行动[M].北京:人
　　民出版社.

朱玉洁,唐伟,王喆,2018.气象现代化评估方法与实践[M].北京:气象出版社.

庄国泰,2021.努力筑牢气象防灾减灾第一道防线[J].求是(14):72-77.

庄国泰,2021.以气象事业高质量发展更好服务保障社会主义现代化强国建设[N].学习时
　　报,2021-08-04.

庄国泰,2021.扎实推动气象事业高质量发展　加快建设气象强国　为全面建设社会主义
　　现代化国家作出新贡献——2022 年全国气象工作会议报告[R].

庄国泰,2022.在中国气象局人才工作领导小组 2022 年第一次全体会议上的讲话[Z].

自然资源部,2022a.2021 年全国地质灾害灾情及 2022 年地质灾害趋势预测[R].

自然资源部,2022b.2021 年中国海平面公报[EB/OL].http://gi.mnr.gov.cn/202205/
　　t20220507_2735509.html.

附录 A 2021 年中国天气气候[*]

一、2021 年天气气候特征

2021 年,全国平均气温较常年(1981—2020 年平均,下同)偏高 1.0℃,为 1951 年以来最高,平均降水量较常年偏多 6.7%,冬季降水偏少,春夏秋三季偏多。华北雨季、东北雨季和华西秋雨雨量均偏多,华南前汛期、西南雨季和梅雨雨量偏少。根据《2021 年中国气候公报》,全国主要气候呈现以下特征。

(一)气温

1. 全国平均气温为历史最高

2021 年,全国平均气温 10.53℃,较常年偏高 1.0℃,为 1951 年以来最高(图 A.1)。全国六大区域气温均较常年偏高,其中长江中下游、华南和西南均为 1961 年以来历史最高。从空间分布看,全国大部地区气温较常年偏高,其中华北中部和西北部、黄淮和江淮的大部、江南大部、华南中东部、西南地区西部及吉林东部、内蒙古东北部和中西部、甘肃北部、宁夏、西藏中东部、新疆东北部等地偏高 1～2℃。

2021 年,全国 31 个省(区、市)气温均偏高,其中浙江、江苏、宁夏、江西、福建、湖南、安徽、河南、广东、湖北和广西 11 个省(区)均为 1961 年以来最高,山

---

* 执笔人员:杨丹

东、云南和上海为次高,山西和西藏为第3高。

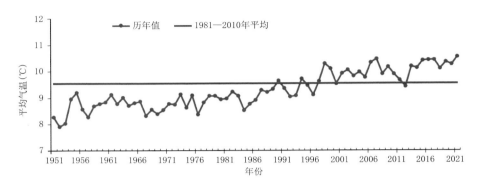

图 A.1　1951—2021年全国平均气温历年变化(单位:℃)

2. 四季气温均偏高

冬季(2020 年 12 月—2021 年 2 月),全国平均气温－2.5℃,较常年同期偏高 0.8℃。除黑龙江中部和西北部、内蒙古中部和东北部、新疆北部的部分地区气温较常年同期偏低 1～2℃外,全国其余大部地区气温接近常年同期或偏高。春季(3—5 月),全国平均气温 11.6℃,较常年同期偏高 1.1℃。全国大部地区气温以偏高为主。夏季(6—8 月),全国平均气温 21.7℃,较常年同期偏高 0.8℃。全国大部地区气温接近常年同期或偏高。秋季(9—11 月),全国平均气温 10.6℃,较常年同期偏高 0.7℃。除新疆中部和东南部等地气温较常年同期偏低 1～2℃外,全国其余大部气温接近常年同期或偏高。

3. 高温日数偏多

2021 年,全国平均高温(日最高气温≥35.0℃)日数 12.0 天,较常年偏多 4.3 天,为 1961 年以来次多,仅少于 2017 年(12.1 天)。黄淮中部、江南大部、华南及湖北南部、重庆东部、云南东北部和东南部、内蒙古西北部、新疆大部等地高温日数普遍超过 20 天,其中江南中部、华中大部、新疆中东部等地有 30～50 天,江南南部、华南中部及新疆东部等地超过 50 天。

2021 年,全国平均≥10℃活动积温(作物生长季积温)为 5040.9℃·日,较常年偏多 304.6℃·日,为 1961 年以来最多。

全国极端连续高温事件站次比为 0.17,较常年偏多 0.04;全国有 222 个国家站连续高温日数达到极端事件监测标准。其中，海南澄迈（26 天）、广西三江（22 天）等 32 站突破历史极值。

（二）降水

1. 全国平均降水量较常年偏多

2021 年，全国平均降水量 672.1 毫米，较常年偏多 6.7%，为 1951 年以来第 12 多（图 A.2）；北方地区平均年降水量为历史次多。

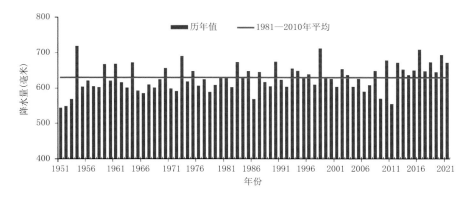

图 A.2　1951—2021 年全国平均降水量历年变化（单位：毫米）

2. 冬季降水偏少、春夏秋三季均偏多

冬季（2020 年 12 月—2021 年 2 月），全国平均降水量 31.0 毫米，较常年同期偏少 24%。春季，全国平均降水量 145.3 毫米，较常年同期偏多 1%。夏季，全国平均降水量 334.1 毫米，较常年同期偏多 3%。秋季，全国平均降水量 159.7 毫米，较常年同期偏多 33%，为 1961 年以来同期最多。

3. 降水日数北方偏多、南方偏少

2021 年，全国平均降水日数（日降水量≥0.1 毫米）为 101.1 天，较常年偏少 2.0 天。东北东部和北部、江淮南部、江汉、江南、华南、西南大部及西藏东部、青海南部和东部、甘肃南部、陕西南部、河南南部、内蒙古东北部等地降水日数在 100 天以上，其中浙江大部、福建北部、江西西部、广西北部、湖南大部、贵州、重庆中部和东南部、四川中部和西北部等地有 150～200 天，局地超过

200 天;全国其余大部地区降水日数少于 100 天,其中新疆中南部、内蒙古西部、甘肃西部、青海西北部、宁夏北部、西藏西北部等地不足 50 天。

4. 各区域及流域降水量均以偏多为主,华北为历史最多

2021 年,全国六大区域中,除华南降水量(1391.1 毫米)较常年偏少 17% 外,其余区域降水量均偏多。其中,华北(686.9 毫米)偏多 54%,降水量为 1961 年以来最多,西北(483.5 毫米)偏多 26% 为第三多,东北(716.9 毫米)偏多 22%,长江中下游(1439.0 毫米)偏多 7%,西南(1031.2 毫米)偏多 2%。

七大江河流域中,除珠江流域降水量(1310.6 毫米)较常年偏少 16% 外,其他流域降水量均偏多。其中,海河流域(886.9 毫米)偏多 74%,降水量为 1961 年以来最多,黄河流域(645.8 毫米)偏多 39% 为次多,辽河流域(785.9 毫米)偏多 34%,淮河流域(1065.6 毫米)偏多 32%,均为第三多;松花江流域(617.3 毫米)和长江流域(1244.1 毫米)分别偏多 18% 和 6%。

5. 极端降水事件偏多

2021 年,全国日降水量极端事件站次比为 0.15,较常年偏多 0.05。全国共有 305 个国家站日降水量达到极端事件监测标准,其中,河南、陕西、江苏、新疆、四川等地 64 站突破历史极值。83 个国家站连续降水量突破历史极值,连续降水日数极端事件站次比为 0.37,较常年偏多 0.24,为 1961 年以来历史第二多。有 647 个国家站连续降水日数达到极端事件监测标准,其中,河南、河北、内蒙古、山东、天津、新疆、江西、湖南、贵州等地有 98 站突破历史极值。

二、2021 年中国天气气候灾害事件

2021 年,我国气象干旱总体偏轻,但区域性、阶段性干旱明显;汛期暴雨过程强度大、极端性显著,河南等地出现严重暴雨灾害,黄河流域出现严重秋汛,渭河发生 1935 年以来同期最大洪水;生成和登陆台风偏少,“烟花”陆地滞留时间长、影响范围广,“狮子山”和“圆规”一周内相继登陆海南,超强台风“雷伊”12 月中旬正面袭击南沙群岛;高温结束时间偏晚,寒潮过程明显偏多,多地出现极端低温;强对流天气过程频发、强发,致灾严重;北方沙尘天气出现早,

强沙尘暴过程多。

　　据统计,2021 年,全国气象灾害造成农作物受灾面积 1171.8 万公顷,死亡失踪 737 人,直接经济损失 3214.2 亿元。其中,全国干旱受灾面积占气象灾害总受灾面积的 29%,暴雨洪涝占 41%,风雹灾害占 23%,台风灾害占 4%,低温冷冻害和雪灾占 3%(图 A.3)。与近 10 年(2011—2020 年)均值相比,农作物受灾面积、死亡失踪人数和直接经济损失分别减少 51.2%、32.9% 和 5.2%。

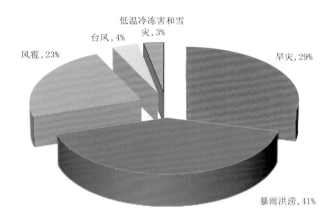

图 A.3　2021 年全国主要气象灾害受灾面积占总受灾面积比例(单位:%)

(一)暴雨洪涝

　　2021 年,全国共出现 36 次暴雨过程,汛期暴雨过程强度大、极端性显著,河南等地暴雨灾害严重;秋季北方多雨,黄河流域秋汛明显。

　　据统计,2021 年,暴雨洪涝灾害共造成 5901 万人次受灾,因灾死亡失踪 590 人,倒塌房屋 15.2 万间,直接经济损失 2458.9 亿元。与近 5 年均值相比,暴雨洪涝造成的受灾人次和倒塌房屋数量分别减少 12.9% 和 5.9%,死亡失踪人数和直接经济损失分别增加 9.4% 和 16.3%。其对我国主要影响详见表 A.1。

表 A.1　2021 年主要暴雨洪涝一览表

事件	时间	影响区域	主要影响
暴雨洪涝	7 月	出现 4 次特强降雨过程,其中,7 月 17—23 日,河南省遭遇历史罕见特大暴雨,引发特大暴雨洪涝灾害。	受灾范围广、人员伤亡多、灾害损失重。
暴雨洪涝	7 月中旬至 8 月	山西晋城、湖北随县、陕西蓝田等地出现极端强降雨。	引发严重城市内涝、山洪和地质灾害。
秋汛	9—10 月	长江上游和汉江、黄河中下游、海河南系等流域相继发生罕见秋汛,山西、陕西、河南等地受灾区域与主汛期洪涝灾区重叠,加重了灾害影响。	

数据来源:应急管理部《全国自然灾害基本情况》系列。

(二)高温与干旱

2021 年夏季,我国高温(日最高气温≥35℃)日数为 9.1 天,比常年同期偏多 2.2 天。与常年同期相比,华南大部、江南中西部、黄淮西部、华北西南部、西北北部局部地区及四川东部等地高温日数偏多 5~10 天,华南西部及湖南中南部、江西南部偏多 10 天以上。

2021 年,我国干旱影响总体偏轻,但区域性和阶段性干旱明显。据统计,2021 年全国干旱灾情明显偏轻,造成山西、陕西、甘肃、云南、内蒙古、宁夏等 24 省(区、市)2068.9 万人次受灾,农作物受灾面积 342.62 万公顷,直接经济损失 200.9 亿元。其对我国影响详见表 A.2。

表 A.2　2021 年主要干旱天气一览表

事件	时间	影响区域	主要影响
干旱	2020 年 11 月上旬至 2021 年 2 月上旬	江南华南出现秋冬连旱,江南和华南普遍出现中到重度气象干旱,其中湖南东南部、广西中部和东北部、广东西北部出现特旱。	江南和华南普遍出现中到重度气象干旱,其中湖南东南部、广西中部和东北部、广东西北部出现特旱。持续干旱导致湖库蓄水少,江河水位低,给江南、华南等地的水资源、农业生产带来一定影响。

续表

事件	时间	影响区域	主要影响
干旱	2020 年 11 月至 2021 年 6 月	云南全省秋末至夏初连续干旱。	受干旱影响,全省水库蓄水严重不足,大理东部—楚雄—昆明西部—玉溪南部—普洱—红河西部一带土壤缺墒,对当地春播产生不同程度影响。
干旱	3 月下旬至 12 月中旬	华南春夏秋阶段性干旱频发。其中,4 月上旬广东大部、广西中部和南部、海南东部,5 月下旬广东西部和东部,7 月下旬广东大部、广西中西部和东部以及海南东部,9 月中旬广东东南部和西部、广西中西部和东部,上述地区出现中到重度气象干旱,局地达特旱。	干旱致使华南土壤墒情低,江河水位下降,山塘水库干涸,对农业生产、森林防火、生活生产用水产生了不利影响。

数据来源:应急管理部《全国自然灾害基本情况》系列。

(三)台风

2021 年,西北太平洋和南海共有 22 个台风(中心附近最大风力≥8 级)生成,较常年(25.5 个)偏少 3.5 个,其中 5 个登陆我国(图 A.4、表 A.3),较常年

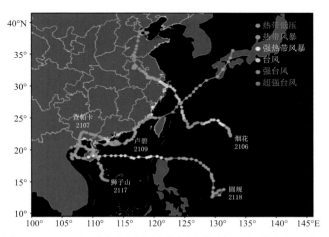

图 A.4   2021 年登陆中国台风路径图(资料来源:中央气象台)

(7.2个)偏少2.2个。初台登陆时间较常年偏晚31天,终台登陆时间偏晚7天,台风登陆强度总体偏弱。2021年,台风灾害共造成644万人次受灾,4人死亡,直接经济损失152.6亿元。与近1991—2020年平均值相比,2021年台风造成死亡人口明显减少,直接经济损失偏轻。

表 A.3　2021年登陆中国台风简表

台风编号名称	登陆地点	登陆时间（月.日）	登陆时最大风力（风速）	影响省(市、区)
2106 烟花	浙江舟山 浙江平湖	7.25 7.26	13级(38米/秒) 10级(28米/秒)	浙江、上海、江苏、安徽、山东、河南、河北、天津、辽宁
2107 查帕卡	广东阳江	7.20	12级(33米/秒)	广东、广西
2109 卢碧	广东汕头 福建漳州	8.5 8.5	9级(23米/秒) 8级(18米/秒)	广东、福建、海南
2117 狮子山	海南琼海	10.8	8级(20米/秒)	海南、广东
2118 圆规	海南琼海	10.13	12级(33米/秒)	海南、广东、广西

资料来源:中央气象台。

（四）强对流天气

2021年,我国共发生47次区域性强对流天气过程,首发时间(3月30—31日)较常年偏晚15天,末次(10月2—4日)较常年偏晚16天。出现龙卷风天气至少有39次,其中中等强度以上达16次,均多于常年。据统计,全国有1363个县(市、区)遭受风雹灾害影响,全年风雹灾害共造成农作物受灾面积271.2万公顷,死亡失踪129人,直接经济损失268.7亿元。与2011—2020年平均值相比,2021年风雹灾害损失偏轻。其对我国影响详见表A.4。

表 A.4　2021 年主要强对流天气一览表

事件	时间	影响区域	主要影响
风雹	4 月 29—30 日	江苏省沿江及以北大部分地区遭受风雹灾害,全省 13 个市的 630 个乡镇日最大风力达到 8 级以上,其中南通通州湾最大风力达 15 级;江苏徐州、宿迁等 9 个市 20 个县(市、区)出现冰雹。	造成近 2.7 万人受灾,17 人死亡,11 人失踪;1.2 万间房屋损坏;农作物受灾面积 1.1 万公顷;直接经济损失 1.6 亿元。
龙卷风	5 月 14 日	江苏苏州和湖北武汉遭受强龙卷风袭击,其极端性和破坏性为近年来罕见。	江苏苏州市吴江区盛泽镇最大风力 17 级,造成 4 人死亡,149 人受伤,多处电力设施和房屋受损。湖北武汉市出现雷暴、大风、冰雹等强对流天气,影响距离长达 18 千米,最大破坏直径 1000 米,持续时长月 30 分钟,共造成 2.5 万人受灾,10 人死亡,230 人受伤;直接经济损失约 3 亿元。
风雹	5 月 14—17 日	江西省南昌、宜春、吉安、景德镇、上饶、九江等市 40 个县(市、区)遭受风雹灾害。	造成 15.2 万人受灾,1 人因雷击死亡;3200 于余间房屋不同程度损坏;农作物受灾面积 1 万公顷;直接经济损失 1.4 亿元。
风雹	6 月 30 日—7 月 3 日	河北省保定、张家口、承德、沧州等市 22 个县(市、区)遭受风雹灾害。	造成 5.7 万人受灾;直接经济损失近 8700 万元。
风雹	7 月 1—3 日	内蒙古赤峰、通辽、兴安、包头、呼和浩特、乌兰察布 6 市(盟)12 个县(市、旗)遭受风雹灾害。	造成近 4.2 万人受灾;农作物受灾面积 2.7 万公顷;直接经济损失 1.3 亿元。
风雹	8 月 23 日	黑龙江省绥化、哈尔滨、大庆 3 市 17 个县(市、区)遭受风雹灾害。	造成 4.9 万人受灾;农作物受灾面积 2.4 万公顷;直接经济损失 5300 万元。
强风暴及大暴雨天气	10 月 2—4 日	辽宁出现历史同期罕见的强风暴及大暴雨天气,大连、鞍山、本溪等地局部出现冰雹。	

数据来源:应急管理部《全国自然灾害基本情况》系列。

(五)低温冷害及雨雪

2021 年发生并影响我国的冷空气过程有 29 次,其中寒潮过程 11 次,较常年(5.2 次)明显偏多,为 1961 年以来第 2 多。低温雨雪冰冻和雪灾灾情较常年偏轻,共造成 327.4 万人受灾,农业受灾面积 37.86 万公顷,直接经济损失 133.1 亿元。其对我国影响详见表 A.5。

表 A.5　2020 年主要低温冷害及雨雪事件一览表

事件	时间	影响区域	主要影响
寒潮天气	1 月上中旬	我国中东部地区相继出现 2 次寒潮天气。	具有低温极端性显著、大风持续时间长等特点,给农业生产特别是抗冻能力较弱的经济作物带来较大损失。
寒潮天气	11—12 月	我国先后经历 6 次寒潮天气过程,区域叠加累积效应明显,华北、东北等地普降暴雪或大暴雪,局地出现特大暴雪。	造成内蒙古、辽宁、吉林、黑龙江等 9 省(区、市)受灾,直接经济损失 69.4 亿元。

数据来源:应急管理部《全国自然灾害基本情况》系列。

(六)沙尘天气

2021 年,我国首次沙尘天气过程发生时间为 1 月 10 日,较 2000—2020 年平均(2 月 17 日)偏早 38 天,较 2020 年(2 月 13 日)偏早 34 天,沙尘过程首发时间为 2002 年以来最早。春季,北方地区共出现 9 次沙尘天气过程(表 A.6),比常年同期(17 次)偏少 8 次,其中沙尘暴(包括 2 次强沙尘暴)过程 4 次,强沙尘暴过程为 2013 年以来最多。北方地区平均沙尘日数为 3.8 天,比常年同期偏少 1.2 天,为 2007 年以来同期最多。沙尘天气使空气质量、能见度下降,对人体健康和交通出行造成不利影响。其对我国影响详见表 A.6。

表 A.6 2021 年主要沙尘暴事件一览表

序号	起止时间	过程类型	主要影响系统	影响范围
1	3 月 13—18 日	强沙尘暴	蒙古气旋、地面冷锋	新疆东部和南疆、甘肃大部、青海东北部及柴达木盆地、内蒙古大部、宁夏、陕西、山西、北京、天津、河北、黑龙江中西部、吉林中西部、辽宁中部、山东、河南、江苏中北部、安徽中北部、湖北西部等地出现大范围扬沙或浮尘天气,其中,内蒙古中西部、甘肃西部、宁夏、陕西北部、山西北部、河北北部、北京、天津等地出现了沙尘暴,内蒙古中西部、宁夏、陕西北部、山西北部、河北北部、北京等地部分地区出现强沙尘暴。
2	3 月 27 日—4 月 1 日	强沙尘暴	蒙古气旋、地面冷锋	新疆东部和南疆盆地、青海北部、甘肃大部、宁夏、内蒙古中西部、黑龙江西南部、吉林、辽宁、陕西大部、山西、北京、天津、河北、河南、山东、湖北北部、安徽北部、江苏、上海、浙江北部等地出现扬沙或浮尘天气,内蒙古中部、陕西北部、河北西北部的部分地区出现沙尘暴,内蒙古中部出现强沙尘暴。
3	4 月 14—16 日	沙尘暴	蒙古气旋、地面冷锋	新疆东部和南疆盆地、青海北部、甘肃北部、宁夏、内蒙古大部、黑龙江西南部、吉林西部、辽宁西北、陕西北部、山西、北京、天津、河北、河南、山东、安徽北部、江苏北部等地出现扬沙和浮尘天气,内蒙古中西部局地出现沙尘暴。
4	5 月 6—8 日	沙尘暴	蒙古气旋、地面冷锋	新疆南疆盆地西部、内蒙古中西部和东南部、宁夏、陕西中北部、山西、河北、北京、天津、山东、河南、安徽北部、江苏、上海、辽宁等地有扬沙或浮尘天气,其中内蒙古西部和东南部的部分地区有沙尘暴,局地有强沙尘暴。

数据来源:应急管理部《全国自然灾害基本情况》系列。

三、2021 年气候变化与影响

(一)全球气候变化事实及影响

针对 2021 年全球气候变化事实及影响,世界气象组织发布 2021 年气候状况报告内容如下[①]:

(1)全球平均气温继续升高。2021 年全球平均气温(1—9 月)比 1850—1900 年平均气温高出约 1.09℃,目前被世界气象组织列为全球有记录以来第六个或第七个最温暖的年份。数据显示,2020 年全球温室气体浓度已达到新高,而这种增长在 2021 年仍在继续。

(2)海洋不断升温,已达新纪录。由于全球气候变暖,海洋首先面临严峻的升温问题,目前海洋上层 2000 米深度水域温度已经达到新的记录。同时,由于每年吸收约 23% 人类排放的二氧化碳,海洋正因温室气体浓度的升高而不断酸化。这也导致海洋吸收二氧化碳的能力下降,使大气温室气体浓度的问题进一步恶化。

(3)海冰范围达历史低点,融化速度翻番。冰川和冰盖的损失也不容乐观。报告显示,2021 年 7 月中上旬,整个北极地区海冰范围已经达到历史最低点;北美冰川融化的速度在 2015—2019 年间几乎比 21 世纪初"翻了一番"。2013 年至2021 年平均每年海平面上升 4.4 毫米,速度是 1993—2002 年期间的两倍。

(4)气候形势恶化导致全球极端天气频发。2021 年,全球很多国家遭遇过气候恶化造成极端天气影响。年初,暴雪低温天气影响全美,特别是西南部得克萨斯州受灾严重,造成多人死亡,百万家庭和商户停电。3 月,澳大利亚东部沿海持续降雨,新南威尔士州遭遇 50 年一遇洪灾;蒙古国连续遭遇强沙尘暴和暴风雪。5 月,美国、巴西、巴拉圭、阿根廷等国都遭遇严重的干旱。6—7 月,北美西部和地中海地区多地出现超过 40℃高温,部分地区最高气温超过 50℃。极

---

① 资料来源:全球能源互联网资讯,2021 全球气候状况报告:地球正进入"未知领域"。

端高温在美国加州、土耳其和希腊等地引发了重大森林火灾。7 月,极端降雨也袭击了西欧多个国家,引发洪涝灾害,造成重大人员伤亡和财产损失。

(二)中国气候变化事实及影响

中国气象局在发布的《2021 年中国气候公报》中表示,2021 年我国气候暖湿特征明显,涝重于旱,极端天气气候事件多发强发广发并发,气候状况总体偏差;气温创 1951 年以来新高,北方降水量为历史第 2 多。《2021 年中国气候公报》和《2021 年中国海平面公报》表明:

(1)气温。2021 年全国年平均气温 10.53℃,比常年偏高 1.0℃,为 1951 年以来历史最高。2021 年,全国大部地区气温较常年偏高。其中,浙江、江苏、宁夏、江西、福建、湖南、安徽、河南、广东、湖北和广西 11 个省(区)均为 1961 年以来历史最高。

(2)降水。2021 年全国平均降水量 672.1 毫米,比常年偏多 6.7%,为 1951 年以来第 12 多。冬季降水偏少、春夏秋三季均偏多。从各区域情况看,除华南降水量较常年偏少外,其余区域降水均偏多,其中,华北降水量为 1961 年以来最多,西北为第三多。

(3)海平面。1980—2021 年,中国沿海海平面上升速率为 3.4 毫米/年,高于同时段全球平均水平。2021 年,中国沿海海平面较 1993—2011 年高 84 毫米,为 1980 年以来最高。过去十年中国沿海平均海平面持续处于近 40 年来高位。与 1993—2011 年相比,渤海、黄海、东海和南海沿海海平面分别高 118 毫米、88 毫米、80 毫米和 50 毫米;与 2020 年相比,渤海和黄海沿海海平面分别上升 32 毫米和 28 毫米,东海沿海海平面基本持平,南海沿海海平面下降 18 毫米。

(4)气候变化对中国的影响。气候变化对中国的影响主要集中在农业、水资源、生态系统、能源需求、交通、人体健康等方面,具体影响如下:

农业影响。2021 年,我国冬小麦和玉米全生育期内,光温水总体匹配,墒情适宜,但 7 月河南极端强降水对夏玉米产量形成造成较大影响。早稻生育期内,江南和华南大部时段热量充足、光照条件较好,利于早稻生长发育及产量形成,仅部分地区遭受阶段性阴雨寡照或强降水影响。晚稻和一季稻产区气象灾害偏轻,气候条件对农业生产比较有利。

水资源影响。2021 年,全国年降水资源量为 63777.4 亿米³,比常年偏多 4014.2 亿米³,比 2020 年少 2149.2 亿米³。从年降水资源丰枯评定指标来看,2021 年属于丰水年份。2021 年,珠江和西南诸河流域地表水资源量较常年偏少;松花江、辽河、海河、黄河、淮河、长江、东南诸河和西北内陆河流域较常年偏多。

生态系统影响。2021 年 5—9 月,全国平均植被指数(NDVI)为 0.469,较多年平均值(2000—2020 年)偏高 6.6%,创 2000 年以来历史新高。我国植被长势偏好,东北西部及内蒙古东部、甘肃东南部、山西、山西中部等地植被长势偏好,内蒙古、吉林、云南、陕西、北京等(区、市)植被指数均为 2000 年以来历史同期最高。

能源需求影响。北方 15 省(区、市)采暖耗能评估结果显示,除黑龙江外,大部分地区气温均较常年同期偏高,采暖耗能均较常年同期减少。2021 年夏季,全国大部地区平均气温较常年同期偏高,降温耗能相应也较常年同期偏高。据统计,2021 年夏季全国用电量为 22398 亿千瓦时,同比增长 7.6%,其中 6 月、7 月和 8 月用电量分别为 7033 亿千瓦时、7758 亿千瓦时和 7607 亿千瓦时,分别较 2020 年同期增长 9.8%、12.8%和 3.6%。

交通影响。2021 年,全国大部分地区交通运营不利日数(10 毫米以上降水、雪、冻雨、雾及扬沙、沙尘暴、大风)有 20~60 天,其中江淮东部、江汉大部、江南大部、西南东部和南部及辽宁东部、黑龙江中部和西北部、内蒙古东北部和西部、福建中北部等地超过 60 天。年内,降雪、暴雨洪涝及其次生灾害、台风、大雾等不利天气给公路和铁路及航运等造成较大影响,其中 7 月 17—23 日,河南出现极端强降水过程,多个城市内涝严重,郑州公交、地铁全部停运,地铁 5 号线一列车被洪水围困,郑州东站约 160 余趟列车停运。

人体健康影响。2021 年,全国平均年舒适日数 129 天,较常年(133 天)偏少 4 天。东北中东部、江西西部、华南大部及河南西部、陕西南部、湖北西部、四川东部、重庆、贵州大部、新疆南部等地人体舒适日数偏少 10~20 天,局部偏少 20 天以上;江苏东南部、上海、安徽中南部、浙江东北部、贵州西南部、云南大部、四川西南部、西藏东南部、青海西北部、宁夏等地偏多 10～20 天,局部偏多 20 天以上。

(三)2021 年国内外十大天气气候灾害事件

为了提高社会防灾减灾意识,最大限度预防和降低气象灾害造成的损失,中国气象局已连续主办"国内外十大天气气候事件"评选活动。2021 年票选出的国外内十大天气气候事件主要与高温干旱、强降水、台风、地质灾害、强对流天气等灾害相关[①]。

1. 国内十大天气气候灾害事件

(1)北方降水偏多,居历史第二

2021 年我国北方平均降水量达 697.9 毫米,较常年偏多 40.3%,为历史第二多。6 月中旬,华北雨季开始早、结束晚,雨量偏多 1 倍。7 月 15—18 日,北方强降水致多地河道水位上涨,海河流域发生 1963 年以来最大洪水。8 月下旬,北京密云水库蓄水量突破了 1994 年以来最高纪录。9 月下旬至 10 月上旬,黄河出现严重汛情,出现 3 个编号洪水,支流渭河发生 1935 年有实测资料以来同期最大洪水,伊洛河、沁河发生 1950 年有实测资料以来同期最大洪水。10 月上旬,山西出现了有气象记录以来最强秋汛,37 条河流发生洪水,有 21 条河流 31 站出现洪峰 37 次,公路、铁路运行受到影响。

(2)"21·7"河南特大暴雨创大陆小时气象观测纪录

2021 年 7 月 17—24 日,河南多地出现破纪录极端强降水事件,具有过程累计雨量大、强降水范围广、降水极端性强、短时强降水时段集中且持续时间长的特征。河南有 39 个县市累计降水量达年降水量的一半,1 小时最大雨强创下中国大陆小时气象观测降雨量新纪录,郑州等 19 个县市日降水量突破历史极值,32 个县市连续 3 日降水量突破历史极值。暴雨导致城市发生严重内涝,城市运行大面积中断,造成重大人员伤亡和巨大经济损失,给农业生产带

---

① 资料来源:http://www.cma.gov.cn/2011xwzx/2011xqxxw/2011xqxyw/202112/t20211229_589812.html

来不利影响。

(3)华南阶段性气象干旱造成严重影响

2021年华南地区降水量偏少17%，为2004年以来最少，阶段性气象干旱特点突出。1月至2月上旬，华南出现中度以上气象干旱，2月中旬至3月中旬，伴随华南地区大范围降水过程，气象干旱基本解除；3月下旬开始，中度以上气象干旱再次出现并持续至10月初，10月上半月受台风"狮子山"和"圆规"的影响，气象干旱缓解。11月至12月上旬末，华南大部地区气象干旱又有所露头；12月下旬初台风"雷伊"给华南中东部带来降水缓解干旱。干旱致使华南土壤墒情低，江河水位下降，山塘水库干涸，对农业生产、森林防火、生活生产等产生了不利影响。

(4)台风"烟花"长时间陆上滞留破纪录

2021年在西北太平洋和南海共生成22个台风，其中5个登陆我国，生成和登陆台风数均较常年偏少。台风"烟花"于7月25日和26日两次登陆浙江，为1949年有气象记录以来首个在浙江省内两次登陆的台风。"烟花"移动速度慢，在我国陆上滞留时间长达95小时，为1949年以来最长；累计雨量大，单点最大累计雨量超1000毫米；影响范围广，先后影响浙江、上海、江苏、安徽、山东、河南、河北、天津、北京、辽宁等10省(市)，50毫米及以上累计雨量覆盖面积达35.2万千米^2；综合强度强，风雨综合强度指数位列1961年以来第13位高，但灾害损失较轻。

(5)12月超强台风影响南海历史罕见

2021年第22号台风"雷伊"12月13日在西太平洋生成，16日加强为超强台风，是历史上直接袭击我国南沙群岛的最强台风，也是影响南海最晚的超强台风，具有强度强、北上路径少见、大风影响范围广、风速大、致灾重等特点。"雷伊"进入南海后，大部海域出现大风天气，南沙群岛、中沙群岛、海南岛东部沿海及近海出现8～10级阵风，部分岛礁阵风达12级以上，渚碧礁最大阵风达13级(41.4米/秒)，但给华南中东部带来大到暴雨天气，有效缓和了旱情。

(6)1月中东部2月北方出现极端冷暖转换

2021年1月6—8日中东部受寒潮天气影响，大部地区出现6～12℃的降温,局地超过 12℃;内蒙古中东部、东北地区南部、华北大部、黄淮、江淮等地部分地区出现 6～8 级阵风,局地 9～10 级;辽宁大连、山东半岛等地出现中到大雪,局地暴雪;北京、河北、山东等省(市)50 余县市最低气温突破或达到建站以来历史极值。2 月全国平均气温较常年同期偏高 2.9℃,为 1961 年以来历史同期最高,有 787 个县市日最高气温突破有气象记录以来冬季历史极值。2 月 18—21 日,我国大部地区气温回升。极端暖事件给北京冬奥会测试赛带来了较大挑战。

(7)入秋后频繁遭遇强寒潮天气

2021 年入秋以来,我国共发生 11 次冷空气过程,其中 6 次达寒潮天气标准。11 月 4—9 日为一次全国型寒潮天气,具有降温幅度大、雨雪范围广、极端性强、影响大等特点,其综合强度指数位居历史第四。全国有 429 个县市达到或超过极端日降温阈值,其中 116 个达到或超过历史极值。寒潮给我国大部地区的农业、交通、电力等造成较大影响。12 月 23—26 日,我国中东部又经历一次寒潮天气,贵州和湖南部分地区出现大到暴雪,积雪深度达 10～20 厘米,贵州南部、湖南南部、广西东北部等局地出现冻雨。

(8)龙卷多发,强对流天气致灾严重

2021 年我国共发生 47 次区域性强对流天气过程,首发时间(3 月 30—31 日)较常年偏晚 15 天,末次(10 月 2—4 日)较常年偏晚 16 天,出现龙卷天气至少有 39 次,其中中等强度以上达 16 次,均多于常年,且北方地区偏多、华南地区偏弱。5 月 14 日,江苏苏州与浙江嘉兴交界、湖北武汉市蔡甸区在 2 小时内先后出现强龙卷天气,最大风力均达 17 级以上,造成重大人员伤亡。6 月 1 日,黑龙江省尚志市和阿城区出现龙卷,最大风力分别达 17 级以上和 15 级以上。6 月 25 日,内蒙古锡林郭勒盟太仆寺旗出现强龙卷。7 月 20 日,河南开封出现龙卷;21 日,河北保定清苑区东闾乡遭受龙卷。

(9)3 月遭遇 10 年来最强沙尘天气

2021 年我国的沙尘天气具有发生时间早、强度强、影响范围广等特点。首发时间(1 月 10 日)为 2002 年以来最早;强沙尘暴过程次数(2 次)为 2000 年以来最多。3 月 13—18 日强沙尘暴过程为近 10 年来最强,北方多地 PM_{10} 峰值浓度超过 5000 微克/米^3,北京 PM$_{10}$ 最大浓度超过 7000 微克/米^3,最低能见度 500～800 米;沙尘天气波及 17 个省(区、市),影响面积超过 380 万千米^2,沙尘暴面积超过 100 万千米^2。沙尘天气对我国交通运输、群众生活生产等造成较大影响。

(10)风云气象卫星家族新增两名成员

2021 年 6 月 3 日和 7 月 5 日,我国成功发射两颗风云气象卫星。风云四号 B 星作为新一代风云静止轨道业务星的首发星,全面加强光谱覆盖能力和空间分辨率,新增的快速成像仪在世界上首次实现了高轨一分钟间隔持续观测,最高空间分辨率达到 250 米,为建党百年庆典和第十四届全国运动会等重大活动、河南郑州"7·21"特大暴雨监测等提供气象服务保障。风云三号黎明星(FY-3E)作为全球首颗民用晨昏轨道气象卫星,发展完善了我国气象卫星观测业务体系,使我国成为国际上首个拥有晨昏、上午、下午三星组网观测能力的国家,填补了国际晨昏轨道气象卫星技术空白,增强了"看海洋""看太阳"能力。

2. 国外十大天气气候灾害事件

(1)夏秋欧洲遭遇极端强降水

2021 年 7 月上中旬,欧洲中西部出现极端性强降水,德国部分地区日雨量达 100～150 毫米,超过当地常年 7 月总降雨量。德国中部山地日雨量达 162 毫米,波恩－科隆气象站最大日雨量 88.4 毫米,打破了该站的历史纪录。伦敦部分地区 90 分钟降水量接近 80 毫米,其西南部一植物园小时雨量达 47.8 毫米,超过了当地常年 7 月总降雨量,打破 1983 年以来历史纪录。10 月上旬,意大利北部出现强降雨,罗西里奥内 12 小时降水量高达 604 毫米,24 小时降水超过 900 毫米,打破欧洲有气象记录以来最高日雨量极值。极端强降水导致欧洲中西部出现严重洪涝灾害,德国至少 180 人因灾死亡。

(2)冬季风暴"乌里"袭击北美破低温极值

2021 年 2 月中旬,冬季风暴"乌里"袭击北美大部,加拿大南部、美国大部、墨西哥北部遭遇强寒流和极端暴风雪,多地最低气温突破历史极值,美国俄克拉荷马城(－26℃)破 1899 年以来最低纪录,得克萨斯州(其纬度相当于中国长江中下游地区)最低气温下降至−22℃,为 1895 年以来罕见。墨西哥北部最低气温低至−18℃,至少十余人因低温死亡。加拿大温莎市降雪量达 200 毫米,皮尔逊国际机场降雪量 120 毫米,渥太华降雪量 180 毫米。此次灾害影响重大,美国至少 100 人丧生,超过 550 万家庭断电停电,为美国近代史上最大的停电事件之一。

(3)南非极端寒流致多地最低气温创纪录

南非地处非洲高原最南端,全境大部分处于副热带高压带,属热带草原气候。7 月下旬,正值冬季的南非受南极极端寒流影响,南非国内 19 个地区的气温突破冰点并伴有降雪,多地最低气温陆续被刷新。7 月 23 日,首都约翰内斯堡最低气温为−7℃,打破了 1995 年 7 月出现的最低气温纪录(−6.3℃);金伯利的最低气温则达到了−9.9℃,大多数南非城市的气温都打破了近 20 年来的最低气温纪录。

(4)美国冬季发生罕见强龙卷事件

2021 年 12 月 11 日,美国中部和南部 6 个州出现大范围极端强对流天气,遭遇至少 61 个龙卷风袭击,并伴有强风和局地冰雹。田纳西州观测到直径 2 ～5 厘米的冰雹,其纳什维尔国际机场出现 34 米/秒的最高风速,是该机场有史以来第三强阵风;肯塔基州最大阵风风速超过 16 级。此次过程中多个龙卷集中爆发,影响范围广,持续时间长,强度具有极端性,造成大量房屋毁损、数十万户家庭和部分企业断电,其中肯塔基州受灾最为严重,死亡人数超过 70 人。美国此次罕见强龙卷风与大气环流系统异常和拉尼娜事件的影响等诸多气象因素叠加效应有关。

(5)夏季北半球多地遭受高温"炙烤"

夏季,北美、南欧及北非多地出现极端高温天气。2021 年 6 月末至 7 月初,美国西雅图最高气温创纪录,达到 42.2℃。6 月 29 日,位于加拿大西部的利顿镇最高气温达 49.6℃,年内 3 破历史纪录。7 月 9 日,美国加州死亡谷最高气温达到 54.4℃,为 20 世纪 30 年代以来全球最高气温。7—8 月,意大利西西里岛记录到 48.8℃ 的高温,土耳其锡兹雷(49.1℃)、突尼斯凯鲁安(50.3℃)、西班牙蒙特罗(47.4℃)和马德里(42.7℃)最高气温纷纷破纪录。6 月

29 日,美国西南大部地区处于最高级别干旱状态,加州至少发生了 3500 起山火。

(6)南美洲极端干旱波及全球农产品贸易

南美洲中东部拉普拉塔流域是南美洲第二大、世界第五大流域,流域内包含巴拉那河、巴拉圭河及乌拉圭河三大河流。该地区主要依靠降雨维持大规模农业生产、水力发电、运输货物等。2021 年 9—10 月,始于 2019 年的拉普拉塔流域极端干旱达到顶峰;10 月,阿根廷的潘帕斯草原也饱受干旱困扰。巴拉那河因干旱水位严重下降甚至见底。受其影响,作为"世界粮仓"的巴西玉米产量下降近 10%,大豆和咖啡等作物减产致价格持续上涨,波及全球多国农产品进口贸易。

(7)四级飓风"艾达"疾风暴雨影响重

2021 年 8 月 29 日,四级飓风"艾达"在美国路易斯安那州富尔雄港附近登陆,登陆时中心附近最大风力达 67 米/秒(相当于 17 级以上超强台风)。"艾达"登陆后一路北上影响多州,9 月 1 日,纽约中央公园 1 小时降水量达 78.7 毫米,日降水量达 181.1 毫米,均创历史最高纪录;新泽西州纽瓦克日降水量高达 213.6 毫米,远超 1959 年 56.4 毫米的纪录。"艾达"致墨西哥湾附近几乎所有的石油生产设施关闭;美国路易斯安那州近百万户家庭和企业断电,新奥尔良市全城断电,还造成全美至少 80 人死亡。

(8)印度 5 月连遭两气旋风暴重创

2021 年 5 月中下旬,阿拉伯海气旋风暴"陶克塔伊"和印度洋孟加拉湾气旋风暴"亚斯"相继登陆印度。"陶克塔伊"最大风力有 14 级(45 米/秒,相当于强台风级),"亚斯"最大风力有 12 级(33 米/秒,相当于台风级)。5 月 18 日,"陶克塔伊"造成孟买圣克鲁斯气象站降水量达 230 毫米,这是孟买 5 月份的最大日降水量;印度西部城镇帕尔加尔的日降雨量高达 298 毫米。两风暴累计造成印度至少 87 人死亡、数百人失踪,百万人撤离家园,超 30 万所房屋被摧毁,大量基础设施停摆。

(9)春季蒙古国遭遇强沙尘暴和暴风雪

蒙古国 2021 年春季发生沙尘暴天气的频率和强度均超过往年。3 月中下旬,蒙古国遭遇强沙尘暴和暴风雪,27 日乌兰巴托市的风速为 13~15 米/秒,出现沙尘暴和雨夹雪。色楞格省南部和中央省有暴风雪,南戈壁省、中戈壁省、东戈壁省、肯特省、苏赫巴托尔省等地有强风和沙尘暴,多地风速达 18～20米/秒,瞬时风速达 24 米/秒。大风导致多座蒙古包和房屋、栅栏被摧毁,部分输电线路损坏,中戈壁省、后杭爱省共 10 人死亡,数百人走失,中戈壁省约有16 万头(只)牲畜死亡。

(10)IPCC 第六次评估报告及《格拉斯哥气候公约》相继问世

2021 年 8 月 9 日,联合国政府间气候变化专门委员会(IPCC)发布第六次评估报告第一工作组报告《气候变化 2021:自然科学基础》,报告指出人类活动是导致地球变暖的主因,同时全球气候系统经历着快速而广泛的变化,且部分变化已无法逆转,除非在未来几十年内大幅减少温室气体的排放,否则全球变暖必将超过 1.5℃。11 月 13 日,联合国第 26 届气候大会落幕,近 200 个国家共同签署《格拉斯哥气候公约》,各缔约方通过了建立全球碳市场框架的规则,就 2030 年将全球的温室气体排放减少 45% 达成共识,并承诺逐步减少煤炭使用,减少对化石燃料的补贴。《格拉斯哥气候公约》的签订意义重大,表明全球气候治理从关注目标和雄心转向重视行动和落实。

四、统计资料

2001—2021 年全国气象灾害损失统计见表 A.7。2021 年各省(区、市)气象灾害受灾情况见表 A.8。1991—2021 年全国平均气温和平均降雨量统计见表 A.9。

表 A.7　2001—2021 年全国气象灾害损失统计表

年份	受灾人口 (万人)	死亡人口 (人)	直接经济损失 (亿元)	农作物受灾面积 (万公顷)
2001	32538.46	2538	1942	5221.5
2002	30564.10	2384	1717	4711.91
2003	51494.57	2259	1884.23	5454.33
2004	34049.2	2250	1565.9	3765

续表

年份	受灾人口 （万人）	死亡人口 （人）	直接经济损失 （亿元）	农作物受灾面积 （万公顷）
2005	39503.2	2475	2101.3	3875.5
2006	43332.3	3186	2516.9	4111
2007	39686.3	2325	2378.5	4961.4
2008	43189	2018	11752	4000.4
2009	47760.8	1367	2490.5	4721.4
2010	42494.2	4005	5097.5	3742.6
2011	43150.9	1087	3034.6	3252.5
2012	27428.3	1443	3358.9	2496.3
2013	38288	1498	4766	3123.5
2014	24353.7	1583	3373.8	2489.1
2015	18521.5	967	2502.9	2176.9
2016	18860.8	1396	4961.4	2622.06
2017	14383.2	828	2850.42	1847.62
2018	13517.8	566	2615.6	2081.43
2019	13698.1	735	3179.9	1925.69
2020	13814.2	483	3680.9	1995.12
2021	10652.8	737	3214.2	1171.8

数据来源:《气象统计年鉴》,2001—2022。

表 A.8　2021 年各省(区、市)气象灾害受灾情况

地　区	农作物受灾情况		人口受灾情况		直接经济损失 （亿元）
	受灾 （万公顷）	绝收 （万公顷）	受灾人口 （万人次）	死亡失踪人口 （人）	
北　京	1.50	0.05	10.51	2	13.0
天　津	0.64	0.05	4.48	6	5.4
河　北	38.89	6.89	328.23	8	102.4
山　西	116.34	16.25	768.46	56	231.0
内蒙古	128.12	8.31	230.23	22	75.6
辽　宁	24.91	1.12	172.27	3	84.6

续表

地　区	农作物受灾情况		人口受灾情况		直接经济损失（亿元）
	受灾（万公顷）	绝收（万公顷）	受灾人口（万人次）	死亡失踪人口（人）	
吉　林	24.52	1.15	75.69		13.8
黑龙江	83.15	17.68	101.39	2	57.2
上　海	2.49	0.25	73.35		9.2
江　苏	8.83	0.23	64.96	32	8.9
浙　江	14.93	1.21	322.91	9	124.6
安　徽	29.61	3.33	265.94	5	31.7
福　建	4.70	0.56	44.48	3	32.9
江　西	42.11	2.74	573.39	9	46.1
山　东	10.87	0.32	109.85	9	23.1
河　南	158.77	32.77	2448.96	422	1322.5
湖　北	50.63	5.97	654.03	46	99.9
湖　南	43.61	5.61	651.94	3	82.3
广　东	7.64	1.44	100.05	2	24.1
广　西	15.24	1.11	260.29	3	22.6
海　南	3.19	0.3	36.77	3	10.0
重　庆	5.94	1.31	139.65	5	29.5
四　川	26.62	4.21	694.65	22	223.2
贵　州	14.39	2.42	242.64	1	29.7
云　南	51.57	4.27	762.62	9	59.1
西　藏	0.65	0.09	12.58	8	3.2
陕　西	97.27	19.25	832.71	32	312.4
甘　肃	54.29	8.85	386.32	1	66.5
青　海	4.49	0.07	38.03	11	4.6
宁　夏	37.58	7.67	132.04		13.7
新疆（含兵团）	68.32	7.63	113.42	3	51.5
全国总计	1171.8	163.1	10652.8	737	3214.2

数据来源：《气象统计年鉴》，2001—2022。

表 A. 9　1991—2021 年全国平均气温和平均降雨量统计表

年份	平均温度(℃)	平均降水(毫米)	年份	平均温度(℃)	平均降水(毫米)
1991	9.36	622.36	2007	10.45	607.95
1992	9.04	603.55	2008	9.89	649.0
1993	9.08	655.73	2009	10.15	570.12
1994	9.7	649.49	2010	9.88	678.72
1995	9.47	628.39	2011	9.66	555.67
1996	9.11	638.87	2012	9.42	672.98
1997	9.62	610.0	2013	10.17	652.85
1998	10.28	713.1	2014	10.12	636.19
1999	10.09	630.96	2015	10.39	650.35
2000	9.53	625.43	2016	10.37	728.53
2001	9.9	603.38	2017	10.39	641.31
2002	10.04	653.71	2018	10.09	673.8
2003	9.81	637.32	2019	10.34	645.5
2004	9.96	603.95	2020	10.25	694.8
2005	9.76	625.54	2021	10.53	672.1
2006	10.32	590.54			

数据来源:国家气候中心。